数字化车间
面向复杂电子设备的智能制造

胡长明　主　编
贲可存　李　宁　冯展鹰　张　柳　副主编

U0218010

电子工业出版社·
Publishing House of Electronics Industry
北京·BEIJING

内 容 简 介

复杂电子设备制造是制造业的重要组成部分，一个国家的复杂电子设备制造整体实力与水平集中代表着科技实力、经济实力、国防实力等国家综合竞争力。数字化车间建设是复杂电子设备智能制造的重要环节，是复杂电子设备制造企业实施智能制造的"主战场"。

本书编者团队基于在复杂电子设备数字化车间建设与运营领域的长期探索与实践，概述了智能制造发展现状，提出了数字化车间建设的总体规划，讲解了自主开发的制造运营管理、物流管理、大数据可视化与分析决策、数据采集与监控四大应用系统，探讨了以微组装、电子装联、整机总装为代表的复杂电子设备智能生产线的基本形式、设计方法及典型设备的分类与组成，介绍了数字化车间基础环境建设要点，分享了行业领先企业数字化车间建设的优秀案例，并对未来发展趋势做出了展望。

本书适用于从事高端电子装备智能制造研究和工程实现的工程技术人员参考，还可作为高等院校智能制造工程专业硕士生、博士生和教师的参考书。

图书在版编目（CIP）数据

数字化车间：面向复杂电子设备的智能制造 / 胡长明主编. —北京：电子工业出版社，2022.11
ISBN 978-7-121-44585-9

Ⅰ. ①数… Ⅱ. ①胡… Ⅲ. ①电子设备－智能制造系统 Ⅳ. ①TN05-39

中国版本图书馆 CIP 数据核字（2022）第 221614 号

责任编辑：陈韦凯　　文字编辑：底　波
印　　刷：北京盛通商印快线网络科技有限公司
装　　订：北京盛通商印快线网络科技有限公司
出版发行：电子工业出版社
　　　　　北京市海淀区万寿路 173 信箱　邮编　100036
开　　本：787×1 092　1/16　印张：20.25　字数：558 千字
版　　次：2022 年 11 月第 1 版
印　　次：2023 年 8 月第 2 次印刷
定　　价：128.00 元

凡所购买电子工业出版社图书有缺损问题，请向购买书店调换。若书店售缺，请与本社发行部联系，联系及邮购电话：（010）88254888，88258888。

质量投诉请发邮件至 zlts@phei.com.cn，盗版侵权举报请发邮件至 dbqq@phei.com.cn。

本书咨询联系方式：lijie@phei.com.cn。

序

Preface

全球新一轮科技革命和产业变革深入发展，新技术不断突破并与先进制造技术加速融合，为制造业高端化、智能化、绿色化发展提供了历史机遇。

推进智能制造对于企业的意义不言而喻，数字化转型对于企业而言，不仅是发展需要，而且是生存需要。对于国家而言，发展智能制造对巩固壮大实体经济根基、建设制造强国具有重要意义。《"十四五"智能制造发展规划》指出，"十四五"及未来相当长一段时期，推进智能制造，要立足制造本质，紧扣智能特征，以工艺、装备为核心，以数据为基础，依托制造单元、车间、工厂、供应链等载体，构建虚实融合、知识驱动、动态优化、安全高效、绿色低碳的智能制造系统，推动制造业实现数字化转型、网络化协同、智能化变革。

本书编者所在研究机构（南京电子技术研究所）是我国最早从事雷达等复杂电子设备研制的单位之一，专业齐全、技术实力雄厚，通过70多年的技术研究，完成了数百套尖端雷达等复杂电子设备的研制，包括我国第一部精密测控雷达、第一部大型相控阵远程预警雷达、第一部机载有源相控阵预警雷达、第一部舰载多功能相控阵雷达。在这些重大装备的研制过程中，南京电子技术研究所逐步开展了数字化转型的探索和实践。"十五"以来开始建设以无纸化、数字化、信息化为特征的数字化研究所；"十二五"期间，组建了一流的专业团队，引进了具有国际视野的专家，建成了以"四精益一共享"（精益设计、精益制造、精益管理、精益保障、知识共享）框架为核心的精益研究所，目前正在向"全数字、全互联、全智能"的智慧研究所迈进。

本书编者团队基于多年的智能制造实践，突破了面向生产扰动的动态排程与调度、多传感器数据融合的自动装配控制、自适应调测一体化等关键技术，解决了多品种小批量、机电液混装、装调一体化等难题；自主开发了制造运营管理、可视化监控、物流管理、数据采集四大信息应用系统及智能装配机器人、自动翻转装置等多型自动化设备，在国内率先建成的高端电子装备智能制造示范工厂，实现了柔性、透明、均衡、高效、优质的总装生产，入选了工业和信息化部2021年度智能制造示范工厂名单。

本书编者团队具有扎实的智能制造理论基础，对复杂电子设备设计、制造具有深刻的认识，积累了丰富的实践经验。我在阅读了书稿之后，深感该书针对性强、理论与实践结合度高，在国内数字化车间相关书籍中具有鲜明的特色。

非常荣幸为这本书作序，更乐意向全国广大读者推荐这本书，相信本书对从事复杂电子设备及相关行业的数字化车间技术人员有所帮助。

华中科技大学教授
中国工程院院士

随着美、德、日、中等工业大国先后出台制造业国家战略，智能制造已成为全球制造强国激烈竞争的焦点。制造业是我国经济的压舱石，我国制造强国战略以新一代信息技术与制造业深度融合为主线，以推进智能制造为主攻方向，通过十大重点领域的突破发展，推动我国制造业转型升级。

在新的时代背景下，复杂电子设备制造正在逐步走向信息化与工业化深度融合、软硬件一体化融合、多领域多学科交叉融合发展的新阶段。复杂电子设备是以声、光、电磁信号的获取、传输、处理为目标，具有信息感知、通信、导航、干扰等功能，涵盖军用和民用电子设备，主要包括预警探测、情报侦察、电子对抗、网络通信、导航定位、电磁武器等领域的系统装备。随着集成度和复杂度不断提高，生产工艺越来越复杂，装配精度和可靠性要求越来越高，具有设备构型变化大、多学科高度耦合、科研生产一体化、多品种小批量等研制特点，成为我国高端制造的典型代表，传统制造模式已经不再适用，迫切需要借助智能制造转型升级。

南京电子技术研究所智能制造创新中心和南京国睿信维软件有限公司联合团队针对复杂电子设备柔性、高效、透明的制造需求，开展数字化车间"设备-控制-运营"集成架构研究，坚持自主研发与产业协作相结合，努力成为以自动化为基础、信息化为核心、智能化为灵魂的离散型智能制造整体解决方案供应商和服务商。团队自主研发了制造运营管理、物流管理、可视化监控、数据采集四大应用信息系统，围绕整机分层级开展微组装、电装及总装总调数字化车间建设，建设了脉动式柔性装调一体化总装生产线，实现了装备产能、质量一致性大幅提升，形成全层级智能装配示范能力。目前，南京电子技术研究所已被评为江苏省智能制造领军服务机构、江苏省工业互联网发展示范企业（标杆工厂类），其高端电子装备智能制造示范工厂入选工业和信息化部 2021 年度智能制造示范工厂名单，取得了丰硕的成果。这些成果在电子、航空、航天、兵器等行业具有广阔的应用前景，团队期待将经验和成果进行分享，促进行业内互学互鉴，共同提高，推动我国复杂电子设备生产模式转型升级。

本书由南京电子技术研究所胡长明研究员担任主编，贲可存、李宁、冯展鹰、张柳担任副主编。南京电子技术研究所智能制造创新中心和南京国睿信维软件有限公司技术人员参与编写。全书共 10 章，第 1 章由贲可存、胡长明编写，第 2 章由贲可存、吕龙泉编写，第 3 章由李宁、姜洋、王璨编写，第 4 章由曹亚琪、冯展鹰编写，第 5 章由张柳、邬妍佼编写，第 6 章由谢亚光、吴克中、张明辉、蒋庆磊编写，第 7 章由许洪韬、孔祥龙、何宇昊、汪巨基编写，第 8 章由谢亚光、张柳、陈开编写，第 9 章由冯展鹰、曹亚琪、王伟编写，第 10 章由贲可存、胡长明、曹亚琪编写。全书由贲可存整理成稿，胡长明对全书进行了审定。

在本书的编写过程中，编者团队学习、借鉴了国内外智能制造领域一大批德高望重的权威学者和深耕专业的行业专家的学术成果及学术观点，正是他们的持续奉献和不懈努力，使我国数字化车间的水平不断提升，在此向他们表示敬意和谢意！在本书的编写过程中，南京电子技术研究所荆巍巍、鲍昊昊、王旭敏、边飞飞等同志提供了大量资料，王艳霞博士详细、认真地阅读了本书并提出了许多宝贵建议，在此一并表示衷心的感谢！

由于编者在工作领域及专业领域上的局限性，本书难免存在很多不足之处，恳请各位专家、行业人士及读者朋友提出批评和建议。让我们共同努力，一张蓝图绘到底，把数字化车间建设得更好！

胡长明

江苏·南京

目录

Contents

第1章
绪　论

制造业是国家工业的主体，是立国之本、兴国之器、强国之基。复杂电子设备制造是制造业的重要组成部分，在制造业从机械时代、电气时代向信息时代、智能时代发展的过程中，一个国家的复杂电子设备制造整体实力与水平，集中代表着科技实力、经济实力、国防实力等国家的综合竞争力。当前，数字化、网络化、智能化成为装备制造业发展的新方向，信息技术与制造技术深度融合，全球复杂电子设备制造迎来新的科技革命。本章首先概述了复杂电子设备的内涵范畴、组成及特点与需求，然后结合智能制造国内外发展现状，介绍复杂电子设备研发、生产、保障、管理等全生命周期主要环节智能制造推进情况，最后对复杂电子设备数字化车间研究进展进行了综述。

1.1　复杂电子设备

1.1.1　复杂电子设备内涵范畴

复杂电子设备以声、光、电磁信号的获取、传输、处理、显示、发射等为主要目标，由集成电路、晶体管以及机械和控制系统等组成，具有信息感知、通信、计算、导航、定位、信息对抗等功能，主要包括雷达、通信、计算机、导航、电子侦察、信息对抗等专业及领域的设备。复杂电子设备涵盖军用和民用领域，其典型产品如图1-1所示。

（a）预警机雷达　　　　　　　　（b）大型通信天线　　　　　　　　（c）电子对抗设备

图1-1　复杂电子设备的典型产品

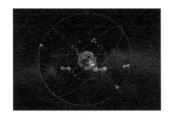

(d) 北斗导航

(e) 车载雷达

(f) 射电望远镜

(g) 高性能计算机

(h) 高端网络设备

(i) 毫米波安检仪

图 1-1　复杂电子设备的典型产品（续）

1.1.2　典型复杂电子设备组成

随着人类社会和科学技术的快速发展，对现代电子设备的性能要求也越来越高，其典型特征是客户需求复杂、产品组成复杂、产品技术复杂、制造过程复杂、项目管理复杂。北京首都国际机场 C 波段相控阵天气雷达是一种典型的复杂电子设备，如图 1-2（a）所示。该雷达能对机场周边天气进行有效探测和预警，可获取雷达站周围上空天气目标的位置、强度、平均径向速度和速度谱宽等参数，实时监测 450km 范围内的强对流危险天气系统的生成、发展、消散、移动状态的能力，对 250km 范围内的中尺度风暴、暴雨、风切变、冰雹、龙卷风、大风等灾害性天气能进行有效监测和预警，为用户气象保障提供及时精确气象探测资料。与常规雷达相比，该雷达采用了相控阵技术，扫描速度更快、探测精度及可靠性更高、探测能力更强、使用维护更方便。此外，它全面提高了抗杂波干扰能力及自动化探测能力，能更快、更准确地发现雷雨、大风、下击暴流、风切变等航空高危险天气，并且能够更加精细化地捕捉和分析危险天气的内部结构，为精准的航空预报服务提供探测依据。

该雷达系统的硬件从结构上分为室外部分和室内部分。室外部分主要包括天线罩、天线座、天线阵面（含天线、倒竖机构、T/R 组件、电源等）、波束形成（DBF）模块等；室内部分包含信号处理机柜、伺服控制（天线控制）机柜、数据处理计算机、二次产品生成服务器以及电缆、机柜和网络等附属设备，如图 1-2（b）所示。雷达是一种高度集成的复杂电子设备，它有数十万个零部件，元器件达百万量级，包含电子技术信息最高水平的微系统组件，其组成如图 1-2（c）所示。

复杂电子设备组成复杂，技术含量高，知识、技术密集，体现了多学科和多领域高精尖技术的继承，代表了电子设备技术的先进发展水平。

1.1.3　复杂电子设备制造特点与需求

复杂电子设备制造有着自身鲜明的行业特征，随着复杂电子设备性能要求的提高，在全球制造业走向数字化、网络化、智能化的大趋势下，这些特征对复杂电子设备制造向智能制造转型升级提出了迫切需求。

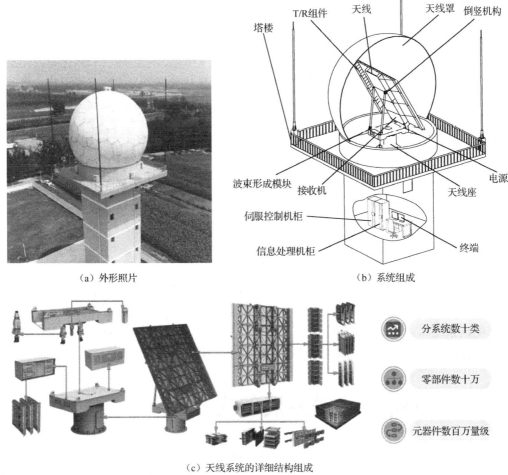

（a）外形照片 （b）系统组成

（c）天线系统的详细结构组成

图 1-2 相控阵天气雷达

1．研发、生产、保障一体化模式，需要开展全生命周期数字化转型

复杂电子设备企业大多采用研发、生产、保障一体化经营模式，对需求论证、方案设计、工艺试制、测试验证、维修保障等实施一体化、自闭环的全生命周期管理，这就需要开展贯穿电子设备全生命周期的数字化转型来提升企业的核心竞争力。

2．装载平台多，覆盖海、陆、空、天全领域，需要更加柔性的制造模式

复杂电子设备包括雷达、通信、导航、电子对抗等多个种类，覆盖了海、陆、空、天各类装载平台。不同装载平台的复杂电子设备结构形态差异很大，即使同一装载平台下不同体制、不同型号的复杂电子设备的结构形态差异也很大，这就需要采用高效、低成本的柔性化混线生产模式来满足客户个性化需求。

3．产品技术更新换代快，需要大幅缩短装备交付周期

新技术的飞速发展大大缩短了复杂电子设备换代的进程，"一代平台，多代电子"说明电子设备更新换代的速度要远远超过其装载平台。以机载平台为例，其机载电子设备改装已成为提

高部队现役飞机战斗力的重要途径，复杂电子设备的更新换代周期被不断缩短，这就需要复杂电子设备企业不断提高研制效率，大幅缩短电子设备交付周期。

4. 极大极小化、结构功能一体化，需要多学科、多专业协同研发

当前，复杂电子设备技术向极大极小化、结构功能一体化、平台载荷一体化等方向发展，具体表现为超大阵面天线、微系统 MEMS、结构功能一体化传感器、柔性共形天线，机、电、热和磁等多专业交叉整合、协同耦合仿真，这些新技术特征对多学科多专业协同能力提出了更高的要求。

5. 多品种、小批量、研制与批产并存，需要更快速的动态响应能力

复杂电子设备品种多、批量小、科研与生产并重、单件与批量生产并存，生产过程存在紧急插单和临时订单多，工艺变更、生产计划变更频繁，这就需要复杂电子设备企业具备更加快速的生产动态响应能力。

6. 产品组成复杂，海量异构制造信息，需要跨系统、跨平台集成

复杂电子设备的研制、生产与供应链涉及多部门、多厂商、多平台、多状态和多流程的信息流，流程复杂。信息流的集成、控制和传递难度较大，包括生产现场各种制造装备之间的互联互通，制造系统和物流系统之间的信息互联互通，企业与供应方、外协方、用户之间的信息互联互通。打破"系统壁垒"，拆除"数据烟囱"势在必行。

1.2 智能制造国内外发展现状

自从 18 世纪中叶开启工业文明以来，世界强国的兴衰史和中华民族的奋斗史一再证明，没有强大的制造业，就没有国家和民族的强盛。打造具有国际竞争力的制造业，是我国提升综合国力、保障国家安全、建设世界强国的必由之路。进入新时期，国家确定并全力推进"制造强国战略"，加快发展先进制造业，成为我国的国家战略。

1.2.1 智能制造国家战略

进入 21 世纪，智能制造已成为世界制造业发展的客观趋势，世界主要的发达国家都在大力推广和应用。目前，在全球范围内具有广泛影响的是德国"工业 4.0"战略、美国"先进制造业伙伴（AMP）"计划、我国的"制造强国"战略等。

1. 德国"工业 4.0"

2013 年 4 月，在汉诺威工业博览会上，德国政府宣布启动"工业 4.0"国家级战略规划，意图在新一轮工业革命中抢占先机，奠定德国工业在国际上的领先地位。德国"工业 4.0"的核心是利用信息物理系统（CPS，也译为"赛博物理系统"）的理念，把企业的各种信息与自动化设备等整合在一起，打造智能工厂。在智能工厂中，通过数据的无缝对接实现设备与设备、设备与人、设备与工厂、各工厂之间的连接，实施监控分散在各地的生产系统，使其实行分布自治的控制。

工业 4.0 的主要内容概括起来就是"1438"模型，如图 1-3 所示，即建设 1 个网络——信息物理系统网络 CPS；研究 4 大主题——智能生产、智能工厂、智能物流和智能服务；实现 3 项集成——横向集成、纵向集成及端到端集成；实施 8 项计划——标准化与参考架构、管理复杂系统、工业宽带基础、安全和保障、工作的组织和设计、培训和再教育、监管框架、资源利用效率。通过 10 年的时间演进到工业 4.0 时代：在一个"智能、网络化的世界"里，互联网、物联网和务联网（服务互联网）将渗透到所有的关键领域，创造新价值的过程逐步发生改变，产业链分工将被重组，传统的行业界限将消失，并产生各种新的活动领域和合作形式。

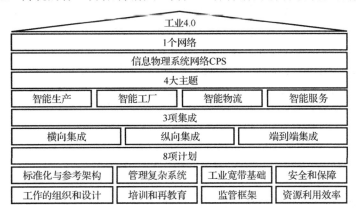

图 1-3　工业 4.0 战略框架

2016 年，德国发布《数字化战略 2025》，目的是将德国建成现代化的工业化国家。该战略指出，德国数字未来计划由 12 项内容构成：工业 4.0 平台、未来产业联盟、数字化议程、重新利用网络、数字化技术、可信赖的云、德国数据服务平台、中小企业数字化、进入数字化等。

2019 年，德国又提出"国家工业战略 2030"，内容涉及完善德国作为工业强国的法律框架、加强新技术研发和促进私有资本进行研发投入、在全球范围内维护德国工业的技术主权等，旨在稳固并重振德国经济和科技水平，深化工业 4.0 战略，推动德国工业全方位升级，保持德国工业在欧洲和全球竞争中的领先地位。

2. 美国先进制造业伙伴计划

2011 年，为巩固美国制造业竞争优势并确保其在世界制造强国中的领先地位，推动政产学研合作，美国提出并启动了"先进制造业伙伴"（AMP）计划。2012 年，美国制定并发布了该计划，提出了中小企业、劳动力、伙伴关系、联邦投资和研发投资等五大发展目标和具体实施建议，将发展先进制造业上升到美国国家战略层面。2014 年，美国又发布了《加速美国先进制造业》报告。该报告俗称 AMP 2.0，是一份美国先进制造业的执行方案，确立了构造美国先进制造技术未来领导权生态系统的 3 大支柱：促进创新、技术人才培养和改善商业环境，如图 1-4 所示。

2018 年 10 月，美国发布了《美国先进制造领先战略》，作为对"先进制造国家战略"计划的更新，该战略提出确保美国在先进制造业的领先地位，以维护国家安全和经济繁荣的愿景。该战略提出开发和转化新的制造技术、培育制造业劳动力、提升制造业供应链能力等三大任务，以及若干具体目标，并将目标分解落实到了具体的联邦部门。2019 年，美国发布了《人工智能战略：2019 年更新版》，为人工智能的发展制定了一系列目标，确定了 8 大战略重点。

此外，美国通用电气公司（GE）于 2012 年提出了工业物联网（IIoT）概念，将智能制造设备、数据分析和网络人员作为未来制造业的关键要素，以实现人机结合的智能决策。2014 年，GE 牵头，联合 AT&T、思科、IBM 和英特尔在美国波士顿成立工业互联网联盟（IIC），以期打破技术壁垒，促进物理世界和数字世界的融合。

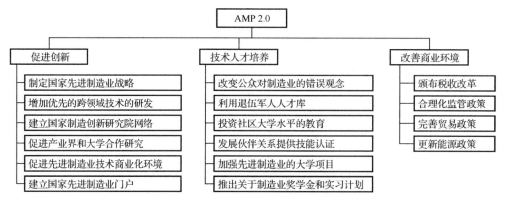

图 1-4　AMP 2.0 的 3 大支柱 16 项政策

3．制造强国

为实现制造强国的战略目标，我国提出了以新一代信息技术与制造业深度融合为主线，以智能制造为主攻方向，强化工业基础能力，促进产业转型升级，实现制造业由大变强的历史跨越。明确了智能制造重点发展的"9 大任务"、"10 大重点领域"和"5 项重点工程"，如图 1-5 所示。

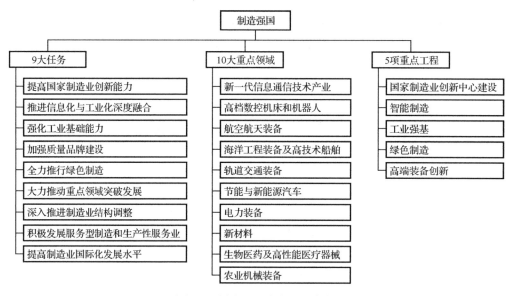

图 1-5　制造强国战略主要内容

2016 年，工业和信息化部、财政部发布了《智能制造发展规划（2016—2020 年）》，明确了加快智能制造装备发展、加强关键共性技术创新、建设智能制造标准体系、加大智能制造试点示范推广力度、推动重点领域智能转型等十大重点任务。

"十三五"以来，通过试点示范应用、系统解决方案供应商培育、标准体系建设等多措并举，我国制造业数字化、网络化、智能化水平显著提升，形成了央地紧密配合、多方协同推进的工作格局，发展态势良好。供给能力不断提升，智能制造装备国内市场满足率超过 50%，主营业务收入超 10 亿元的系统解决方案供应商达 4 家。支撑体系逐步完善，构建了国际先行的标准体系，发布国家标准 285 项，主导制定国际标准 28 项；培育具有一定影响力的工业互联网平台 70 余个。推广应用成效明显，试点示范项目生产效率平均提高 45%、产品研制周期平均缩短 35%、产品不良品率平均降低 35%，涌现出离散型智能制造、流程型智能制造、网络协同制造、大规模个性化定制、远程运维服务等新模式、新业态。

1.2.2 智能制造的内涵

智能制造概念的提出较早。1988 年，美国纽约大学的赖特（P. K. Wright）教授和卡内基梅隆大学的伯恩（D. A. Bourne）教授编写出版了《智能制造》（*Manufacture intelligence*）一书，首次提出了智能制造的概念，并将其定义为"通过集成知识工程、制造软件系统、机器人视觉和机器控制对制造技工的技能和专家知识进行建模，以使智能机器人在没有人工干预的情况下进行小批量生产"。此后，伴随着信息技术的不断发展，智能制造的内涵和外延也在不断扩展。

《智能制造发展规划（2016—2020 年）》提出："智能制造是基于先进制造技术与新一代信息技术深度融合，贯穿于设计、生产、管理、服务等产品全生命周期，具有自感知、自决策、自执行、自适应、自学习等特征，旨在提高制造业质量、效率效益和柔性的先进生产方式。"该定义点明了智能制造的技术基础、应用环节和功能特征，并将其定义为一种先进的生产方式。

中国工程院院士周济等认为智能制造是一个大概念，一个不断演进的大系统，是新一代信息技术与先进制造技术的深度融合，贯穿于产品、制造、服务全生命周期的各个环节，以及相应系统的优化集成，实现制造的数字化、网络化、智能化，不断提升企业的产品质量、效益、服务水平，推动制造业创新、绿色、协调、开放、共享发展。

智能制造的不断演进，形成了智能制造的三个基本范式：数字化制造——第一代智能制造；数字化、网络化制造——"互联网+制造"或第二代智能制造；数字化、网络化、智能化制造——新一代智能制造（见图 1-6）。

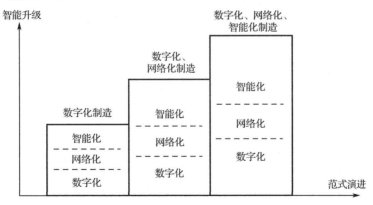

图 1-6 智能制造的三个基本范式

实际上，业界至今对智能制造尚未形成公认的定义。有学者在汲取上述定义优缺点的基础上给出了智能制造的极简定义："把机器智能融合于制造的各种活动中，以满足企业相应的目标。"随着智能制造的发展，这样一个极简定义可以包罗更广的功能和技术要素，不管是已有的，还是未来的。

1.2.3 智能制造系统及关键技术

1. 智能制造系统

智能制造系统把机器智能融入包括人和资源形成的系统中，使制造活动能动态地适应需求和制造环境的变化，从而满足系统的优化目标。这个系统是一个相对概念，可以是一个加工单元（生产线），一个车间（工厂），也可以是一个企业及其供应商、客户组成的企业生态系统（见图 1-7）；动态适应意味着对环境变化（如温度变化、位置变化、计划变动……）能够实时响应；优化的目标涉及系统运行的目标，如效率、成本、质量、能耗等。

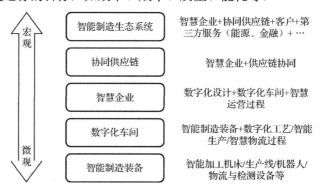

图 1-7 智能制造系统层级示例

智能制造系统并非要求机器完全取代人，而是人机共存、相互协作。中国工程院提出了面向智能制造的人-信息-物理三元系统（HCPS）。与传统制造系统相比，数字化制造系统的最本质变化是在人（human，H）和物理系统（physical system，P）之间增加了一个信息系统（cyber system，C），形成人-信息-物理三元系统（HCPS）。人的相当一部分感知、分析、决策和控制功能迁移给信息系统，信息系统可以代替人完成部分脑力劳动。面向新一代智能制造，中国工程院又提出了 HCPS 2.0。其最重要的变化发生在起主导作用的信息系统，由于将部分认知和学习的脑力劳动关系转移给了信息系统，HCPS 2.0 中的信息系统增加了基于新一代人工智能技术的学习认知部分，人和信息系统的关系从"授之以鱼"变成了"授之以渔"，如图 1-8 所示。

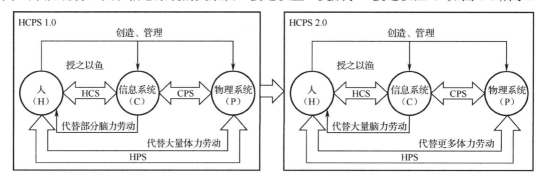

图 1-8 智能制造 HCPS 原理简图

2. 智能制造使能技术

智能制造——制造业数字化、网络化、智能化，是我国制造业创新发展的主要技术路线，是我国制造业转型升级的主要技术途径，是加快建设制造强国的主要技术方向。随着智能制造范式的不断演进，物联网、大数据、人工智能、数字孪生等制造关键技术是推动制造企业数字化、网络化、智能化升级的核心驱动力，如图 1-9 所示。

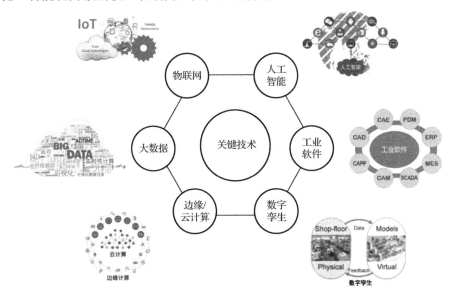

图 1-9 智能制造主要关键技术

当前具有代表性的智能制造关键技术如下。

1）物联网

物联网（Internet of Things，IoT）是指由各种实体对象通过网络连接而构成的世界，这些实体对象嵌入了电子传感器、作动器或其他数字化装置，从而可以连接和组网以用于采集和交换数据。IoT 技术从架构上可以分为感知层、网络层和应用层，其关键技术包括感知控制、网络通信、信息处理、安全管理等。5G 作为具有高速度、泛在网、低功耗、低时延等特点的新一代移动通信技术，将在物联网应用方面发挥巨大作用。

2）大数据

从智能制造的角度看，大数据（Big Data）技术涉及的内容有大数据的获取、大数据平台、大数据分析方法和大数据应用等。特别值得关注的是工业大数据及其应用，工业大数据是指在工业领域信息化和互联网应用中所产生的大数据，来源于条形码、二维码、RFID、工业传感器、工业自动控制系统、ERP/MES/PLM/CAX 系统、工业互联网、移动互联网、物联网、云计算等。工业大数据渗透到企业运营、价值链乃至产品生命周期，是工业 4.0 的"新资源、新燃料"。在工业大数据应用中，重点需要解决两大关键问题：面向工业过程的数据建模和复杂工业环境下的数据集成。

3）工业软件

工业软件（Industry Software）是智能制造的重要基础，是国家急需解决的"卡脖子"问题。工业软件是工业技术/知识、流程的程序化封装与复用，能够在数字空间和物理空间定义工业产品和生产设备的形状、结构，控制其运动状态，预测其变化规律，优化制造和管理流程，变革生产方式，提升全要素生产率，是现代工业的"灵魂"。按照制造业的生命周期维度，将工业软件划分为研发设计类软件（如 CAD/CAPP/CAM//CAE/EDA/PLM）、生产制造类软件（如 PLC/DCS/SCADA/MES/MOM/WMS）、运维保障类软件（如 MRO/PHM）、经营管理类软件（如 ERP/

SCM/CRM/BI 等）。我国工业软件核心技术长期依赖国外，工业知识和技术基础薄弱，当前国内工业软件企业正从仿制向自主研发转变，代表企业形成了较为完善的自主工业软件产品谱系（参见附录 A）。

4）边缘/云计算

云计算（Cloud Computing，CC）是通过网络访问数据中心的计算资源、网络资源和存储资源等，为应用提供可伸缩的分布式计算能力。它利用现有资源，使用虚拟化技术构建由大量计算机组成的共享资源池，不仅具有功能强大的计算和监督能力，而且可以动态地分割和分配计算资源，以满足用户的不同需求，提供高效的交付服务。边缘计算（Edge Computing，EC）是指在靠近物或数据源头的一侧，采用网络、计算、存储、应用核心能力为一体的开放平台，就近提供最近端服务。其应用程序在边缘侧发起，产生更快的网络服务响应，满足行业在实时业务、应用智能、安全与隐私保护等方面的基本需求。边缘计算并不是为了取代云计算，而是对云计算的延伸和补充，为移动计算、物联网等提供更好的计算平台。

5）人工智能

人工智能（Artificial Intelligence，AI）是研究使用计算机模拟人的某些思维过程和智能行为（如学习、推理、思考、规划等）的学科。它研究开发用于模拟、延伸和扩展人类智能的理论、方法、技术及应用系统，主要包括计算机实现智能的原理、制造类似于人脑的智能机器，使之能实现更高层次的应用。人工智能研究的具体内容包括机器人、机器学习、语言识别、图像识别、自然语言处理和专家系统等。人工智能将在智能制造中发挥巨大的作用，为产品设计/工艺知识库的建立和充实、制造环境和状态信息理解、制造工艺知识自学习、制造过程自组织执行、加工过程自适应控制等提供强大的理论和技术支持。

6）数字孪生

数字孪生（Digtal Twin，DT）可充分利用物理模型、实时动态数据的感知更新、静态历史数据等，集成多学科、多物理量、多尺度、多概率的仿真过程，在虚拟空间中完成映射，从而反映相对应的实体对象的全生命周期过程。在智能制造中，数字孪生以现场动态数据驱动的虚拟模型对制造系统、制造过程中的物理实体（如产品对象、设计过程、制造工艺装备、工厂工艺规划和布局、制造工艺过程或流程、生产线、物流、检验检测过程等）过去和目前的行为或流程进行动态呈现，基于数字孪生进行仿真、分析、评估、预测和优化。

1.2.4 智能制造标准体系

2015 年，为落实制造强国的战略部署，加快推进智能制造发展，发挥标准的规范和引领作用，指导智能制造标准化工作的开展，工业和信息化部、国家标准化管理委员会共同组织制定了《国家智能制造标准体系建设指南（2015 年版）》，并于 2018 年、2021 年分别进行了修订。

1. 智能制造系统架构

智能制造系统架构从生命周期、系统层级和智能特征 3 个维度对智能制造所涉及的要素、装备、活动等内容进行描述，主要用于明确智能制造的标准化对象和范围。智能制造系统架构如图 1-10 所示。

（1）生命周期。生命周期涵盖从产品原型研发到产品回收再制造的各个阶段，包括设计、生产、物流、销售、服务等一系列相互联系的价值创造活动。生命周期的各项活动可进行迭代优化，具有可持续性发展等特点，不同行业的生命周期构成和时间顺序不尽相同。

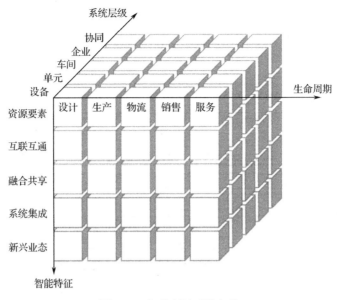

图 1-10　智能制造系统架构

（2）系统层级。系统层级是指与企业生产活动相关的组织结构的层级划分，包括设备、单元、车间、企业和协同。

（3）智能特征。智能特征是指制造活动具有的自感知、自决策、自执行、自学习、自适应之类功能的表征，包括资源要素、互联互通、融合共享、系统集成和新兴业态 5 层智能化要求。

2. 智能制造标准体系结构

智能制造标准体系结构包括"A 基础共性标准""B 关键技术标准""C 行业应用标准"3 部分，主要反映标准体系各部分的组成关系。智能制造标准体系结构图如图 1-11 所示。

具体而言，A 基础共性标准包括通用、安全、可靠性、检测、评价、人员能力 6 大类，位于智能制造标准体系结构的底层，是 B 关键技术标准和 C 行业应用标准的支撑。B 关键技术标准是智能制造系统架构智能特征维度在生命周期维度和系统层级维度所组成的制造平面的投影，其中 BA 智能装备主要聚焦于智能特征维度的资源要素，BB 智能工厂主要聚焦于智能特征维度的资源要素和系统集成，BC 智慧供应链对应智能特征维度系统集成，BD 智能服务对应智能特征维度的新兴业态，BE 智能赋能技术对应智能特征维度的融合共享，BF 工业网络对应智能特征维度的互联互通。C 行业应用标准位于智能制造标准体系结构的顶层，面向行业具体需求，对 A 基础共性标准和 B 关键技术标准进行细化和落地，指导各行业推进智能制造。

《国家智能制造标准体系建设指南（2021 年版）》提出到 2023 年，制/修订 100 项以上国家标准、行业标准，不断完善先进适用的智能制造标准体系；到 2025 年，在数字孪生、数据字典、人机协作、智慧供应链、系统可靠性、网络安全与功能安全等方面形成较为完善的标准族，逐步构建适应技术创新趋势、满足产业发展需求、对标国际先进水平的智能制造标准体系。

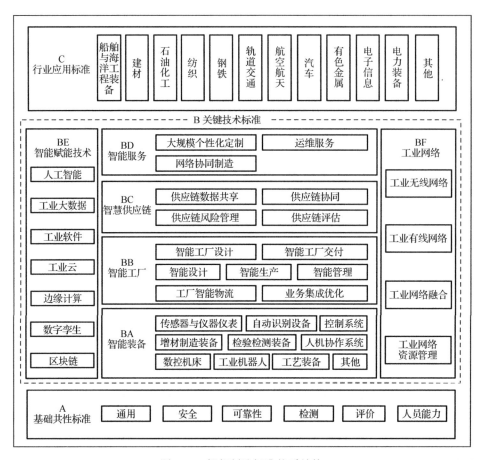

图 1-11　智能制造标准体系结构

1.2.5　我国智能制造推进情况

自 2015 年开始，我国政府从战略层面、战术层面和执行层面成体系推进智能制造，取得了阶段性的建设成果。

1．战略层面

在战略层面，"十三五""十四五"规划及中央高层会议均把智能制造作为主攻方向，加快建设制造强国。

2016 年 3 月 16 日，《中华人民共和国国民经济和社会发展第十三个五年规划纲要》通过，提出实施制造强国战略，以提高制造业创新能力和基础能力为重点，推进信息技术与制造技术深度融合，促进制造业朝高端、智能、绿色、服务方向发展，培育制造业竞争新优势。

2020 年 6 月 30 日，习近平主持召开中央全面深化改革委员会第十四次会议，会议通过《关于深化新一代信息技术与制造业融合发展的指导意见》，强调要顺应新一轮科技革命和产业变革趋势，以供给侧结构性改革为主线，以智能制造为主攻方向，加快工业互联网创新发展，加快制造业生产方式和企业形态根本性变革，夯实融合发展的基础支撑，健全法律法规，提升制造业数字化、网络化、智能化发展水平。

2021 年 3 月 12 日，《中华人民共和国国民经济和社会发展第十四个五年规划和 2035 年远景目标纲要》对外公布，提出深入实施智能制造和绿色制造工程，发展服务型制造新模式，推动制造业高端化、智能化、绿色化。培育先进制造业集群，推动集成电路、航空航天、船舶与海洋工程装备、机器人、先进轨道交通装备、先进电力装备、工程机械、高端数控机床、医药及医疗设备等产业创新发展。改造提升传统产业，推动石化、钢铁、有色、建材等原材料产业布局优化和结构调整，扩大轻工、纺织等优质产品供给，加快化工、造纸等重点行业企业改造升级，完善绿色制造体系。深入实施增强制造业核心竞争力和技术改造专项，鼓励企业应用先进适用技术、加强设备更新和新产品规模化应用。建设智能制造示范工厂，完善智能制造标准体系。深入实施质量提升行动，推动制造业产品"增品种、提品质、创品牌"。

2．战术层面

在战术层面，工业和信息化部（工业和信息化部）、科技部等部委出台了一系列支持智能制造发展的文件（见表 1-1）。

表 1-1　智能制造政策文件汇总表

时　间	政　策　文　件	归 口 管 理
2015-12	国家智能制造标准体系建设指南	工业和信息化部
2015-12	《国务院关于积极推进"互联网+"行动的指导意见》行动计划	国务院
2016-05	关于深化制造业与互联网融合发展的指导意见	国务院
2016-05	"互联网+"人工智能三年行动实施方案	国家发改委等
2016-09	智能制造工程实施指南（2016—2020）	工业和信息化部
2016-12	智能制造发展规划（2016—2020 年）	工业和信息化部
2017-12	促进新一代人工智能产业发展三年行动计划（2018—2020 年）	工业和信息化部
2017-12	智能制造系统解决方案供应商推荐目录	工业和信息化部
2018-01	国家智能制造标准体系建设指南（2018 版）	工业和信息化部
2019-11	"5G+工业互联网" 512 工程推进方案	工业和信息化部
2020-04	2020 年制造业高质量发展工作指南	工业和信息化部
2021-12	《"十四五"智能制造发展规划》	工业和信息化部

其中：

（1）《智能制造发展规划（2016—2020 年）》提出牢固树立创新、协调、绿色、开放、共享的发展理念，全面贯彻落实制造强国战略和推进供给侧结构性改革部署，将发展智能制造作为长期坚持的战略任务，分类分层指导，分行业、分步骤持续推进，"十三五"期间同步实施数字化制造普及、智能化制造示范引领，以构建新型制造体系为目标，以实施智能制造工程为重要抓手，着力提升关键技术装备安全可控能力，着力增强软件、标准等基础支撑能力，着力提升集成应用水平，着力探索培育新模式，着力营造良好发展环境，为培育经济增长新动能、打造我国制造业竞争新优势、建设制造强国奠定扎实的基础。

（2）《"十四五"智能制造发展规划》提出 2025 年的具体目标：转型升级成效显著，规模以上制造业企业智能制造能力成熟度达 2 级及以上的企业超过 50%，重点行业、区域达 3 级及以上的企业分别超过 20%和 15%。制造业企业生产效率、产品良率、能源资源利用率等大幅提高，供给能力明显增强；智能制造装备和工业软件技术水平和市场竞争力显著提升，国内市场满足率分别超过 70%和 50%；主营业务收入超 50 亿元的系统解决方案供应商达到 10 家以上，基础支撑更加坚实；建设一批智能制造领域创新载体和公共服务平台，并形成服务网络；建成 120 个以上具有行业和区域影响力的工业互联网平台。

3．执行层面

在执行层面，工业和信息化部、科技部、财政部等共同实施了多项专项行动计划（见表 1-2）。

表 1-2　国家智能制造重点专项汇总表

时　　间	专　项　行　动	归口管理
自 2015 年起	智能制造综合标准化和新模式应用专项	工业和信息化部
自 2015 年起	智能制造试点示范专项行动	工业和信息化部
自 2017 年起	"工业互联网"专项行动	工业和信息化部
自 2018 年起	"网络协同制造和智能工厂"重点专项	科技部
自 2020 年起	制造业高质量发展专项	工业和信息化部

其中：

（1）智能制造综合标准化和新模式应用专项紧密围绕制造强国战略十大重点领域，适当兼顾优势传统制造业转型升级需求，重点在离散型智能制造、流程型智能制造、网络协同制造、大规模个性化定制、远程运维服务等方面开展智能制造标准研制和新模式推广应用，加大重大短板装备的推广应用，加强人工智能技术、工业软件在关键环节的应用，建设工业云等服务平台，积极培育智能制造生态，提升供给能力和支撑能力，满足重点领域智能化转型需求，探索和实践有效的经验和模式，丰富成熟后，在制造业各领域全面推广。

（2）"网络协同制造和智能工厂"重点专项针对我国网络协同制造和智能工厂发展模式创新不足、技术能力尚未形成、融合新生态发展不足、核心技术/软件支撑能力薄弱等问题，基于"互联网+"思维，以实现制造业创新发展与转型升级为主题，以推进工业化与信息化、制造业与互联网、制造业与服务业融合发展为主线，以"创模式、强能力、促生态、夯基础"以及重塑制造业技术体系、生产模式、产业形态和价值链为目标，坚持有所为、有所不为，推动科技创新与制度创新、管理创新、商业模式创新、业态创新相结合，探索引领智能制造发展的制造与服务新模式，突破网络协同制造和智能工厂的基础理论与关键技术，研发网络协同制造核心软件，建立技术标准，创建网络协同制造支撑平台，培育示范效应强的智慧企业。

4．推进成效

工业和信息化部自 2015 年起启动了智能制造试点示范专项行动。在各方面的共同努力下，专项行动取得了明显成效。智能制造推进体系基本形成，核心装备供给能力持续增强，集成服务能力不断提高，基础支撑能力不断夯实，新模式推广应用成效明显。先后共遴选确定了 206 个智能制造试点示范项目，其中工业互联网创新应用项目 28 个，试点示范的行业和区域逐步扩大，目前已覆盖 30 个省（自治区、直辖市）、82 个行业，在企业提质增效、降本减耗、提高核心竞争力等方面发挥了积极作用，有力支撑并推动了制造业转型升级。

"十三五"以来，通过试点示范应用、系统解决方案供应商培育、标准体系建设等多措并举，我国制造业数字化、网络化、智能化水平显著提升，形成了央地紧密配合、多方协同推进的工作格局，发展态势良好。供给能力不断提升，智能制造装备国内市场满足率超过 50%，主营业务收入超 10 亿元的系统解决方案供应商达 43 家。支撑体系逐步完善，构建了国际先行的标准体系，发布国家标准 285 项，主导制定国际标准 28 项；培育具有一定影响力的工业互联网平台 70 余个。推广应用成效明显，试点示范项目生产效率平均提高 45%、产品研制周期平均缩短 35%、产品不良品率平均降低 35%，涌现出离散型智能制造、流程型智能制造、网络协同制造、大规模个性化定制、远程运维服务等新模式、新业态。

1.3　复杂电子设备智能制造

从广义上讲，复杂电子设备智能制造涵盖了研发设计、生产制造、服务保障以及管理决策等产品生命周期的各个环节。按照生命周期维度，复杂电子设备智能制造主要包括智能研发、智能生产、智能保障、智能管理等"3+N"业务系统（见图 1-12）。

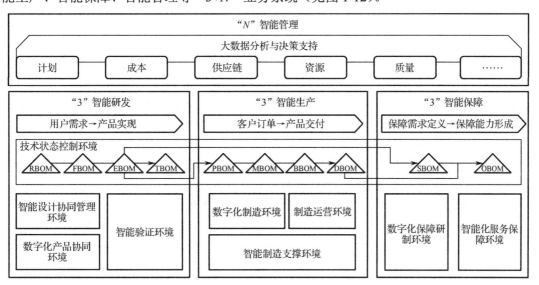

图 1-12　复杂电子设备智能制造"3+N"业务系统

1.3.1　智能研发

智能研发从用户需求出发，在不同的可视化数字化应用场景中进行设计需求分析，构建完备的产品能力要求。智能研发系统（见图 1-13）以系统工程为方法论，数字模型为核心，对装备进行精准建模和虚拟仿真，并通过大数据挖掘和知识工程，持续优化数字模型，实现虚实结合验证。

智能研发是一种基于模型驱动的创新研发模式，产品设计全过程都通过模型进行组织串联，通过不同视图的模型对产品进行多维度的定义，实现产品的逐级拆解定义与分析迭代。

此种模式相对于传统模式将带来如下业务及管理理念的变革。

（1）将系统工程的设计思维通过模型化的方式对产品进行全方位定义，强化传统基于三维对产品的安装表达，并实现向制造保障环节的流转，同时通过基于模型的系统工程的引入，构建不同专业间统一的建模语言，通过建模对产品的功能、性能、工作原理、工作模式等设计要素进行标准无二义表达。

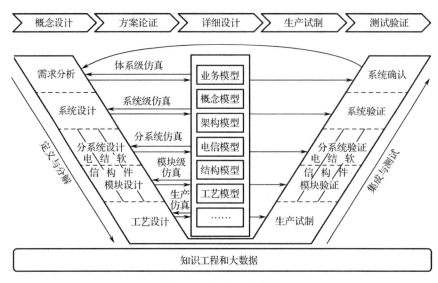

图 1-13 智能研发系统

（2）打破传统的以部门为导向的研发方式，突破"部门墙"，通过流程驱动创新头脑风暴。

通过系统固化研发的流程模板，支持从需求收集到系统设计、整机设计、模块详细设计全过程的流程、任务一体化管理模式，实现各业务单元基于流程的协作。

（3）需求牵引设计、设计分解需求。

通过对产品全面模型化的定义，将需求与设计过程实现了有机结合，在设计分解过程中，通过需求、功能、逻辑等不同视图的关联映射，建立需求与设计的关联。

（4）通过模型进行参数化、标准化定义，实现设计与虚拟验证间的打通。

对设计结果进行参数化、模型化定义，并可通过 FMI 等标准化接口实现设计模型与仿真模型间的参数关联映射，搭建设计仿真间快速迭代的纽带，在研发各阶段、各层级对设计成果进行快速迭代闭环。

（5）模型化的系统定义有利于知识的沉淀，而知识是驱动研发智能化的核心。

研发过程的全面模型化，便于知识沉淀后的关联索引，基于大数据技术的引入，实现数据向知识的智能转变挖掘。

在雷达装备智能研发中，基于 MBSE 理念，以数字模型为核心，对装备进行精准建模和虚拟仿真，通过构建电信、结构和工艺数字样机，协同开展各专业的设计和仿真（见图 1-14），实现统一模型在系统、整机和模块间的传递贯穿，满足"概念进、样机出"的智能研发需求。

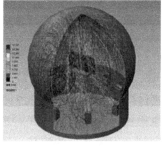

（a）电信数字样机　　　　　　　　（b）结构数字样机　　　　　　　　（c）工艺数字样机

图 1-14 雷达装备智能研发场景

1.3.2　智能生产

企业级智能生产系统（见图 1-15）基于工业互联网、大数据等技术，纵向实现企业/管理/车间/设备集成，横向实现供应链集成，打造以"自动化、无纸化、互联化、智能化"为特征的新型生产制造模式，提升具备虚实映射特征的智能制造能力。

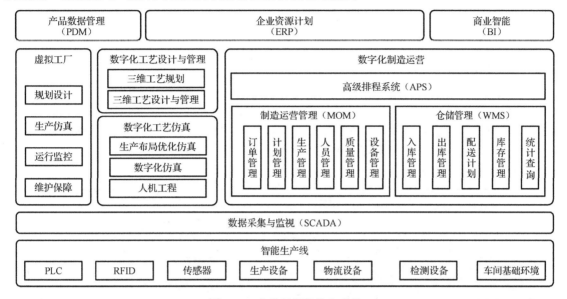

图 1-15　企业级智能生产系统

智能生产不是无源之水、无本之木，它是基于最新的信息和通信技术，结合多种先进制造模式所构建的新型先进制造体系。它是一种兼有精益制造、柔性制造、敏捷制造、数字化制造等先进制造模式的优势，综合利用工业大数据、人工智能、物联网、移动互联网、高级排程、智能物流等技术，形成具有制造模型全数字、虚实世界全互联、动态感知全智能的制造体系。

（1）在研制协同层面，可通过三维、直观的工艺设计环境，实现与设计基于单一数据源的协同工作，通过维修性、装配性仿真分析，工艺性审查提前介入，及早发现干涉、设计错误、不规范等问题，预先消除制造隐患。基于三维模型进行产品设计、工艺和制造，已经成为一个逐渐成熟的产品研发制造一体化模式（参见附录 B）。

（2）在资源调度层面，可借助企业资源计划（ERP）和制造运营管理（MOM），优化生产计划和调度管理，解决以往生产组织粗放管理、生产计划柔性不足等问题，并与供应商之间形成敏捷供应链，提升整体竞争力。

（3）在质量控制层面，可利用物联网技术，从设备上直接采集生产进度和设备状态，实时监控、分析，进而通过 SPC 统计过程控制，从源头控制设备效能、产品质量，预防不合格品产生。

（4）在决策支持层面，利用条码、二维码、RFID 等技术，提高生产制造各个环节的信息采集效率，进而应用工业大数据技术，为计划调度、质量管理、成本控制等提供精准数据支撑。

（5）在雷达生产管理方面，微组装、电装、总装车间通过订单下达、排程优化、制造执行、物料配送、自动测试的全过程集成（见图 1-16），实现了复杂电子产品生产的智能化管控，具备了"生产全数字、信息全互联、管理全智能"三大特征，达到了"物料进、成品出"的智能化生产效果。

（a）微组装　　　　　　　　　（b）电装　　　　　　　　　（c）总装

图 1-16　雷达产品智能生产场景

1.3.3　智能保障

以智能保障系统（见图 1-17）综合保障设计、交付、执行为主线，构建涵盖装备保障数字化设计、售后保障数字化运营两大部分的智能保障体系，打通设计制造与服务保障信息的纵向端到端集成，打通供应链上下游保障信息的横向端到端集成，实现装备保障性正向设计和售后保障逆向反馈的持续优化。

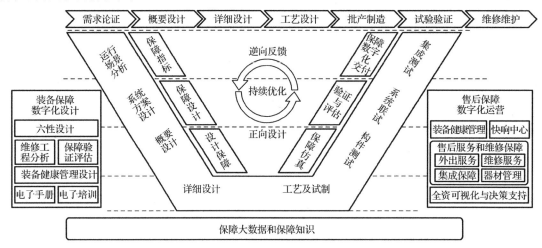

图 1-17　智能保障系统

智能保障核心能力主要包括一体化的六性设计能力、全流程驱动的售后服务和维修保障能力、基于实时状态监控的健康预测与保障能力。

（1）六性设计。以集成化产品研发平台为基础，实现六性设计的计划流程任务一体化，通过任务模型驱动设计工作，推送情景化知识，集成各类六性工具，打通六性工具及 PDM（产品数据管理）等应用系统数据接口，实现六性设计与产品设计的深入融合。

（2）售后服务和维修保障。建立承制方级的面向本单位所有装备的全生命周期售后服务和维修保障平台，用于管理装备技术状态、电子履历、外场服务、重大任务保障、备件供应、故障件返修、质量闭环、客户管理等保障业务，并为各级保障和管理部门提供装备、任务、资源的全资可视化展示与基于大数据的 KPI 统计分析；建立基地级的面向区域所有装备的维修管理平台，用于管理装备的技术状态、电子履历、临抢修、预防性维修、等级修理、维修器材、远程支援、集成武器系统数据等保障业务，并为各级保障和管理部门提供装备、任务、资源的全资可视化展示与基于大数据的 KPI 统计分析；建立现场级的面向单装平台所有装备的维修保障平台，用于单装技术状态、电子履历、状态监控、预防性维修、使用维护数据采集与反馈、便携式维修辅助设备（PMA）、现场器材管理等保障业务。

（3）健康预测与保障。基于视情维修的开放式系统架构（OSA-CBM），提供免编程的 PHM 通用开发平台，实现快速配置装备对象、对象参数、报文协议、数据接口、健康管理模型、诊断预测场景、二维/三维显示等功能。通过通用开发平台可发布单机或远程部署的 PHM 执行平台，实现装备状态监测、故障诊断、故障预测、寿命预测、性能预测、健康评估、任务评估、维修决策等。

在雷达服务保障方面，通过对装备的远程互联，我们能够对装备的运行状态、健康程度和性能变化趋势进行监控和分析，实现了预测性维修，雷达产品智能保障场景如图 1-18 所示。另外，通过大数据的分析和挖掘，为装备优化设计提供反馈，持续提升装备性能。将传统"交钥匙工程"转变为全生命周期智能保障，推动实现"一代平台、多代电子"。

图 1-18 雷达产品智能保障场景

1.3.4 智能管理

企业级智能管理系统（见图 1-19）以决策支持为抓手，构建纵向覆盖智能决策、战略管控、经济管理、业务管理（企业流程中心、企业级数据中心）四大层次，横向贯穿企业的人、财、物、供、销、法六大领域，以及科研生产价值链的计划、质量、成本三大要素的矩阵式管理体系。

通过智能管理，企业将构建 N 条贯穿自顶向下的"端到端"管理流程，促进管理流程的规范有序执行，实现上下穿透，透明决策。智能管理主要包括以下内容。

（1）决策支持管理，是以企业经营管控理念为主导，提供包括离散数据采集、数据集成管理、主题分析、预警监测、问题推送、协同办公、数据可视化展现等完整解决方案，用来将企业中现有的数据进行有效的整合，快速准确地提供数据并提出决策依据，帮助企业做出明智的经营决策。它适用于企业战略落实、经营管理、领导决策、企业形象宣传等业务。

（2）综合项目管理，是为国内大型复杂系统工程项目研制单位量身定做的项目管理整体解决方案。其以产品研发目标为驱动，以研制流程为载体，集成进度、成本、资源等多要素，规范协调开展项目管理活动，横向支撑跨业务单元、跨部门、多要素集成的项目组合管理，最终确保各产品开发业务目标实现。综合项目管理有利于帮助企业从面向对象（宏观、孤立）的研发模式向面向过程（细节、关联）的协同研发模式转变。

（3）全生命周期质量管理，是以质量业务与质量信息管理为核心，覆盖产品全生命周期、全业务领域的数字化质量管理解决方案，有效支撑一体化的质量工作协同组织、统一的质量信息的集中管理与发布、基于刚化流程的质量业务运行保障以及面向产品研制过程的实时综合监控、决策支持等典型应用需求。全生命周期质量管理有利于实现企业质量管理整体过程的"可知""可控""可管""可视"，并能够为预测、控制及改进产品质量及质量体系运行状态提供辅助决策支持。

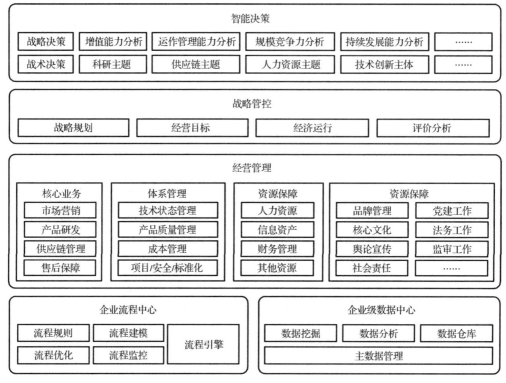

图1-19　企业级智能管理系统

在智能管理环节，利用大数据分析技术，开展雷达研制管理数字化变革，实现全流程、全领域、全维度的经营态势管控，实现重大风险预警预测、数据驱动的科学决策，雷达产品智能管理场景如图1-20所示。

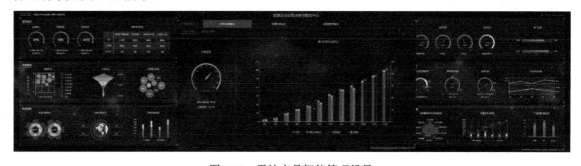

图1-20　雷达产品智能管理场景

1.4　复杂电子设备数字化车间

车间是企业内部组织生产的基本单位，它按企业内部产品生产各个阶段或产品各组成部分的专业性质和各辅助生产活动的专业性质而设置，拥有完成生产任务所必需的厂房或场地、机器设备、工具和一定的生产人员、技术人员和管理人员。在很大程度上，车间的强弱决定了一个企业的核心竞争力。数字化车间建设是复杂电子设备智能生产的重要一环，是复杂电子设备制造企业实施智能制造的主战场。

1.4.1 复杂电子设备数字化车间概述

1. 复杂电子设备数字化车间基本类型

复杂电子设备结构复杂，以中等规模雷达为例，包含数十个分系统，分系统又由上万个机械、电子零部件和微系统组成。复杂电子设备从小到大可分为 5 级，分别是材料、元器件/零件、组件、部件和整机。

对于复杂电子设备整机企业来说，1 级和 2 级的生产一般委托外协加工或直接采购，因此本书主要关注 3 级、4 级和 5 级的数字化车间，即微组装数字化车间、电装数字化车间和总装数字化车间的探索与实践，如图 1-21 所示。

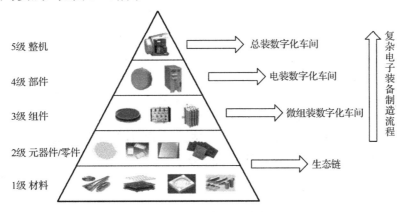

图 1-21 复杂电子设备数字化车间类型

2. 复杂电子设备数字化车间生产面临的主要问题

随着新一代信息技术升级加快，复杂电子设备进一步向多功能、共性/一体化、轻薄化方向发展，系统集成度和复杂度不断提高，致使复杂电子设备的生产工艺路线越来复杂、装配精度和可靠性要求越来越高，交付周期却越来越短。传统的复杂电子设备数字化车间生产过程面临以下主要问题。

1）生产柔性程度低、资源调度困难，缺少跨车间生产过程协同管控能力

主生产计划实现了订单级生产计划管控，而车间工序级计划管控力度不足，且缺少跨车间生产过程协同管控能力。复杂电子设备数字化车间生产是典型的多品种、小批量、研制与批产并存的离散型生产方式，其生产计划排程困难主要体现在最短交付周期、最小生产成本、最小库存成本、最大采购批量等相互冲突多目标优化，有限的生产人员、物料、库存和设备形成的资源约束，以及插单、工艺变化、设备故障、员工病假等引起的动态生产环境。因此，迫切需要建立一套精细的、柔性敏捷的生产计划排程解决方案。

2）生产过程监控不透明，缺乏多维度、多视角的生产实时可视化展示

复杂电子设备数字化车间生产现场资源联网率低，无法实时采集生产执行数据，生产部门无法精准统计每日计划完成率、良品数量、报废数量等，现场没有生产看板，管理人员不能第

一时间掌握车间生产状况等；计划部门无法对设备产能和设备综合效率（OEE）及时准确把控，导致设备派工不均匀，资源利用率低；质量部门无法对生产过程中的质量问题及时进行处理，分析出规律，减少质量问题的再次发生。因此，迫切需要采集设备基本状态，对生产过程的各类工艺过程参数进行多维度、多视角的生产实时可视化展示，实现对加工过程实时的、动态的、严格的工艺控制，确保产品生产过程完全受控和质量全程追溯。

3）按订单齐套的物料管理和配送模式，直接影响生产组织的有序开展

当前复杂电子设备数字化车间生产按订单齐套的物料管理和配送模式，配送方式不够精细，易造成装配工位缺料或积压物料，直接影响生产组织的有序开展。复杂电子设备数字化车间物流管理缺少缓存机制，造成工位现场物料堆积与缺料现象并存；由于缺乏车间级的物流管理信息化手段，主要靠计划员手动台账管理，周转容器缺少物流标识，线边物料状态不明，易造成账物不符；物料配送方式多为人工配料、领料，配送效率低，且易造成周转伤损。

4）生产过程数据散落存储，生产数据流程未实现闭环，科学决策缺依据

部分数字化转型领先企业实现了复杂电子设备全三维协同设计、三维工艺设计以及三维工艺设计下发，工艺部门可以及时准备获取、使用设计三维模型和产品结构数据，生产部门可以及时准备获取、使用产品结构、设计模型、工艺设计数据，打通了设计、工艺、制造下行数据通路，但设计、工艺部门全面获取制造环节数据，为改善设计、工艺提供依据还存在很大困难。在整个复杂产品生产过程中，车间系统运行着大量的生产数据以及设备运行的实时数据，这些数据对车间生产的科学决策有巨大的支撑作用，但是数据并没有采集、存储和利用起来，管理层只能处于凭经验、拍脑袋的粗放型管理状态。

因此，当前复杂电子设备企业面临着诸多挑战，客户对产品的质量提出了更高的要求，车间数字化转型是复杂电子设备企业发展的必然趋势。

1.4.2 数字化车间发展现状

1. 数字化车间内涵

我国政府明确指出：推进制造过程智能化，在重点领域建设智能工厂/数字化车间。数字化车间建设是智能制造的重要一环，是制造企业实施智能制造的主战场。复杂电子设备是我国政府大力推动的重点领域之一，复杂电子设备数字化车间建设高度契合制造强国的发展战略要求，是对其最为直接有力的推动和支撑。

《数字化车间 通用技术要求》（GB/T 37393—2019）对数字化车间进行了明确的定义："以生产对象所要求的工艺和设备为基础，以信息技术、自动化、测控技术等为手段，用数据连接车间不同单元，对生产运行过程进行规划、管理、诊断和优化的实施单元。"朱铎先等将数字化车间描述如下："数字化车间是基于生产设备、生产设施等硬件设施，以降本提质增效、快速响应市场为目的，在对工艺设计、生产组织、过程控制等环节优化管理的基础上，通过数字化、网络化、智能化等手段，在计算机虚拟环境中，对人、机、料、法、环、测等生产资源与生产过程进行设计、管理、仿真、优化与可视化等工作，以信息数字化及数据流动为主要特征，对生产资源、生产设备、生产设施以及生产过程进行精细、精准、敏捷、高效的管理与控制。"

概括地说，数字化车间是运用精益生产、精益物流、可视化管理、标准化管理、绿色制造等先进的生产管控理论与方法设计和制造的信息化车间，具有精细化管控能力，是实现智能化、柔性化、敏捷化的产品制造的基础。数字化车间是智能车间的第一步，也是智能制造的重要基础。

2. 数字化车间基本特征

在"工业 4.0"信息物理融合系统 CPS 的支持下，数字化车间建设以生产设备网络化、生产线柔性化、生产数据可视化、生产过程透明化、生产管理精益化和生产运营绿色化等为特征（见图 1-22），做到纵向、横向和端到端的集成，实现优质、高效、绿色、柔性和透明的生产目标。

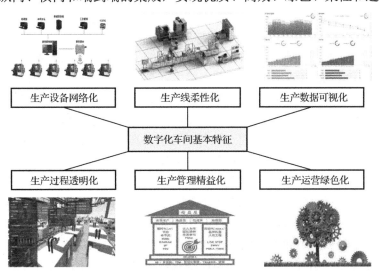

图 1-22　数字化车间基本特征

1）生产设备网络化，实现"人、机、料、法、环"互联

生产设备网络化是指通过各种无线或有线网络将生产设备互联互通，实时采集任何需要监控、连接、互动的设备或过程等各种需要的信息，以实现智能化识别、管理和监控等功能。通过使用 RFID、传感器、各类音视频、5G 无线网络通信、定位系统等技术，把制造行业生产管理五大要素"人、机、料、法、环"信息与网络连接起来，进行数据信息交换和通信，通过边缘计算或云计算分析和统计，实现对生产管理五要素智能化识别、定位、跟踪、监控和管理，满足车间生产安全监控、生产调度、质量追溯以及智能决策的需求。

设备数据采集是设备联网的基础。据统计，当前我国规模以上工业企业中，80% 以上的设备都是没有联网、不会说话的"哑"设备，只有 20% 的设备联网。生产车间设备联网与数据采集是连接生产设备、生产线、企业应用软件、企业管理者之间重要的基础环节，也是实现企业"两化融合"的关键因素之一。设备数据采集一般采用对接 PLC 或加装外部传感器进行。现场设备通常会使用不同厂家的多种 PLC，不同 PLC 的物理接口和协议也有所不同，这就需要网关适应不同的物理接口和通信协议。

2）生产线柔性化，满足多品种、小批量生产需求

随着经济社会的迅速发展，市场需求日趋个性化、多样化、功能化，企业竞争也在不断加剧，对于生产设备的灵活性、生产线柔性的要求不断提高。柔性生产线是指由加工中心或柔性生产单元组成，能够实现多种产品共线生产的生产线。对于机械电子制造业的柔性生产线而言，其基本组成部分有：①加工/装配系统，是指以成组技术为基础，把外形尺寸、工艺、质量大致相似，材料、组成相近的制造集中在一台或数台数控设备或专用设备上加工的系统；②物料系统，是指由传送带、AGV（自动导引车）以及机械手多种运输装置构成，完成工件、元器件、工装工具等的供给与传送的系统，它是柔性生产线主要组成部分；③控制系统，是指对加工和

运输过程中所需的各种处理、反馈，并通过计算机或其他装置（液压、气压装置等），对生产设备、运输设备进行分级控制的系统。

柔性生产线生产的产品对象和所用工艺具有多样性和可变性，具体可表现为机床的柔性、产品的柔性、工装的柔性、生产批量的柔性等。与刚性自动化生产线相比，柔性生产线工序相对集中、没有固定的生产节拍和统一的物流路线，进行混流加工，实现在中、小批量条件下接近采用刚性自动线所实现的高效率和低成本。

3）生产数据可视化，利用大数据分析进行生产决策

生产数据可视化是利用图表、视频等形式将提取的生产信息表现出来，使海量工业数据更加精简、易于理解。通过显示大屏，能够从多维度、全方位监控生产线的运行状况，方便车间生产全过程管理，提高监管效率，能及时发现问题并加以改善。例如，离散制造车间生产线处于高速运转状态，每隔几秒就收集一次数据，利用这些数据可以进行设备开机率、主轴负载率、故障率、设备综合效率（OEE）、质量百分比等的分析。在生产工艺改进方面，生产过程中使用这些大数据，就能分析整个生产流程，能更快速地发现错误或瓶颈所在，有助于制造企业改进其生产流程。在能耗分析方面，利用传感器集中监控设备运转过程，通过分析能耗的异常或峰值情形，优化能源的消耗，对所有流程进行分析将会大大降低车间生产能耗。

4）生产过程透明化，实现生产全过程数字化追溯

对于绝大多数的离散制造企业来说，都面临着生产过程"黑盒子"的问题，如生产过程中复杂的生产工艺过程监管困难、生产原料和设备难以追溯、质量信息实时收集困难、生产计划进度反馈滞后等。生产过程透明化是生产车间以信息化、可视化为手段，充分利用物联网、大数据等先进技术，实现从订单到排产、物资采购、生产工艺、工序流转、过程管理、物料管理、质量检查、订单发货和数据统计分析的全流程信息化管控，从而大幅提升生产管理水平，降低成本、增加效益。

5）生产管理精益化，帮助车间生产降本增效

经过几十年的发展，精益生产已成为制造业的重要思想。精益管理源于精益生产，它要求车间的各项活动都必须运用"精益思维"（Lean Thinking），其核心就是以最小资源投入，包括人力、设备、资金、材料、时间和空间，创造出尽可能多的价值，为客户提供新产品和及时的服务。基于精益思想的车间制造管理系统在实现生产过程的数字化、网络化、智能化等方面发挥着巨大的作用。车间制造管理系统通过信息传递对从订单下达到产品完成的整个生产过程进行优化管理，减少企业内部不增值活动，有效地指导车间生产运作过程，提高及时交货能力。另外，车间制造管理系统在车间和供应链间双向交互，提供生产活动的基础信息，使计划、资源、生产三者密切配合，从而确保管理人员可以在最短的时间内掌握生产现场的变化，及时做出准确的判断并制定快速的应对措施，以保证生产计划得到合理而快速的修正、生产流程畅通、资源充分有效地得到利用，进而最大限度地提高生产效率。

6）生产运营绿色化，坚持清洁、低碳的可持续发展

全面推行绿色制造，助力工业领域实现"碳达峰、碳中和"目标，是我国实现制造业转型升级的重要手段。绿色制造，是一个基于全生命周期（全寿期）的理念，综合考虑资源效率和环境影响相协调的现代化制造模式。绿色制造体系的主要工作包括绿色工厂、绿色设计产品、绿色园区和绿色供应链的建设。绿色工厂/车间是制造业的生产单元，是绿色制造的实施主体，属于绿色制造体系的核心支撑单元，侧重于生产过程的绿色化。通过采用绿色建筑技术建设改造厂房，预留可再生能源应用场所和设计负荷，合理布局厂区内能量流、物质流路径，采用先进适用的清洁生产工艺技术和高效末端治理装备，淘汰落后设备，建立资源回收循环利用机制，

推动用能结构优化，实现车间的绿色发展。

3. 数字化车间通用参考架构

随着信息技术的发展，数字化车间的内涵也在不断丰富。IEC/ISO 62264 和 ANSI/ISA-95 定义了制造企业功能层次模型，它描述了一个连接设备、产线、生产车间至企业应用的框架，如图 1-23 所示。

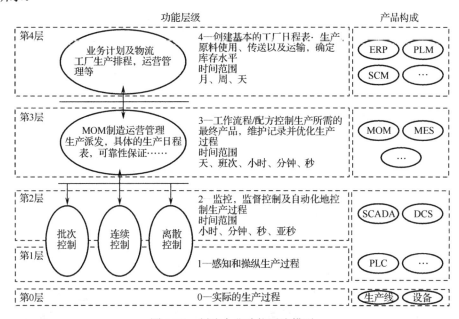

图 1-23 制造企业功能层次模型

该模型包括 5 层。

（1）第 0 层表示过程，通常指制造或生产过程，包括生产线、设备等。

（2）第 1 层表示用来感知和操纵生产过程的人或传感器，以及相应的执行机构，包括传感器、执行器等。

（3）第 2 层表示监控，监督控制及自动化地控制生产动作，使生产过程保持稳定或处于控制之下，包括数据采集与监控（SCADA）系统、分布式控制系统（DCS）等。

（4）第 3 层表示工作流程/配方控制生产所需的最终产品，进行生产过程的协调与优化、生产记录的维护等，主要是制造运营管理（MOM）、制造执行系统（MES）的范围。

（5）第 4 层表示创建基本的工厂日程表，制造组织管理所需的各种业务相关活动，如建立基础调度、确定库存水平，以及确保物料适时适地生产，包括企业资源计划（ERP）、产品全生命周期管理（PLM）等。

目前，国外西门子、罗克韦尔、施耐德、达索等行业巨头的产品开发都遵循了该标准结构。

《数字化车间 通用技术要求》（GB/T 37393—2019）在 ISA-95 标准的基础上发布了数字化车间体系结构（见图 1-24），分为基础层和执行层。在数字化车间外，还有企业的应用层。

数字化车间的基础层包括数字化车间生产制造所必需的各种制造设备及生产资源，其中制造设备承担执行生产、检验、物料运送等任务，大量采用数字化设备，可自动进行信息的采集或指令执行；生产资源是生产用到的物料、托盘、工装辅具、人、传感器等，其本身不具备数字化通信能力，但可借助条码、RFID 等技术进行标识，参与生产过程并通过数字化标识与系统进行自动或半自动交互。

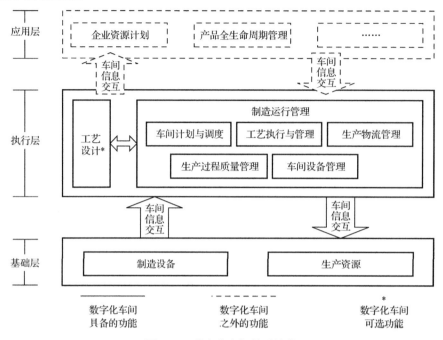

图 1-24　数字化车间体系结构

　　数字化车间的执行层主要包括车间计划与调度、生产物流管理、工艺执行与管理、生产过程质量管理、车间设备管理 5 个功能模块，对生产过程中的各类业务、活动或相关资产进行管理，实现车间制造过程的数字化、精益化及透明化。由于数字化工艺是生产执行的重要源头，对于部分中小企业没有独立的产品设计和工艺管理情况，可在数字化车间中建设工艺设计系统，为制造运行管理提供数字化工艺信息。

　　该体系结构仅包含基础的功能模块，可根据实际情况增加其他模块，如能效管控、生产安全管理等。

　　与 IEC/ISO 62264 标准的功能层次模型相比，该体系结构将中间的 2、3、4 层进行了合并，数字化车间体系结构开始走向扁平，这也是考虑到随着新一代信息技术与先进制造技术的深度融合应用，各层级的界面会逐渐模糊，通过数字主线能贯通任意设备和系统之间的数据流，从而真正实现车间到企业顶层的集成应用。

1.5　本书目的与章节安排

　　车间是决定生产效率和产品质量的重要环节，推进数字化车间建设是复杂电子设备制造企业实施智能制造的主战场，能够显著改善生产效率、交付周期、运营成本、产品良率、资源利用率等车间运营关键绩效指标。随着行业全面践行产业数字化，本书编者团队在复杂电子设备数字化车间建设领域进行了深入的探索与实践，积累了大量成功案例和宝贵的工程实践经验，并愿意将这些经验、成果进行分享，促进行业内互学互鉴、共同提高，共同推动行业的自动化、数字化和智能化水平，助力我国从制造大国转型为制造强国。

本书包括 10 章，各章安排如图 1-25 所示。第 1 章是绪论，介绍复杂电子设备基本情况、智能制造国内外发展现状、复杂电子设备智能制造以及复杂电子设备数字化车间。第 2 章是总体规划，介绍复杂电子设备数字化车间总体规划方法、愿景与目标、总体架构、组成模块与功能、信息集成和落地策略。第 3 章至第 8 章分别讨论了复杂电子设备数字化车间 6 个重要组成部分的概述、系统架构、关键支撑技术、应用场景及案例以及发展趋势。第 9 章给出了微组装、电装和总装数字化车间的实施案例。第 10 章对复杂电子设备数字化车间未来会应用到的新技术和出现的新模式进行展望。

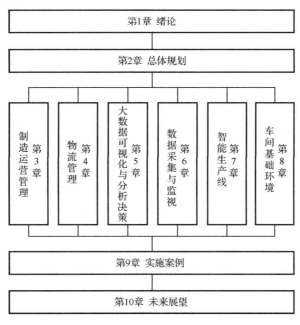

图 1-25 各章安排

第2章

总 体 规 划

　　复杂电子设备数字化车间建设是一个系统工程，需要一个科学的规划和实施过程。对数字化车间系统的需求一定来自企业自身的发展，通过体系化的规划方法和手段来保障车间实现生产过程的数字化、网络化和智能化，满足个性化、服务化和协同化的发展需求，进而促进制造企业加速转型升级和提质增效。本章首先介绍数字化车间建设的规划方法，然后分别阐述了数字化车间的现状评估、需求分析、愿景与目标制定、总体架构设计、组成模块与功能以及信息集成等总体规划内容，最后提出了数字化车间的规划落地策略。

2.1 规划方法

　　数字化车间规划作为智能制造落地的首要环节，可以帮助企业在数字化转型升级的过程中明晰企业的核心优势、发展瓶颈，并根据现有状况找到可行落地路径。基于业务流程的调研、分析和设计是数字化车间规划设计的基本思路，具体可分为现状调查与评估、业务诊断与需求分析、目标制定与整体规划、规划落地实施与优化 4 个阶段，如图 2-1 所示。

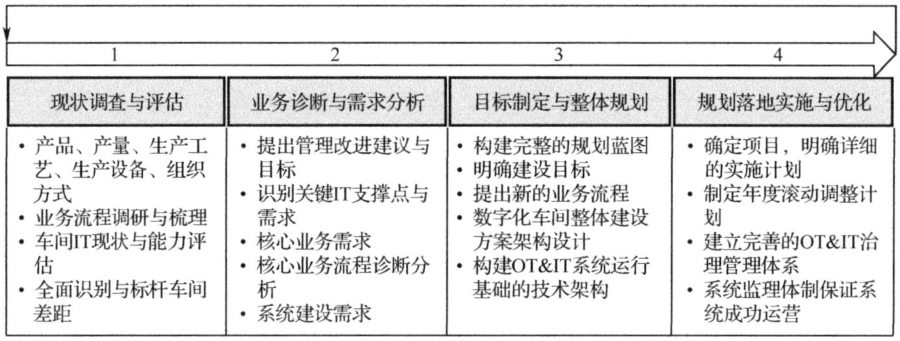

PDCA循环（Plan，Do，Check，Action）

1	2	3	4
现状调查与评估	业务诊断与需求分析	目标制定与整体规划	规划落地实施与优化
• 产品、产量、生产工艺、生产设备、组织方式 • 业务流程调研与梳理 • 车间IT现状与能力评估 • 全面识别与标杆车间差距	• 提出管理改进建议与目标 • 识别关键IT支撑点与需求 • 核心业务需求 • 核心业务流程诊断分析 • 系统建设需求	• 构建完整的规划蓝图 • 明确建设目标 • 提出新的业务流程 • 数字化车间整体建设方案架构设计 • 构建OT&IT系统运行基础的技术架构	• 确定项目，明确详细的实施计划 • 制定年度滚动调整计划 • 建立完善的OT&IT治理管理体系 • 系统监理体制保证系统成功运营

图 2-1　数字化车间规划阶段划分

　　（1）在现状调查与评估阶段，主要调研内容包括车间承担的产品、产量、生产工艺、生产设备、业务流程、现有信息系统情况等。同时，从企业管理者、车间管理者、操作工人、上下游车间等多方面了解现在生产存在的问题，挖掘痛点，按照智能制造成熟度评价标准和方法，全面识别与标杆车间的差距。

（2）在业务诊断与需求分析阶段，针对车间现状与存在的问题、痛点，结合数字化车间关键技术发展趋势，以生产业务流程图为主干，结合调研中挖掘到的痛点，针对流程图中各生产环节进行单个环节的建设需求分析。在业务需求和用户需求调研的基础上进行整理和提炼，以业务需求为主干，在各业务环节上有机结合用户需求，最终形成系统建设需求。

（3）在目标制定与整体规划阶段，针对需求分析结果，对现有流程存在的问题进行改进优化，提出新的业务流程，避免在不合理的流程上设计数字化系统。基于改进后的业务流程图，梳理各环节所需的数字化配置，提出数字化车间总体目标和分项建设目标，对数字化车间整体建设方案架构进行设计，合理划分系统模块，并定义各模块涵盖的功能以及各模块之间数据交互的逻辑和方式。

（4）在规划落地实施与优化阶段，确定项目，明确详细的实施计划，确保规划的落地实施。根据项目实施情况，每年滚动调整一次实施内容和计划进度，逐步建立完善的 OT&IT 治理管理体系和系统监理体制，保障数字化车间成功运营。

整体规划能够让管理层看到未来两三年的整体蓝图，更容易界定这个标的是否与战略发展方向相吻合，管理层的认同对于后续规划落地执行的推动是非常有利的。清晰的整体规划可以更好地促成整体规划落地的相关资源要素的匹配，如预算、人才等。整体规划也是对企业现状的一种最好的摸底，整体规划既要仰望星空、对标一流，也要脚踏实地，立足于车间当下具体情况。通过整体规划的行动，识别出企业当下面临的困难和业务痛点，整体规划过程其实也是一种找出痛点，持续改善的过程。

2.2　现状评估

通过智能制造现状评估，复杂电子设备制造企业可以识别差距、确立目标和实施改进。2020年，国家正式发布了 GB/T 39116—2020《智能制造能力成熟度模型》和 GB/T 39117—2020《智能制造能力成熟度评估方法》两项国家标准，聚焦"企业如何提升智能制造能力"的问题，提出了智能制造发展的 5 个等级、4 个要素、20 个能力子域以及 1 套评估方法，引导制造企业基于现状合理制定目标，有规划、分步骤地实施智能制造工程。依据标准可对制造企业的智能制造能力水平进行客观评价，是制造企业认识智能制造现状、明确改进路径的有效工具。

2.2.1　评估依据

《智能制造能力成熟度模型》标准，是各级主管部门掌握智能制造产业发展情况的重要抓手。智能制造能力成熟度模型由成熟度等级、能力要素和成熟度要求构成，其中能力要素由能力域构成，能力域由能力子域构成，如图 2-2 所示。

成熟度等级规定了智能制造在不同阶段应达到的水平。成熟度分为 5 个等级，自低向高分别为一级（规划级）、二级（规范级）、三级（集成级）、四级（优化级）和五级（引领级），如图 2-3 所示。较高的成熟度等级要求涵盖了低成熟度等级要求。

能力要素给出了智能制造能力提升的关键方面，包括人员、技术、资源和制造。其中制造包括设计、生产、物流、销售和服务 5 个能力域。对于复杂电子设备数字化车间来说，可以根据自身业务特点对能力域进行剪裁使用。通常，复杂电子设备数字化车间的制造能力要素，只包括生产能力域，设计、物流（外部）、销售及服务等能力域可暂不考虑。

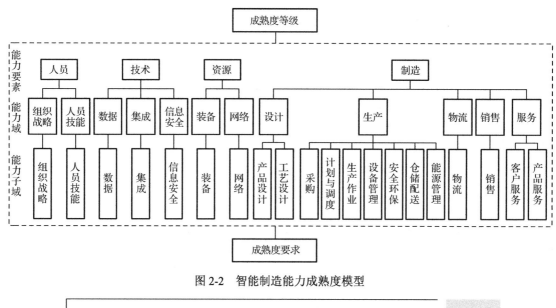

图 2-2　智能制造能力成熟度模型

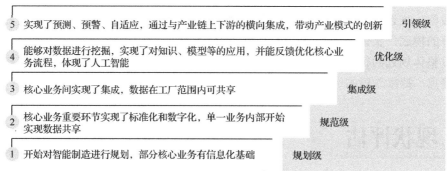

图 2-3　成熟度等级

2.2.2　评估方法

　　智能制造能力成熟度评估流程包括预评估、正式评估、发布现场评估结果和改进提升，如图 2-4 所示。

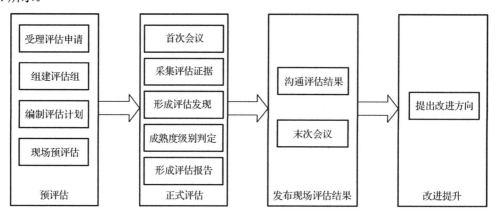

图 2-4　智能制造能力成熟度评估流程

（1）预评估。评估组确认企业申请评估范围，结合行业和企业特点，确定评估范围权重值；识别企业就绪情况，是否具备开展正式评估的条件。

（2）正式评估。评估组根据企业申请范围，通过访谈、举证、操作演示、现场勘查等方式验证企业满足标准要求的证据，并对每项证据的符合程度进行打分。

（3）发布现场评估结果。评估组计算评估分数，判定成熟度等级；由主任评估师发布评估结果；提交评估报告，组织专家进行专家复核；最后授予标准符合性证书。

（4）改进提升。受评估方基于现场评估结果，提出智能制造改进方向，并制定相应措施，开展智能制造能力提升活动。

智能制造能力成熟度模型是用于评估智能制造当前状态的工具、建立智能制造战略目标和实施规划的框架。一是通过线上线下结合的方式对企业智能制造的当前现状及水平进行评估，为企业提供专业、详细的评估分析报告，让企业了解自身智能制造情况，为下一步开展智能制造规划提供参考；二是与企业智能制造实际情况进行对标，得出智能制造能力等级，发现差距并持续改进，提升企业的智能制造能力水平。

2.3 需求分析

基于复杂电子设备数字化车间智能制造能力评估，结合标杆车间对比分析，最终形成系统性建设需求。

（1）车间设备互联互通，生产过程实时调度。生产、试验、检测等设备（产线）自动化、智能化，采用现场总线、以太网、物联网和分布式控制系统等信息技术和控制系统，建立车间级工业互联网，生产设备运行状态实现实时监控、故障自动报警和诊断分析，生产任务指挥调度实现可视化；车间作业计划自动生成，生产制造过程中物料投放、产品产出数据实现自动采集、实时传送，并可根据产品生产计划基本实现实时调整。

（2）物料实现自动配送。生产过程广泛采用二维码、条形码、电子标签、移动扫描终端等自动识别技术设施，实现对物品流动的定位、跟踪、控制等功能，车间物流根据生产需要实现自动挑选、实时配送和自动输送。

（3）产品信息实现可追溯。在关键工序采用智能化质量检测设备，产品质量实现在线自动检测、报警和诊断分析；在原辅料供应、生产管理、仓储物流等环节采用智能化技术设备实时记录产品信息，每个批次产品均可通过产品档案进行生产过程和使用物料的追溯。

（4）车间环境实现智能监控。根据车间生产制造特点和需求，配备相应的车间环境（热感、烟感、温度、湿度、有害气体、粉尘等）智能监测、调节、处理系统，实现对车间工业卫生、安全生产、环境自动监控、自动检测、自动报警等智能化控制，安全生产防护符合行业规范要求，车间废弃物处置符合环境保护、安全生产的规定和要求。车间部署的互联网、局域网、物联网、以太网和现场总线等网络环境具备较好的网络信息安全事件应急响应、恢复等能力，实现安全可控。

（5）资源能源消耗实现智能监控。建立能源综合管理监测系统，主要用能设备实现实时监测与控制；建立产耗预测模型，车间水、电、气（汽）、煤、油等消耗实现实时监控、自动分析，实现资源能源的优化调度、平衡预测和有效管理。

可见，数字化车间建设是要对车间进行全面的科学管控，大幅提升车间计划科学性、生产过程的协同性、生产设备与信息化设备的深度融合，并在大数据分析与决策支持的基础上进行透明化、量化管理，形成对车间生产效率、生产质量、生产成本等方面明显改善的需求。

2.4 愿景与目标制定

2.4.1 建设愿景

数字化车间的建设，既是科学技术和工业发展的必然结果，也是两化融合在工业现场的具体实践。通过数字化车间的建设，在基础的工业单元层面对信息化和工业化进行有机整合，实现工业可持续发展和科学发展。

数字化车间的建设蓝图，应切合工业发展的实际需求，以科学的手段改善作业环境、改进工业流程，使整个车间作业最大限度地做到人机合一、联动同步、快速响应和安全稳定，将车间各个流程、各个角色串联成一个有机整体，在既定模式下智能作业、自动运转，最大限度地解放人力，降低各个环节的物耗、能耗和人耗，使整个车间作业既安全高效，又节能减排。

本书提出了复杂电子设备数字化车间建设愿景：以建设世界一流离散制造业数字化车间标杆为目标，以模式创新为引领，以"全数字、全互联、全智能"为指导思想，以构建自动化为基础、信息化为核心、智能化为灵魂的复杂电子设备数字化车间为核心，推动车间生产模式、运营模式、决策模式创新，实现复杂电子设备数字化车间"柔性、高效、透明、绿色、优质、安全"运行。

2.4.2 建设目标

数字化车间建设总体目标为将新一代信息技术、物联网技术、先进的智能装备与规范的产品制造工艺深度融合，实现生产、物流、库管智能化，物料配给、生产调度、过程控制智能化，提升生产效率和资源综合利用率，缩短产品研制周期，降低运营成本和产品不良品率，从而提升企业的数字化、智能化制造水平，实现制造模式的升级转型。

在制定数字化车间具体建设目标时，通常按照 SMART 原则进行分析（见图 2-5）。

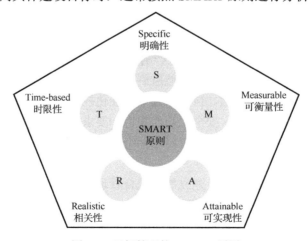

图 2-5 目标管理的 SMART 原则

（1）S（Specific），目标明确性，不能够模糊。

（2）M（Measurable），目标的可衡量性。

（3）A（Attainable），目标的可实现性。

（4）R（Realistic），目标的相关性。

（5）T（Time-based），目标是有时限性的。

数字化车间建设具体指标可参照灯塔工厂（Lighthouse）的评价指标。灯塔工厂是近几年由世界经济论坛（World Economic Forum，WEF）重点推出的一个概念，被视为第四次工业革命的引领者，是数字化制造和工业 4.0 的代表。合格的灯塔工厂需要满足四大标准：

（1）实现重大影响；

（2）成功整合多个用例；

（3）拥有可扩展的技术平台；

（4）在关键推动因素中表现优异。

灯塔工厂的经验和成效可成为制造企业的指路明灯，展示如何从数字化中挖掘新的价值，包括大幅提升资源生产率、提高敏捷度和响应能力、加快新品上市速度、提升客制化水平等。电子行业的灯塔工厂及革新案例如表 2-1 所示。

表 2-1 电子行业的灯塔工厂及革新案例

工　厂	革　新　故　事	五　大　用　例	影　　响		
富士康 （中国苏州）	身为集团内的卓越制造典范，博世苏州工厂在制造和物流领域部署了数字化转型战略。这一举措使制造成本降低了 15%，质量提升了 10%	数字化班组绩效管理	▲	8%	直接生产效率
		数字化赋能的自动叫料系统	▼	35%	生产库存
		基于最终用户界面来配置和订购产品	▼	10%	维护成本
		智能化质量智能分配	▼	6%	机器生产率
		机器视觉驱动的生产周期和换线优化	▲	10%	质量
爱立信 （美国刘易斯维尔）	面对日益增长的 5G 无线需求，爱立信在美国建立了一家 5G 赋能的数字原生工厂，确保与客户紧密连接。利用敏捷工作方式和强大的工业互联网架构，成功将员工的人均产出提高了 120%，交付时间缩短了 75%，库存减少了 50%	5G 协作机器人和自动化	▲	120%	员工人均产出
		5G 机器人技术促进物流运营	▼	65%	手工材料处理
		基于 5G 传感器的数据收集进行能源管理	▼	97%	二氧化砷排放
		人工智能驱动的光学检测	▲	5%	产量
		用于远程生产优化的数字孪生	▲	8%	效率
惠普 （新加坡）	产品日趋复杂，劳动力却供不应求，这使惠普（新加坡）工厂在质量和成本方面不断调整。从人为操作转向自动化后，制造成本降低了 20%，生产效率和质量提升了 70%	自动的在线光学检测	▲	70%	劳动效率
		协作机器人和自动化	▼	10%	制造成本
		实时资产性能监控和可视化	▼	10%	减少产量损失
		用于远程生产优化的高阶分析平台	▲	10%	出厂质量
		增材制造（3D 打印）	▼	40%	交付时间

续表

工　厂	革新故事	五大用例	影　响		
美光 （新加坡）	为了推动生产率的进一步提升，美光的大批量先进半导体存储器制造厂开发了集成物联网和分析平台，确保可以实时识别制造异常，同时提供自动化根本原因分析，从而加快了 20% 的新产品投产速度，减少了 30% 的计划外停工时间，并提高了 20% 的劳动生产率	人工智能赋能的物料处理系统	▼	22%	瓶颈工具闲置时间
		人工智能赋能的光学检测	▼	10%	意外事件导致产品降级
		工业互联网实时能源数据汇总与报告仪表盘	▼	15%	能源消耗
		用于良品率管理和问题根源分析的平台	▼	20%	新产品上市时间
		识别偏差问题根源的分析平台	▼	34%	OEE 计划外停机
美的 （中国顺德）	为了扩大电子商务布局和海外市场份额，美的对数字采购、柔性自动化、数字质量管理、智能物流和数字销售进行了大力投资，产品成本降低了 6%，订单交付时间缩短了 56%，二氧化碳排放量减少了 9.6%	通过价格预测实现敏捷采购	▼	5%	原材料成本
		机器人技术促进物流运营	▼	53%	交付时间
		人工智能驱动的光学检测	▼	15%	客户投诉
		自动化物流	▲	40%	装货效率
		端到端实时供应链可视化平台	▼	40%	渠道库存
海尔 （中国沈阳）	以用户为中心，奉行大规模定制的典范。通过部署一个可扩展的数字化平台，实现了整个价值链的端到端连接，使直接劳动生产率提高了 28%	大规模定制和 B2C 在线订购	▲	44%	营收
		用 3D 数字孪生来开发和测试产品	▼	30%	新产品开发时间
		与供应商连接的数字化平台	▲	100%	按时交付
		数字化劳动系统和车间自动化	▲	79%	生产效率
		数字化质管理	▼	59%	产品不合格率

2.5 总体架构设计

以 IEC/ISO 62264 标准定义的制造企业功能层次模型和 GB/T 37393—2019 提出的数字化车间体系结构为参考，结合复杂电子设备生产制造特点与需求，本书构建了如图 2-6 所示的复杂电子设备数字化车间通用体系架构。

该体系架构包括 4 层，分别为基础设施层、现场层、控制层和运营层，在数字化车间外还包括企业的管理层。

（1）基础设施层包括 IT 基础设施、能源管控、周界报警等设备和系统，为数字化车间提供高效、安全的运行环境。

（2）现场层包括数字化车间生产制造所必需的各种制造设备级生产资源，其中制造设备承担生产、检验、物流等任务，大量数字化设备在物理和逻辑上进行关联形成自动化生产线。

（3）控制层以计算机为基础，对生产过程进行数据采集，实现现场运行设备的监视和控制，通过执行和发布生产过程中的各种生产指令，实现现场产品、工艺、设备、测试仪器、人员等各种数据的传递、采集、分析、判断。该层级代表性产品包括传感器、控制系统等，如数据采集与监控（Supervisory Control And Data Acquisition，SCADA）系统。

（4）运营层对生产过程中的各类业务、活动或相关资产进行管理，实现车间制造过程的数字化、精益化及透明化。该层级主要包括高级计划排程系统（Advanced Planning and Scheduling，

APS）、制造运营管理系统（Manufacturing Operation Management/Manufacturing Execution System，MOM/MES）、仓储管理系统（Warehouse Management System，WMS）以及可视化系统（Visible Decision System，VDS）等。

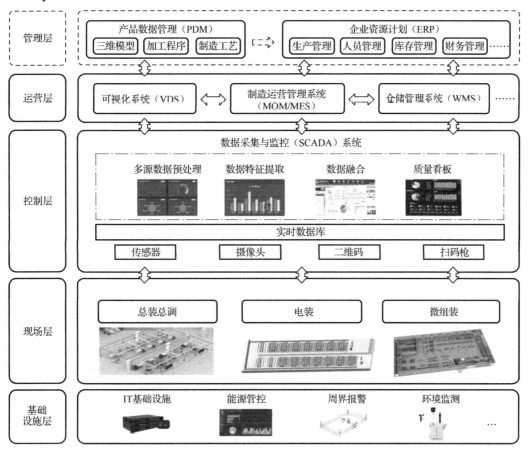

图 2-6　复杂电子设备数字化车间通用体系架构

（5）管理层不属于数字化车间，但和数字化车间存在密切的信息交互，主要包括产品数据管理（Product Data Management，PDM）和企业资源计划（Enterprise Resource Planning，ERP）。PLM 作为工程数据中心，与数字化车间进行产品模型、数字化工艺、设计更改等信息交换。ERP 是企业生产管理的源头，与数字化车间进行生产计划、制造质量、物料库存、生产结果等信息交换。

在该体系架构中，现场层是数字化车间生产运行的物理基础，通过工艺装备智能化改造、工艺流程与生产布局优化实现生产模式的创新；控制层是关键，通过设备物联、物料标识、状态采集等工业物联网技术实现生产数据采集、处理及生产指令下达；运营层是核心，是数字化车间的大脑中枢，对整个车间运营进行整体调度，在整个企业生产过程中起承上启下的作用。

本书的数字化车间集成管控平台涵盖了该体系架构的运营层和控制层，是基于信息物理系统（Cyber-Physical Systems，CPS）构建的，旨在服务制造企业"管理精益化、过程数字化、生产可视化"的软件系统。平台纵向打通设备层、控制层、运营层和管理层的设备及软件信息孤岛，横向集成工艺管理、排产管理、订单管理、作业管理、质量管理、设备管理和物料管理 7 大模块，助力生产过程透明化、精益化，充分提升生产效率。

2.6 组成模块与功能

复杂电子设备数字化车间通过设备互联互通、计划排程与调度、生产过程管控、生产质量管理、仓储管理、车间设备管理、生产管理决策等基本功能建设，实现车间数字化、网络化、智能化、精益化的管理与控制。

根据图 2-6 所示体系架构构建的复杂电子设备数字化车间，包括制造运营管理系统（MOM/MES）、仓储管理系统（WMS）、可视化系统（VDS）、数据采集与监控（SCADA）系统、智能生产线以及数字化车间基础环境。

（1）制造运营管理系统（MOM/MES）。制造运营管理系统是数字化车间的核心，是车间生产的大脑和神经中枢，其通过协调管理企业的人员、设备、物料和能源等资源，把原材料或零件转化为产品。制造运营管理系统集成了生产建模、计划调度、生产执行、质量管理、仓储管理和设备管理等功能，利用实时的监控、准确的决策对生产现场进行指导和管理，通过信息传递对订单下达到产品完成的整个生产过程进行优化管理，减少企业内部没有附加值的活动，改善物料的流通性能，提高车间及时交货能力。

（2）仓储管理系统（WMS）。通过对生产资源（如物料、刀具、量具、夹具等）进行出入库、查询、盘点、报损、并行准备、切削参数、统计分析等管理，有效地避免了生产资源的积压与短缺，实现库存的精益化，可明显减少因生产资源不足带来的生产延误，也可避免因生产资源积压造成生产辅助成本居高不下。

（3）可视化系统（VDS）。在生产过程中，系统中运行着大量的生产数据和设备的实时数据，这是一种真正意义的工业大数据，这些数据是企业的宝贵财富。对这些数据进行深入的挖掘与分析，生成各种直观的统计、分析报表，如计划制订、计划执行、质量、库存、设备等方面的分布及发展趋势，可为相关人员进行科学决策、优化生产提供帮助。

（4）数据采集与监控（SCADA）系统。无论是工业 4.0，还是工业互联网，其实质都是以赛博物理系统为核心技术，通过信息化系统与生产设备等物理实体的深度融合，实现智能化的生产与服务模式。对于企业而言，将那些贵重的数控设备、机器人、自动化生产线等数字化设备，通过数字化生产设备的分布式网络化通信、程序集中管理、设备状态实时监控、大数据分析与可视化展现，实现数据在设备与信息化系统之间的自由流动，使"聋哑傻"设备变得"耳聪目明"，充分发挥数字化、网络化、集群化的协同工作优势，就是赛博物理系统在制造企业中的具体应用。数据采集与监控系统是以计算机技术、通信技术及自动化技术为基础的生产监控系统。它可以对现场的运行设备进行监视和控制，实现数据采集、设备控制、测量、参数调节以及各类信号报警等各项功能。

（5）智能生产线。智能生产线是车间生产的执行单元，在制造运营管理系统的统一调度下，高效完成产品的生产过程。智能生产线主要由生产设备、测试设备、质量检测设备、仓储配送设备等构成，复杂电子设备的生产线，可借助仿真建模工具进行优化设计。在生产和装配过程中，能够通过传感器、数控系统对生产、质量、能耗、设备绩效等数据进行采集，并通过电子看板显示实时生产状态。

（6）数字化车间基础环境。数字化车间基础环境包括环境监测系统、生产管控系统、集成管控系统以及技术基础设施，旨在通过建设一个支持厂区内设备监控自动化、安全防范自动化、网络通信自动化的先进、开放的平台，形成以集中监控、人机界面、信息共享为基础的综合管

理模式，各系统信息显示集中、直观，能大幅减少维护管理人员，降低运行成本，为高质量完
成生产任务提供有力保障。

2.7 信息集成

2.7.1 车间内部信息纵向集成

纵向集成是解决企业内部信息孤岛的集成，工业 4.0 所追求的就是在企业内部实现所有环节
的信息无缝连接，这是所有智能化的基础。纵向集成是基于未来智能工厂中网络化的制造体系，
实现个性化定制，替代传统的固定式生产流程的关键实现。

通过复杂电子设备数字化车间各应用系统的综合集成（见图 2-7），实现全流程的业务协同
和信息实时共享，在 ERP、PDM、MOM/MES、生产设备、物流设备、检测设备之间建立良好
的协同机制，实现各信息系统之间、信息系统与物理设备之间的无缝集成，达到产品生产过程
全跟踪和控制功能，通过各种系统的综合集成实现全车间数据源统一、保证各种数据（计划数
据、工艺数据、物料数据、生产执行数据、设备参数数据等）的相互透明化，总体上达到高效、
可靠、可控的生产目的。

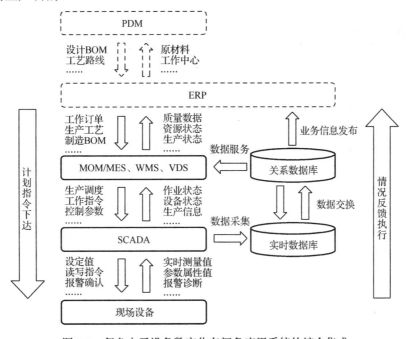

图 2-7　复杂电子设备数字化车间各应用系统的综合集成

2.7.2 车间之间信息横向集成

横向集成是指企业内部的物流、生产等过程和企业之间的能量流、物质流、信息流的交换
过程（价值网络）通过各种信息系统集成在一起。为了实现复杂电子设备的生产，需要一个企

业内不同生产车间、不同企业生产车间之间的资源配置。复杂电子设备数字化车间之间信息集成如图 2-8 所示，通过横向集成，使微组装、电装和总装总调等不同车间的数据和信息共享，使业务和供应链集成，不同业务模块的相关活动自动触发，各业务子系统信息互通、资源共享，保证智能车间里动态生产配置的实现。

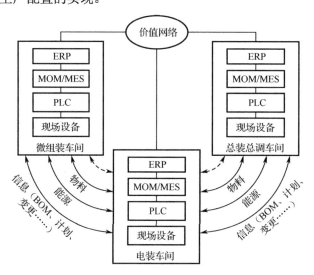

图 2-8　复杂电子设备数字化车间之间信息集成

2.8　规划落地策略

　　复杂电子设备数字化车间建设是一项复杂的系统工程，可按"统筹规划、分步实施、示范带动、效益为先"的策略系统推进。

　　（1）统筹规划。复杂电子设备数字化车间类型很多，相互之间有着非常紧密的上下游协同关系，需要在统一体系架构下进行自动化系统以及数字化、信息化系统建设，统筹考虑计划调度、生产工艺、物料配送、精益生产、安全环保等各种因素，一定要有全局的概念与系统的思维。

　　（2）分步实施。数字化车间建设有很多阶段，其实施顺序取决于存在问题、生产特点、企业基础及资金投入等多种因素，切忌贪大贪全，可从基础、较易成功的地方着手。可从不涉及人员、管理等主观因素的设备互联互通做起，逐渐推进到 MES 等涉及人员、管理等信息化系统。

　　（3）示范带动。优先选择传统行业龙头企业结合机器换人和自动化设备更新，开展整车间和全业务流程数字化改造，用"数"赋"智"，打造数字化车间示范样板，从而带动整个产业链制造过程的数字化转型。

　　（4）效益为先。复杂电子设备数字化车间建设要以实际需求为牵引，以经济效益为驱动，以成功落地为导向。在先进设备的基础上，在管理方面深挖潜力，充分发挥人的作用，构建数字化、网络化和适度智能的生产模式，切实做到降本、提质、增效，提升企业的竞争力。

第 3 章

制造运营管理

制造运营管理系统是数字化车间的核心，是车间生产的大脑和神经中枢。制造运营管理系统的运用，将使生产车间传统的业务流程、决策模式、成本优化都发生根本性变化，从而提升车间自身价值。本章首先介绍制造运营管理的基本概念、发展概况和标准体系；在此基础上，详细探讨制造运营管理系统的架构、主要功能和系统集成；最后介绍自主研发的制造运营管理系统的典型应用场景及案例，并对制造运营管理系统的发展趋势进行了展望。

3.1 制造运营管理概述

3.1.1 制造运营管理的基本概念

美国仪器、系统和自动化协会（Instrumentation，Systems，and Automation Society，ISA）于 2000 年开始发布的 ISA-95 系列标准中，描述了制造运营管理（Manufacturing Operations Management，MOM）的模型，定义了制造运营管理的概念：

"制造运营管理的业务活动，是那些制造设施协调人员、设备、物料和能源把全部和/或部分原料转化为产品的活动，包含可能由物理设备、人和信息系统来执行的活动。"

"制造运营管理涵盖了管理有关调度、使用、能力、定义、历史，以及所有制造设施内部及其有关的资源（人、设备和物料）状况的信息的活动。"

ANSI/ISA-95 标准首次确立了制造运营管理的概念，针对更广义的制造运营管理划定边界，作为该领域的通用研究对象和内容，并构建通用活动模型用于生产、维护、质量和库存四类主要运营活动，详细定义了各类运行系统的功能及各功能模块之间的相互关系。

制造运营管理模型如图 3-1 所示。

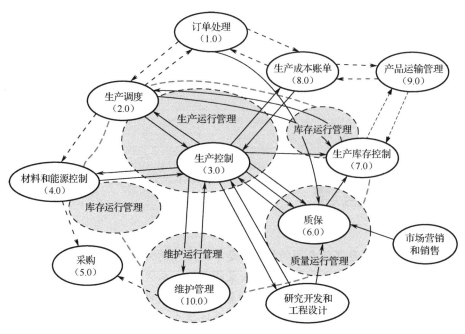

图 3-1　制造运营管理模型

3.1.2　制造运营管理的发展概况

20 世纪 90 年代初，美国先进制造研究中心首先提出 MES（制造执行系统）的概念，旨在加强 MRP 计划的执行功能，把 MRP 计划通过执行系统同车间作业现场控制系统联系起来。制造运营管理的发展历程如图 3-2 所示。

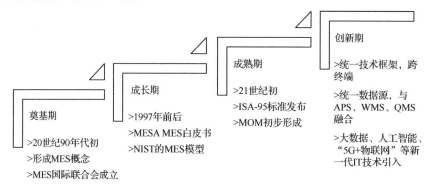

图 3-2　制造运营管理的发展历程

1992 年，美国成立以宣传 MES 思想和产品为宗旨的贸易联合会——MES 国际联合会（MES International）。

1997 年，MESA（制造企业解决方案协会）发布修订后的关于 MES 的白皮书，对 MES 的定义与功能、MES 与相关系统间的数据流程、应用 MES 的效益、MES 软件评估与选择，以及 MES 发展趋势等进行了详尽的阐述。MESA 提出的 MES 功能组件和集成模型包括 11 个模块，同时定义只要具备 11 个模块之中的某一个或几个，也属于 MES 产品。这个定义使得 MES 的范围模糊不清。如果企业所选择的 MES 系统功能模块不能覆盖 MOM 所要求的功能范围，可能就需要实施另一些软件系统，如 QMS、WMS、EAM、LES 等系统，来弥补 MES 系统功能的不足，这容易导致信息孤岛、数据分散、集成困难，使得不同业务板块之间的协同变得困难和低效。

1999 年，美国国家标准与技术研究所（NIST）在 MES 的白皮书的基础上，发布有关 MES 模型的报告，将 MES 有关概念标准化。

美国仪器、系统和自动化协会（ISA）从 2000 年开始陆续发布 ISA-95 标准，该标准于 2003 年由国际标准化组织（ISO）和国际电工委员会（IEC）联合采用，正式发布为国际标准 IEC/ISO 62264《企业控制系统集成》。而后又被我国等同采标为国家标准，即 GB/T 20720。它是 MES 系统研发和选型的重要标准。

ISA-95 最早提出了 MOM（Manufacturing Operations Management）的概念，并提出了企业信息化 5 层结构，其中 MOM 覆盖的范围是 5 层结构中的 Level 3 "制造运营管理" 内的全部活动。

ISA-95 进一步定义了 MOM 的范围，主要包含四大部分，分别是生产运行管理（Production Operations Management）、质量运行管理（Quality Operations Management）、维护运行管理（Maintenance Operations Management）和库存运行管理（Inventory Operations Management）。在四大部分并重的框架里，生产是制造企业核心的职能，质量、库存、维护对于制造企业是不可或缺的。虽然生产、维护、质量和库存的具体业务过程有一定的独立性，但是只有这四大部分相互作用、彼此协同，才能使得企业有机地运转。

为了区别于传统的 MES，近年来 MOM 平台代替 MES 的概念，逐渐被更多企业认可与接受。MOM 平台使用统一的框架，单一的数据源，覆盖 ISA-95、IEC/ISO 62264、GB/T 20720 标准所定义的生产执行、质量控制、库存控制、维护运行四大领域的制造活动，并对这些领域之间的协作进行管理。

MOM 与 MES 之间的异同主要体现在本质、覆盖范围、责任对象与功能 4 个方面，其关系如图 3-3 所示。

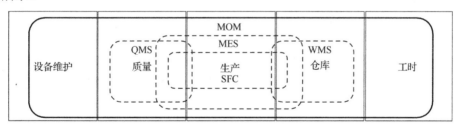

图 3-3　MOM 与 MES 的关系

（1）从本质上看，MES 是一种用于解决具体问题的标准软件产品，而 MOM 是一种由多种软件构成的制造管理集成平台，其中不仅包括 MES 及与制造管理相关的各种功能，而且包含 MES 主体之外的用于解决具体问题的功能延伸与价值增值部分。

（2）从覆盖范围上看，MES 所涉及的范围，会因为其所针对的下游行业、软件系统的设计理念、功能模块的设置等影响因素而各有不同，没有明确的界限，而 MOM 则实现对整个制造运行过程中的一切活动进行管理，换句话说，无论是哪一种 MES，无论其功能如何变化与周延，也不会超过 MOM 的边界。ERP 中的生产管理更加偏重于企业战略管理，而 MOM 则更注重对具体生产过程的实时管理。

（3）从责任对象上看，MES 主要针对生产运行，对生产以外的其他环节运营管理功能相对较弱，无法满足当今制造企业日益增长的对于生产质量、安全、效率的诉求，如食品饮料、医药行业等。而 MOM 主张使用与生产运行统一的框架，对维护运行、质量运行和库存运行管理进行强化和提升，并对模型内部主要功能及其关联关系进行了细化，以求更有效地提升制造企业的整个制造管理体系。

（4）从功能上看，MOM 作为一种集成软件平台，在集成标准化、开放性等方面都强于 MES，而且能够实现云部署，是未来制造运营管理软件发展的方向。

总之，MOM 与 MES 之间并非一种非此即彼的替代关系，而是一种包含关系，MOM 更像是一种为了解决制造管理问题而定义的功能组合体系，是制造管理理念升级的产物，而 MES 是包含在 MOM 之中的使能工具。

目前，国内能够提供 MOM 系统解决方案和标准产品的公司，主要包括两类：一类是有自动化硬件设备、自动控制背景的厂商，这类厂商在物联网、边缘计算、数据采集方面有先发优势，主要以国外大厂为主，如通用电气公司、西门子工业软件公司、罗克韦尔自动化公司、霍尼韦尔有限公司等；另一类是管理软件（PLM、ERP 等）和咨询服务的提供商，这类企业或是依托自身占领客户的数字化不断成熟，逐步扩大业务领域，或是大型制造企业的自动化、信息化部门发展而来的专业公司，此类型国内外均有不少有实力的公司，如达索公司、甲骨文公司、SAP 公司、宝信软件公司、南京国睿信维软件有限公司、北京兰光创新科技有限公司等。典型公司 MOM 系统的详细情况如表 3-1 所示。

表 3-1 典型公司 MOM 系统的详细情况

公 司 名 称	西门子工业软件公司	达 索 公 司	南京国睿信维软件有限公司	北京兰光创新科技有限公司
产品名称	SIMATIC IT、CAMSTAR、eBR	DELMIA Apriso	睿知制造运营管理平台 REACH.MOM	兰光 LongoCore MOM 平台
MOM 系统架构	B/S、C/S 融合的 UA 统一套件架构	B/S、C/S 组合架构	B/S 微服务架构	B/S 微服务架构
基础平台情况	Camstar Enterprise Platform 包括医药、半导体、电子行业软件套件；Simatic IT UA 包括基础套件、流程行业套件、离散行业套件、制造智能套件，研发核心在欧美区域	集成开发环境 Process Builder，包含了基于.NET 的底层组件和业务模型，研发核心在欧洲	基于公司自主 Foundation 平台研发；系统支持国产服务器、麒麟操作系统、金仓数据库、金蝶 Apusic 等国产环境	基于公司自主的 Longo Core 平台，系统支持部分国产服务器、操作系统、数据库等国产环境
信息安全能力	分角色的权限控制、支持团队权限	分角色的权限控制	分角色的权限控制、支持三员管理	分角色的权限控制
适应的行业领域	汽车、医药、半导体、电子行业	汽车零部件、工程机械、轨道交通行业	复杂电子设备、电子组件/器件、线缆制造行业	精密机械制造、工程机械、航天装备制造行业

3.1.3 制造运营管理的标准体系

在制造运营管理的发展过程中，逐步形成了 MESA 标准、ISA-95 标准、VDI 5600 标准及我国的国家标准 GB/T 20720/IEC 62264。在传承前一代优点的基础上，又在其所处历史时期和国外国内具体背景下，发挥各自的突出作用。其中，国外国内普遍接受并广泛应用的是 ISA-95 标准，本文对 MOM 系统的研究与实践，也是主要参照该标准。ISA-95 关于制造企业信息 5 层架构，已成为定位 MOM 系统与上下游系统的功能边界，以及 MOM 系统自身功能内容的典型架构。

1．MESA 标准

MESA（制造企业解决方案协会）国际是一个由制造商、生产商、行业领袖和解决方案提供商组成的全球社区，专注于通过有效应用技术解决方案和最佳实践来提高运营管理能力。MESA 成立于 1992 年，是一个具有 25 年以上历史的非营利组织，专注于向世界普及智能制造以及在制造业中使用 IT 的作用和价值。

1）MESA-11 模型

最初的"MESA-11"模型于 1996 年发布，如图 3-4 所示。该模型表明了制造执行系统的 11 个核心功能与外部企业系统和功能领域的关系。该模型描述了当时的制造执行系统功能的 MESA 视图，包括调度和排序、维护和质量。

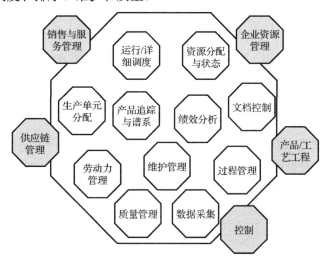

图 3-4　MESA-11 模型

该模型包括 11 个核心功能：运行/详细调度、生产单元分配、产品追踪与谱系、劳动力管理、质量管理、维护管理、资源分配与状态、文档控制、绩效分析、过程管理、数据采集。

2）c-MES 模型

之前版本的 MESA 模型只关注运营（当时的组织本身也是如此）。2004 年的协作 MES 或 c-MES 模型专注于核心运营活动如何与模型中的业务运营交互，该模型代表了诸如竞争加剧、外包、供应链优化和资产优化等问题。c-MES 模型描述了当时集成 MES 产品中常见的功能，如图 3-5 所示。之后，c-MES 连接到其他业务运营领域。

MESA8 号白皮书概述了该模型的目标："协作制造执行系统（c-MES）的特征是什么？这些系统结合了上一代 MES 功能，用以执行与改进工厂运营，并且该系统还增强了与其他系统集成的功能，从而贯通了企业整体价值链。尽管其中一些数据已通过传统通信共享，但 Internet 和基于 Web 的技术（如 XML 和 Web 服务）在通信的准确性和及时性方面实现了重大飞跃。"

3）战略计划模型

战略计划模型由 MESA 于 2008 年开发，涵盖从企业级战略计划到业务运营、工厂运营和实际生产。它揭示了企业战略、企业运营和工厂运营之间的相互关系。与该模型一起，MESA 出版了 7 部战略计划指南，系统性描述了运营改进和企业合规性提升的方法。这些指南包含一套整体的实用指南和最佳实践，用于培训关键利益相关者，学习与成功实施这些举措。

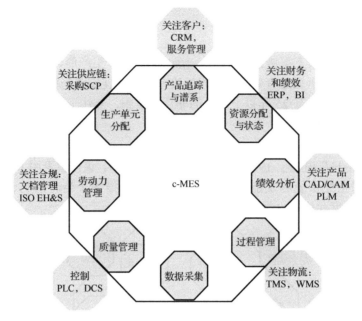

图 3-5 c-MES 模型

MESA 战略举措模型包括：资产绩效管理（APM）、精益制造、产品全生命周期管理（PLM）、质量和法规遵从性、实时企业、制造性能指标、投资回报率（ROI），每本指南的主要组成部分包括问题定义、成本论证和 ROI 开发、项目关键依赖项、实施指南、风险评估以及成功标准和衡量标准。

2．ISA-95 标准

这里再次强调，美国仪器、系统和自动化协会（ISA）从 2000 年开始陆续发布 ISA-95 标准，该标准于 2003 年由国际标准化组织（ISO）和国际电工委员会（IEC）联合采用，正式发布为国际标准 IEC/ISO 62264《企业控制系统集成》。而后又被我国等同采标为国家标准，即 GB/T20720。它是 MOM 系统研发和选型的重要标准。ISA-95 标准对于 MES 的定义，首先是从信息系统架构的层面来描述的，即著名的 ISA-95 的 5 层架构（见图 1-23）。

3．VDI 5600 标准

VDI（Verrein Deutsche Ingenieure，德国工程师协会），共有 145 000 名工程师会员，是欧洲最大的专业协会之一。

VDI5600 是德国的 MES 标准，其定义了九大功能模块，包括作业计划与控制、人力资源管理、生产资源管理、质量管理、性能分析、现场数据采集、物料管理、信息管理、能源管理。

4．国家标准 GB/T 20720

国家标准 GB/T 20720 同等采标国际标准 IEC/ISO 62264《企业控制系统集成》。目前包括 5 部分，如表 3-2 所示。

5．SJ/T 11666 制造执行系统（MES）规范

SJ/T 11666 制造执行系统（MES）规范是电子行业标准。目前包括 15 部分，如表 3-3 所示。

表 3-2 国家标准 GB/T 20720

序　号	编　码	名　称
1	GB/T20720.1—2019	企业控制系统集成　第 1 部分：模型和术语
2	GB/T20720.2—2020	企业控制系统集成　第 2 部分：企业控制系统集成的对象和属性
3	GB/T 20720.3—2010	企业控制系统集成　第 3 部分：制造运行管理的活动模型
4	GB/T 20720.4—2021	企业控制系统集成　第 4 部分：制造运行管理集成的对象模型属性
5	GB/T20720.5—2015	企业控制系统集成　第 5 部分：业务与制造间事务

表 3-3　SJ/T 11666 制造执行系统（MES）规范

序　号	编　码	名　称
1	SJ/T 11666.1—2016	制造执行系统（MES）规范　第 1 部分：模型和术语
2	SJ/T 11666.2—2016	制造执行系统（MES）规范　第 2 部分：体系架构
3	SJ/T 11666.3—2016	制造执行系统（MES）规范　第 3 部分：功能构件
4	SJ/T 11666.4—2016	制造执行系统（MES）规范　第 4 部分：接口与信息交换
5	SJ/T 11666.5—2016	制造执行系统（MES）规范　第 5 部分：产品开发
6	SJ/T 11666.6—2016	制造执行系统（MES）规范　第 6 部分：产品测试
7	SJ/T 11666.7—2016	制造执行系统（MES）规范　第 7 部分：导入实施指南
8	SJ/T 11666.8—2016	制造执行系统（MES）规范　第 8 部分：服务质量度量
9	SJ/T 11666.9—2016	制造执行系统（MES）规范　第 9 部分：机械加工行业制造执行系统软件功能
10	SJ/T 11666.10—2016	制造执行系统（MES）规范　第 10 部分：石油化工行业制造执行系统软件功能
11	SJ/T 11666.11—2016	制造执行系统（MES）规范　第 11 部分：冶金行业制造执行系统软件功能
12	SJ/T 11666.12—2016	制造执行系统（MES）规范　第 12 部分：造船行业制造执行系统软件功能
13	SJ/T 11666.13—2016	制造执行系统（MES）规范　第 13 部分：造纸行业制造执行系统软件功能
14	SJ/T 11666.14—2016	制造执行系统（MES）规范　第 14 部分：橡胶制品行业制造执行系统软件功能
15	SJ/T 11666.15—2016	制造执行系统（MES）规范　第 15 部分：化工行业制造执行系统软件功能

3.2　制造运营管理系统架构

　　面向复杂电子设备生产运营全过程，本文按照 ISA-95 对 MOM 系统架构的定义和分析方法，介绍了面向复杂电子设备数字化车间 MOM 系统的主要架构，分别是业务架构、功能架构、集成架构、数据架构、技术架构。其中，业务架构是各架构的源头，是从业务视角总体说明上下游各系统功能边界、集成关系、数据流；功能架构、集成架构（详见 3.4.1 节）、数据架构则分别详细说明 MOM 系统的功能组成、与外围系统的集成关系和内容、围绕 MOM 系统运行的数据流；通过技术架构说明承载这些功能、集成关系、数据流，并考虑系统持续高效运维、优化与扩展的情况下，信息系统的底层架构情况。

3.2.1　复杂电子设备生产运营特征

　　复杂电子设备的生产过程具有以下特点。
　　（1）技术高度密集：机、电、微波、信号处理等多种专业技术融合。

（2）制造过程技术与工艺复杂：机加、印制板、一般装配、微组装、调试测试等。

（3）试制与批产混合：制造环节需承担工程试制、生产、交付、维修保障等。

（4）批次单件混合：按批次生产与单件生产混合投产。

以上这些特点对于构建和实施 MOM 系统带来了挑战。南京国睿信维软件有限公司基于对复杂电子设备科研生产管理全过程的深刻理解和长期实践，从业务、功能、集成、数据和技术 5 个方面提出了 MOM 系统的总体架构，也阐明了面向复杂电子设备数字化车间 MOM 系统的 5 个典型特征。

（1）聚焦从订单到交付的生产管控全过程，适应多品种变批量研制性生产、多品种大批量重复生产等多种制造模式，实现跨内部车间和委外厂商的协同生产，打通企业生产主计划与生产现场"人、机、料、法、环"的闭环反馈渠道，实现对变更的及时响应和准确预测。

（2）具备计划管理、生产排程、质量管理、仓储管理、设备管理，以及生产大数据分析等核心功能，既支持一体化集成，又具备独立运行能力。

（3）具备多维生产数据建模能力，通过灵活的配置，可以建立资源模型、产品模型、工艺模型、质检模型等端到端的数据流模型，实现对产品结构、工艺路线、资源等的动态数据配置，对外提供统一的数据交换与集成服务。

（4）基于统一运行维护环境和单一数据源的可扩展架构，实现基于松耦合的业务组件快速热部署，通过预置的业务组件，可以根据不同客户的生产管理模式灵活组合。

（5）实现 MOM 系统与企业资源计划（ERP）、计算机辅助工艺设计（CAPP）、数据采集与监控（SCADA）系统，以及生产/物流等自动化设备的集成，实现数据全链路贯通，支撑工艺、物流与现场管理三者的高度融合。

3.2.2 业务架构

MOM 系统实现基于统一平台的跨车间协同生产、面向有限资源的多级计划管控、向导式质量检验等技术，实现了多个制造部门计划、执行、质量等信息的集成管理。

MOM 系统业务架构如图 3-6 所示，该流程体现了企业产品研发、交付工作中两大主要价值链过程：一是从设计工艺到生产制造的横向产品研发价值链协同；二是从企业资源调度、车间生产运营到现场执行的纵向产品交付价值链协同。

在产品研发价值链协同方面，通过数字化制造规划环境，实现工程开发、设计工艺联合审查、MBOM 规划、工艺规划、虚拟装配、数控编程等产品设计和工艺设计过程的一体化、协同化。3D 工艺规程发布后，一方面将 EBOM、主辅料数据传递给 ERP 系统，用来进行 MRP 平衡；另一方面将 EBOM、工艺路线发布给 MOM 系统，进行生产排程；同时将 3D 工艺规程、数控程序通过 DNC 网络下达给现场设备，供生产执行。制造质量、故障处理信息将从制造端反馈给工艺规划端，用于设计工艺改进。

在产品交付价值链协同方面，通过 ERP、MOM、现场加工/检测/物流/仓储设备的上下贯通，ERP 通过 MRP 运算，实现企业级销售—采购—生产协同；车间主生产计划从 ERP 下达到 MOM，MOM 达成车间级计划排产、工单执行、物料配送与质量控制的全面贯通；进而通过作业指令的下达与设备信息采集，实现了管控系统与现场设备的集成化、一体化，达成了精益化生产和过程的持续改进能力。

以上系统的运营数据，都将传递给企业可视化决策系统，进行制造运营优化、辅助管理者生产决策。

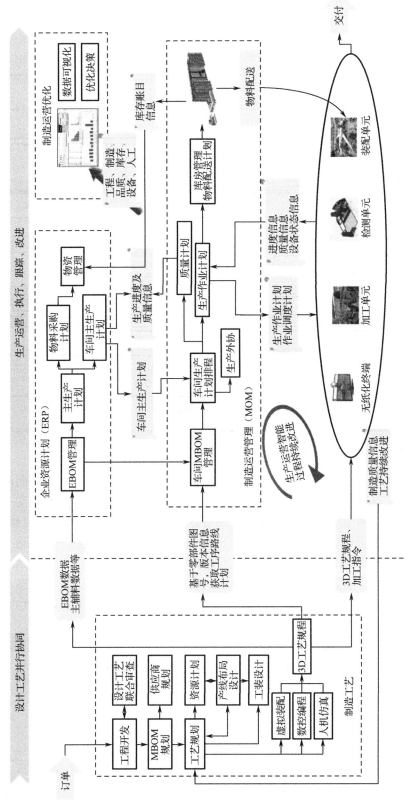

图3-6　MOM系统业务架构

3.2.3 功能架构

围绕业务架构描述的业务场景，一个典型的 MOM 系统功能架构如图 3-7 所示。

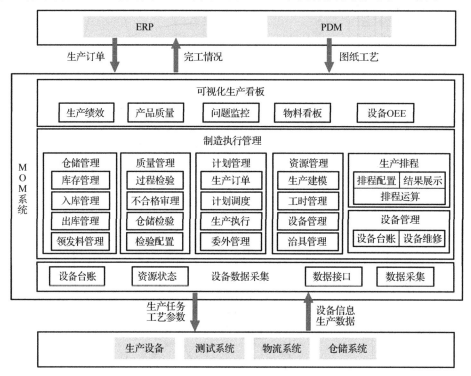

图 3-7 典型的 MOM 系统功能架构

MOM 系统的各项功能，基于有限生产资源（人、机、料、法、环）的约束，面向生产计划、质量、仓储、设备、人员工时各方面，实现厂与厂之间的拉动式管理，使生产计划真正可控。

从保障企业信息安全的角度考虑，企业网络会划分为内网、互联网和工业控制网 3 个典型的网络环境，服务于产品设计生产经营过程中不同的业务环节，以及内部不同制造类型的车间，众多的外协供应商在互联网环境下，与制造企业内部车间实现协同。

MOM 系统内网端，主要功能包括计划管理、生产排程、质量管理、仓储管理、资源管理、设备管理、设备数据采集、可视化生产看板等，并与 ERP、PDM 等上下游系统实现信息集成，实现 EBOM、PBOM、项目订单等生产信息，在制造端的连续传递。

MOM 系统互联网端，主要功能包括供应商订单管理、物料齐套、完工反馈、复检申请、虚拟出入库、生产日报反馈、更改处理，以及数据安全导入及导出等功能。

MOM 工业控制网端，主要通过数据集成器，完成数据的收集、转换、导入、导出，实现将工业控制网设备生产信息、工艺信息导出并导入到内网集中存储。

3.2.4 数据架构

典型的 MOM 系统的数据架构如图 3-8 所示。

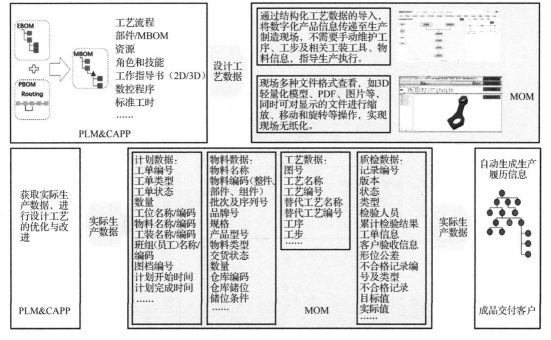

图 3-8 典型的 MOM 系统的数据架构

MOM 系统的数据架构要面向业务端到端的全过程，描述数据概念模型，分析业务过程涉及的数据领域、主数据和核心业务对象。业务执行的两条重要线索是流程和数据，业务流程离不开数据流转，业务执行状况通过数据反映，基于业务架构的端到端流程建模过程中会衍生出对应的业务数据对象，需要与数据架构的数据模型对接。

MOM 系统的数据架构中，在产品研发价值链和交付价值链上连接了设计数据和保障数据，达成了从 EBOM 到 MBOM 再到 BBOM 的映射过程。这一映射过程按照对 MBOM、BBOM 模型的约定和映射流程，构建起基于 MBOM 的 MOM 与 PLM&CAPP 系统集成和基于 BBOM 的 MOM 与 MRO 系统的数据集成。

MOM 系统的数据架构中，通常涉及的数据对象有产品数据、工艺数据、生产资源数据（设备、工装、班组、人员等）、生产计划数据（订单、工单）、质检数据、物料数据、出入库数据、维修数据等，对外支持的数据还包括成本数据、合同数据、资产数据、供应商数据等相关的内容。

3.2.5 集成架构

复杂电子设备应用的 MOM 系统及其与上下游应用系统的集成架构如图 3-9 所示。

该系统中的主要集成关系如下。

（1）MOM 系统从 ERP 获取生产订单、物料档案、工艺路线、工作中心、计量单位、部门及人员信息。MOM 系统将订单完工信息、物料齐套申请、完工入库申请反馈给 ERP。

（2）MOM 系统从 PDM 系统获取图纸、模型、更改单、技术文件，以及更改明细信息。

（3）CAPP 系统为 MOM 系统提供多版本的工步信息、工步级物料 BOM 信息、工步的自检、工艺参数、原材料信息。

（4）高级计划排程为生产订单管理、生产执行管理分别提供订单级、工序级的排程信息。

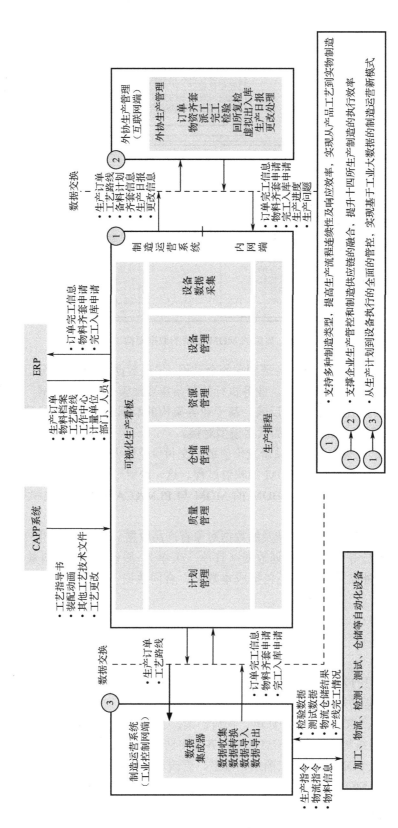

图3-9 MOM系统及其与上下游应用系统的集成框架

（5）更改处理管理形成的待处理更改信息，传递给生产订单管理、生产执行管理，作为调度和执行过程的约束；现场更改结果，传递给更改处理管理，闭环待更改信息。

3.2.6　技术架构

越来越多的 MOM 系统采用了平台化、模块化的技术架构，以适应不同行业不同企业所需业务功能的灵活配置与定制。以南京国睿信维软件有限公司的 REACH.MOM 为例，其采用微服务模式，将应用模块以微服务的形式架构在一个基础底座上，实现应用的快速构建。

MOM 系统的技术架构如图 3-10 所示，该基础平台采用了先进的微服务架构和标准规范，并通过服务化、图像化、一体化的开发模式，为客户提供完整的企业应用软件全生命周期的开发支持。

其中，数据层负责大数据的采集、管理、存储与计算，面向设计数据、仿真数据、制造数据、质量数据等提供数据采集、数据整理、数据访问隔离、统一访问接口等服务。

平台层负责提供系统开发、运行和维护的基本框架，使其成为各类应用的"底座"，基于通用组件，快速进行各类应用的开发、运行、维护升级。

应用层基于"底座"打造单一数据源的各类制造运营管理应用，包括计划管理、质量管理、仓储管理、资源管理、数据采集及可视化看板等通用模块。

该基础平台从设计、开发、部署、监控、后台治理等各个方面，为 MOM 系统的构建提供了有力的支撑。它可以真正帮助企业客户和各类开发团队以较低的成本，灵活快速且高质量地完成 MOM 系统的实施目标，帮助企业快速进行 MOM 系统的开发与实施，方便企业通过二次开发和通用接口，实现业务的持续优化和能力拓展。

3.3　制造运营管理系统的主要功能

3.3.1　生产排程

复杂电子设备的生产具有典型的多品种、变批量、研产并重、混线生产的特点，生产作业计划是其中的核心，制造执行过程中存在来自生产计划、周转过程以及设备物料等多个方面的扰动。

MOM 系统的生产排程提供订单和工序两个层面的产能平衡，支持多种排产策略。系统在多目标排产调度下（包括订单交付数最多、设备利用率最大、订单延迟最少等），通过多次试算后形成对比方案，计划模拟仿真，兼容处理突发事件的排程。

1）复杂电子设备生产约束建模

复杂电子设备生产排程的优化目标是：对排程周期内的订单，排程后所有订单与其计划的交付时间相比较，总的延迟时间最短。

复杂电子设备生产约束建模是装配生产线排产调度约束建模的核心。根据生产实际，雷达装配生产线的调度约束主要包括资源约束、交货期约束和物料齐套约束，其数学表示如下。

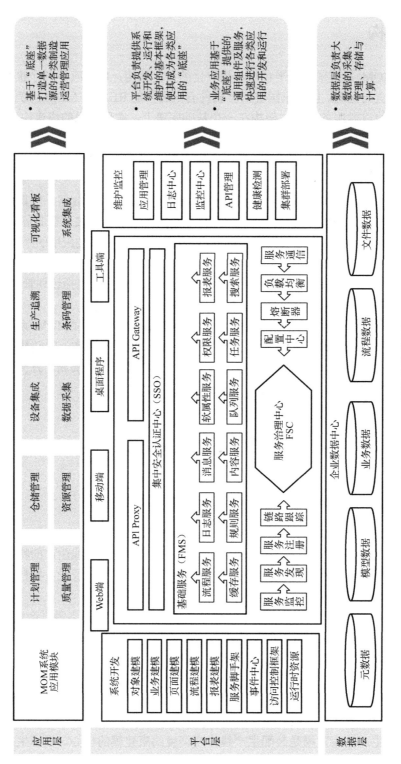

图3-10 MOM系统的技术架构

参数及变量如下。

O_i：订单 i，$i=1,2,3,\cdots,n$，n 为订单的个数。

T_i：单个属于订单 i 的工件从开始装配到完成装配任务所需的时间。

N_i：订单 i 的工件数量。

P_i：相邻的两个同属于订单 i 的工件进入装配工作的时间差。

D_i：订单 i 的交货期。

A_{ik}：订单 i 的第 k 道工序所需的资源，$k=1,2,\cdots,p_i$，p_i 为订单 i 的工序的数目。

$T_{i,k}$：订单 i 的第 k 道工序的工时。

$C_{i,k}$：订单 i 的第 k 道工序的前置工序。

B_m：m 资源的类型。

$X_{i,k}^m$：订单 i 的第 k 道工序是否可在 m 资源上装配。

E_m：m 资源的可用总量。

$E_{i,t}^m$：i 订单当前使用 m 资源的数量。

$Y_{w_1}^{w_2} = \begin{cases} 1, & \text{工装}w_1\text{和}w_2\text{是同一种工装} \\ 0, & \text{否则} \end{cases}$

$T_{w_1}^{w_2}$：暗室中从工装 w_1 切换到工装 w_2 所需要的时间。

$S_{i,k}$：订单 i 的第 k 道工序在生产线上加工的开始时间。

$Q_{i,k}^t = \begin{cases} 1, & t\text{时刻订单}i\text{的第}k\text{道工序生产所需物料齐套} \\ 0, & \text{否则} \end{cases}$

约束：

$$S_{i,k} \geq \max(S_{i,C_{i,k}} + T_{i,k}) \tag{3-1}$$

$$X_{i,k}^m = \begin{cases} 1, & A_{i,k} = B_m \\ 0, & \text{否则} \end{cases} \tag{3-2}$$

$$\sum_{i=1}^{n}(E_{i,t}^m) \leq E_m \tag{3-3}$$

$$ET_{w_1}^{w_2} > 0, \quad w_1 = 1,2,\cdots,e, \quad w_2 = 1,2,\cdots,e, \quad w_1 \neq w_2 \tag{3-4}$$

$$S_i + T_i \leq D_i, \forall i = 1,2,\cdots,n \tag{3-5}$$

$$Q_{i,k}^{S_{i,k}} = 1 \tag{3-6}$$

以上约束的物理含义如下。

约束（1）：当某工序的所有前置工序完工时才可以开工。

约束（2）：当工序和资源相匹配时才可以在该资源上装配。

约束（3）：某时刻实际使用某种资源的数量应小于或等于该种工装的可用总量。

约束（4）：不同种类之间的工装切换时需要一定的时间。

约束（5）：每个订单需要在其交货期之前完工。

约束（6）：只有当关键物料准备齐全时，对应的工序才可以开始。

2）生产排产调度总体算法流程

复杂电子设备的生产，对零件加工、组件装配、产品测试过程，主要调度资源为各类设备（测试用暗室及工装），是典型的离散作业；部件、子系统、整机的装配过程，主要调度资源为工位，属于流水作业。因此，本文给出了一种兼容流水与离散作业的自动调度算法，其流程如

图 3-11 所示。

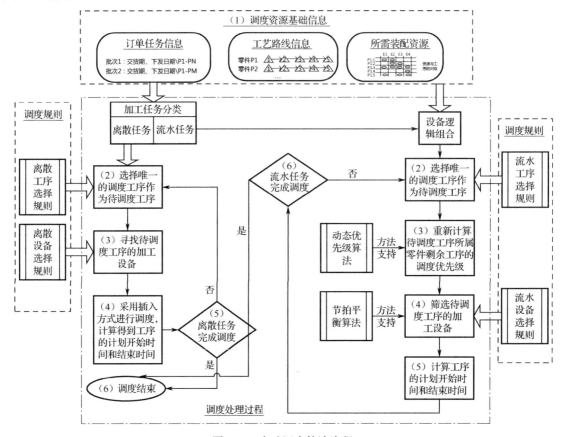

图 3-11　自动调度算法流程

3）流水作业调度算法流程

如图 3-11 右侧所示流程，流水作业调度部分的算法流程如下。

步骤（1）：从调度资源基础信息处获取采用流水方式生产的零件和带有逻辑组合信息的工位信息。

步骤（2）：采用以优先级筛选规则为首要的工序选择规则从可调度工序集合中选择唯一的调度工序作为待调度工序，如果可调度工序集合为空则调度结束。

步骤（3）：利用动态优先级算法重新计算待调度工序所属零件剩余工序的调度优先级。

步骤（4）：利用节拍平衡算法，结合设备选择规则从所有可选设备中筛选待调度工序的加工设备。

步骤（5）：计算工序的计划开始时间和结束时间。

步骤（6）：若调度未完成，则转至步骤（2）；若调度完成，则调度结束。

4）离散作业调度算法流程

如图 3-11 左侧所示流程，离散作业调度部分的算法流程如下。

步骤（1）：从调度资源基础信息处获取采用离散方式生产的任务和资源信息。

步骤（2）：采用以优先级筛选规则为首要的工序选择规则从可调度工序集合中选择唯一的调度工序作为待调度工序，如果可调度工序集合为空则调度结束。

步骤（3）：利用多维资源配置算法寻找待调度工序的加工设备。

步骤（4）：计算工序的计划开始时间和结束时间。

步骤（5）：若调度未完成，则转至步骤（2）。

步骤（6）：调度结束。

5）B-P 神经网络算法引擎

为加速以上调度计算过程，本文构建了基于 B-P 神经网络的算法引擎。该算法引擎的基本神经元结构和神经网络基本拓扑结构，如图 3-12 所示。

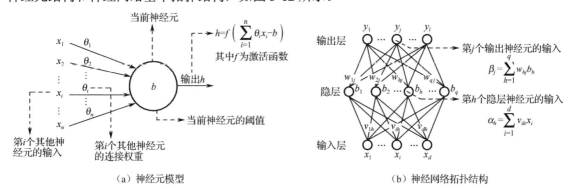

（a）神经元模型　　　　　　　　　　（b）神经网络拓扑结构

图 3-12　B-P 神经网络算法引擎基本构成

如图 3-12（a）所示，通过神经元模型，对每个工序的排产任务进行了抽象，也称"阈值逻辑单元"，其中树突对应于输入部分，每个神经元收到 n 个其他神经元传递过来的输入信号（任务、设备负荷、完工进度、BOM 约束、工艺路线约束等），这些信号通过带权重的连接传递给细胞体。细胞体分为两部分，前一部分计算总输入值（输入信号的加权和，得到待排任务优先级和设备优先级），后一部分先计算总输入值与该神经元阈值的差值，然后通过激活函数的处理，产生输出从轴突传送给其他神经元。

如图 3-12（b）所示是一个单隐层前馈神经网络的拓扑结构，通过梯度下降法，以单个样本的均方误差的负梯度方向对排产权重进行调节。可以看出，本算法首先将误差反向传播给隐层神经元，调节隐层到输出层的连接权重与输出层神经元的阈值；接着根据隐层神经元的均方误差来调节输入层到隐层的连接权值与隐层神经元的阈值。

最终，确保排产结果的全局最优化。通过反复训练，可在后续排产计算过程中，持续提高计算效率。

3.3.2　计划管理

针对复杂电子设备生产过程多插单、分单、变更、返修的异常情况，车间计划员可利用计划调度功能，基于数据挖掘分析，评估设备、人员资源瓶颈，根据计划任务排定生产订单计划，下达给生产执行环节，计划管理的基本流程如图 3-13 所示。

销售订单的获取与同步。通过与 ERP 接口，获取计划态和投放态的销售订单，并通过定时的更新程序，将已拉取到的订单与 ERP 原订单同步更新。而后程序自动检查订单相关产品的技术状态、工艺路线、BOM 信息。如果这些信息确实，则推送准备技术方案；否则生成并下达派工号。

派工号计划是车间的考核计划。支持项目主管将下个考核周期前、所有未完工的销售订单从 ERP 导出，利用 MOM 考核计划标识功能，导入生产作业列表。每月月底发布生产作业预计划，以便车间判断承制情况。

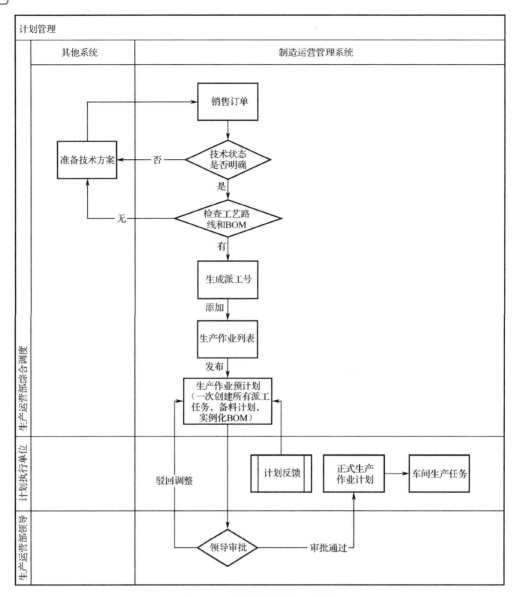

图 3-13　计划管理的基本流程

计划反馈功能，用于车间计划员依据订单范围（生产作业预计划），检查计划齐套情况，包括库存现有量、采购订单预期到货量、生产订单预期完工数量等信息；使用生产日报功能，反馈订单预计完工时间、存在问题、问题的要求解决日期。项目主管利用计划反馈报表，对当月不能完成的订单，调整计划节点或外协，提交给领导审批。

生产运营部领导审批通过后，月度的正式生产作业计划下达给各车间。

计划执行单位的计划员，利用车间生产任务功能，将当月应该完成的生产作业计划，编制到各周，并对工序计划进行预排产到各班组/项目组，由班组长查询当月的班组计划，并针对不能完成项提出日报；由分厂计划员对订单进行周计划调整或以日报形式上报项目主管调整。

在生产执行与过程记录环节，复杂电子设备生产相关的作业计划、物流、物料、变更等信息需要第一时间下达到生产现场，车间现场班组长接收执行生产任务，并反馈生产状态，生产执行与过程记录流程如图 3-14 所示。

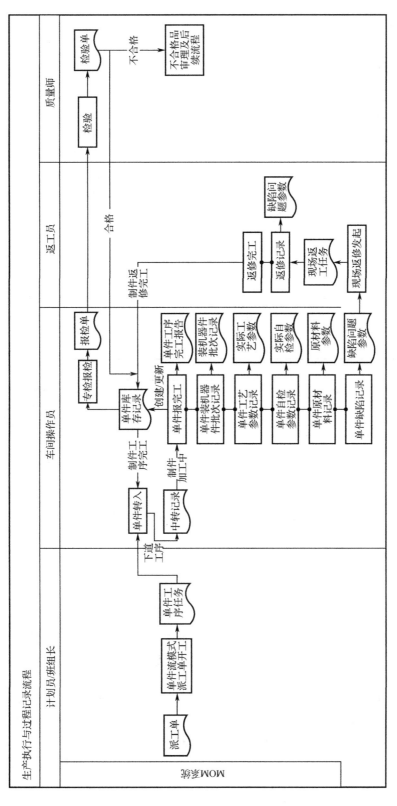

图3-14　生产执行与过程记录流程

系统支持班组长按单件模式，将派工单开工。班组长可在系统中将检查齐套的作业计划分派至操作工，可以对派工单进行调整和修改，包括维护派工单人员、派工单冻结、派工单解冻、派工单收回等。工艺版本信息检查，用于分厂操作工直接在系统中查看作业计划对应的工艺图纸信息。

车间操作员接收到单件工序任务，可执行单件转入，完成实际的生产操作后，在系统上记录完工、装机器件批次、工艺参数、自检参数、原材料、缺陷等生产过程信息。面向以上过程，系统提供了生产订单执行、装配与耗材信息登记、工艺与自检信息登记、报质量专检的功能。

车间操作员报完工后，系统自动生成工序交接单，工序交接单依据上一道工序检验合格数量、工序信息、生产订单信息、下一道工序加工工作中心信息生成交接单，并推送至中转工。

质量师接收到报检单后，将进行检验，遇不良品将开具不合格品审理单。综合生产执行与过程记录中的报工、检验信息，系统可进行一系列统计分析，包括不良发生率、报废率、产量、在制品数量、直接制造时间/间接制造时间、返工率等。

3.3.3　质量管理

复杂电子设备的质量管理体系十分复杂且严格，为贯彻质量体系到各个层级，质量管理功能将记录车间生产全过程的质量信息，并进行完工报检和不合格品审理，质量管理流程如图 3-15 所示。

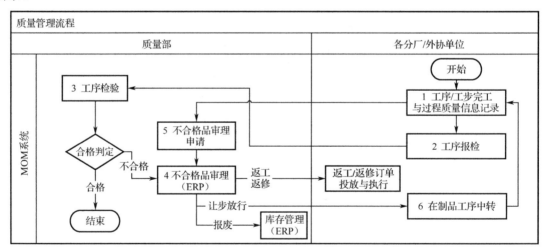

图 3-15　质量管理流程

工序/工步完工与过程质量信息记录，操作员根据定义的各工步需要的自检、工艺参数、原材料明细，在系统完工管理中，记录工步自检、工艺参数、原材料信息。完成后，系统允许发起完工；工序下的工步完工后，工序自动完工。

工序报检，依照工序完工数，发起工序报检；由中转人员将在制品送交检验员。

工序检验，检验员依照报检单，生成检验单，记录检验过程中产生的所有检验数据；如果设备提供数据采集接口，则系统可通过接口直接采集质量检验数据。

不合格品审理，发现不合格品，检验员发起不合格品审理；不合格品特征信息，从返工/返修过程的缺陷记录中拉取。

质量数据分析，主要围绕检验过程和不合格品审理过程开展，主要数据指标有测试期、测试数量合计、测试内不良数、测试内不良率、报废期、报废数量、报废率、供应商不合格率、供应商缺陷发生率、供应商测试数合计等。

3.3.4　仓储管理

仓储管理是在复杂电子设备车间内部暂存库和线边库的管理过程中，对外购件、自制件、辅耗材、工装、工具、量具的全过程管理，通过一系列物料出入库、挪用、转移、退库、消耗、损耗等过程，支撑库管员进行库存台账盘点，车间主任和计划员进行可生产性的齐套性检索，实现车间内部的全过程物料管理，车间仓储管理主要业务点如图 3-16 所示。

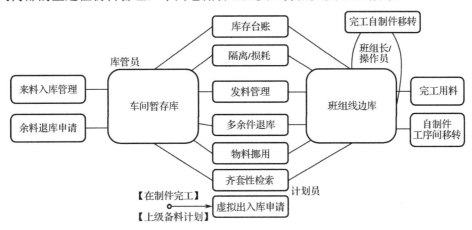

图 3-16　车间仓储管理主要业务点

来料入库管理，面向外购件、自制件、辅耗材、工装、工具、量具的入库管理，为车间暂存库管理员提供依照 ERP 出库单和人工输入的两种交互方式，进行来料入库操作，实现物料库存的建立。

物料挪用，为计划员、库管员调整库存的使用属性，提供支持，实现将物料的订单、工序锁定清除，或者锁定给另一个订单、工序，完成物料的挪用。

完工用料，按照生产完工信息，核算完工用料数量，实现对库存的扣减和消耗历史信息的记录。

齐套性检索，为车间主任、计划员、线长提供项目、订单、工序的多级齐套检索功能，支持用户对物料可生产周期的快速判断。

库存台账，为车间各级人员提供库存台账的检索功能，便于掌握物料详细情况。

3.3.5　设备数据采集

设备数据采集是 MOM 系统与底层设备控制层交互的桥梁，也是各类设备数据的集中存储库。该模块与底层的生产设备通过 PLC、数据库、软件系统等方式进行集成，与制造运营管理系统其他模块通过 MQTT 协议或 WebService 柔性集成。

设备数据采集主要负责对采集到的数据进行加工和处理，同时提供业务管理功能，具体包括基础配置管理、设备任务管理、设备集成管理、数据采集与处理管理、数据存储管理、设备运行监控管理、数据交互管理等。

从计划管理中生成的设备任务清单，会通过设备数据采集与设备集成接口，分发给生产设备。设备数据采集通过设备集成接口从生产设备获取过程信息、结果信息、设备状态、故障信息、环境信息等数据，并经过加工处理形成订单进度数据、生产数据、设备故障信息等，再通过 MQTT 协议或 WebService 反馈给制造运营管理系统的其他模块。

复杂电子设备生产环境下的设备数据采集网络架构如图 3-17 所示。该架构中的总装车间包含 3 条生产线，微组装车间包含 1 条线，MOM 系统的设备数据采集可通过以太网交换机与智能车间信息化展示系统连接。该智能车间的设备数据采集实现了总装车间的装配机器人、力矩工具等设备集成互联，以及过程数据的采集。

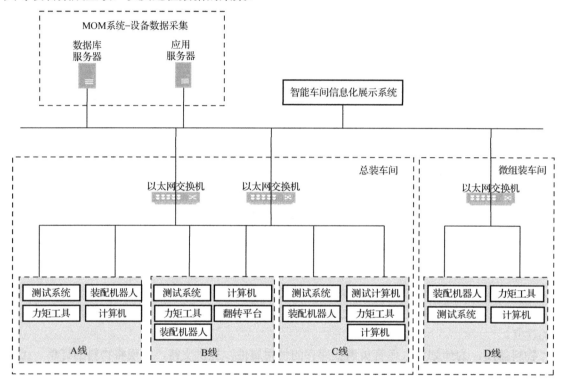

图 3-17　复杂电子设备生产环境下的设备数据采集网络架构

3.3.6　可视化生产看板

可视化生产看板作为 MOM 系统的有机组成部分，是集中展现生产管理及现场执行实时情况的综合体，是通过生产数据提升管控能力、挖掘生产数据价值的必要条件，可充分体现企业精益生产和智能制造成效。

复杂电子设备的可视化生产看板，首先梳理出主题和指标，为后续展现提供数据模型。一些典型的计划管理、质量管理、仓储管理主题及其数据指标如表 3-4～表 3-6 所示。

表 3-4　计划管理主题展示内容

序　号	指　标	描　述	展 示 形 式
1	年度研制的执行情况	在制数、完工数、暂停数、取消数、未开工数分布	环形图，定时刷新

续表

序　号	指　标	描　述	展 示 形 式
2	年度批产执行情况	在制数、完工数、暂停数、取消数、未开工数分布	环形图，定时刷新
3	工时完成情况	每个在制台套的项目令号、名称、总装工时进度情况	表格，含进度条，定时滚动刷新
4	月度考核订单进度情况	月度考核订单总数、已完成数、完成率情况	环形图，定时刷新
5	月度考核急件订单进度情况	月度考核急件订单的总数、已完成数、完成率情况	环形图，定时刷新
6	周计划研制/批产分布情况	当周的工序计划，研制/批产数量，完工进度	柱状堆叠图，定时刷新
7	分班组周计划完工进度	当周各班组的工序计划数、已完工计划数、完工率情况	柱状图、折线图，定时刷新

表 3-5　质量管理主题展示内容

序　号	指　标	描　述	展 示 形 式
1	在制订单质检情况	在制订单的合格率地图	柱状图，台套上显示合格率
2	关键工序的质检合格情况	关键工序的质检合格率情况	折线图，定时刷新
3	关键工序的质检一次通过情况	关键工序的质检一次通过率情况	折线图，定时刷新
4	分班组质检合格情况	当前月各班组的合格率、同比情况	双折线图，定时刷新
5	分产品质检合格情况	当前月各产品的合格率、同比情况	双折线图，定时刷新
6	质量问题情况	质量问题最多的前 6 个在制型号及其问题数情况	雷达图，定时刷新

表 3-6　仓储管理主题展示内容

序　号	指　标	描　述	展 示 形 式
1	立体仓库利用情况	立体仓库位利用率	用电池形柱状显示
2	安全库存情况	立体仓库中关键物料的安全库存、现有库存情况，报警红灯闪动	柱状图，定时刷新
3	项目齐套情况	各台套项目的物料齐套情况，列车时刻形式，滚动展示	列表，含进度条，定时刷新
4	关键缺项情况	关键物料的齐套情况，列车时刻形式，滚动展示	列表，含进度条，定时刷新
5	仓储质量情况	分季度立体仓库在库质检次数、合格率情况	柱状图、折线图，定时刷新
6	仓储成本情况	分季度立体仓库费用控制目标、实际仓储费用、仓储费用控制率	柱状图、折线图，定时刷新

　　MOM 系统的可视化生产看板，不同于普通的数据报表和图形化看板，是面向异构数据源的功能可配置、多终端适配的功能组，主要功能如下。

　　（1）异构数据源整合。兼容多种数据源，可接入企业内部各类业务系统 API、各种经典关系型数据库（Oracle、SQL Server、MySQL 等）、各种数据文件（CSV、EXCEL），轻松集成整合所有相关业务数据。

　　（2）动态数据关联。按需调整数据关联，不同来源的数据也可以进行关联分析，并可以动态调整；支持常用数据关联方式，从而快速构建分析模型。

　　（3）拖拽式分析交互。提供直观的数据指标拖拽分析，让业务人员也可以直接参与业务数据分析过程。

（4）交互式实时数据展示。看板上的数据可以联动，并进行协同过滤，自由地进行多维数据钻取、排序、筛选，将一定的分析能力交给用户。

（5）大屏展示投放。支持将看板内容投影至平板电视、LED 等大屏，支持触摸屏互动；通过实时业务数据展示，帮助业务人员时刻掌握业务动态。

3.3.7 资源管理

面向复杂电子设备的 BOM、工艺路线繁多、复杂的特征，生产建模帮助企业建立科学、标准、规范的制造要素模型数据，包括人、机、料、法、环五要素，用来指导和约束生产，管理制造运行中的各种资源及其能力数据，包括组织结构维护、编码规则维护、产品数据维护、工序数据维护等。

组织结构维护：本系统具体组织结构层级可包括企业、工厂、车间、生产线（线体）、工作单元（工位）等。

工作中心维护：工作中心数据是运算物料需求计划、能力需求计划的基础数据之一。工作中心是一种资源，包括机器、人和设备，是各种生产或加工单元的总和。

编码规则维护：维护系统中编码所要遵循的规则，如供应商编码、物料编码、设备编码、订单编码、产品编码等，用户在创建供应商时，供应商编码自动按照系统编码规则生成，无须人工手动输入。

物料数据维护：维护物料基础数据，包括物料编码、物料名称、规格、物料类型、库存属性、计划属性、质量属性、成本属性等。

产品数据维护：维护产品结构组成数据，即物料清单（BOM），产品结构组成描述产品总装件、分装件、组件、部件、零件，直到原材料的结构关系以及所需数量。

产品结构数据维护：维护产品物料清单，建立从原料、中间品到成品的结构关系，包括组件、组件的构成项目、数量、损耗以及生效日期、失效日期等信息。

工序数据维护：工序是生产作业人员或机器设备为了完成指定任务而做的一个动作或一连串动作，是加工物料、装配产品最基本的加工作业方式之一，是组成工艺路线的基本单位。例如，一条流水线就是一条工艺路线，这条流水线上包含了许多工序。

工艺路线维护：工艺路线是描述物料加工、零部件装配的操作顺序的技术文件，是多个工序的序列。工艺路线主要包括如下数据：工序号、工作单元、各项时间定额等。

3.3.8 设备管理

生产设备的正常运行是保障复杂电子设备按期保质交付的关键，其管理功能包括台账管理、维护管理、维修管理、备件管理，以及实时的状态监控管理和 KPI 分析。

设备的台账管理包含两类信息：一类是设备自身所固有的信息，如设备编号、设备型号、设备名称等；另一类是随着设备运行而产生的数据，如设备运行时间、设备维护时间、设备维修时间、设备点检记录等。能够根据设备唯一编码检索到该设备历史运行维护情况，支持进行设备电子文档的存储与调取（如设备图纸、安装说明书、设备图片等），实现设备电子档案的建立。

设备维护管理包括三部分：第一部分是设备点检，通过系统维护设备点检计划，使用现场终端执行设备点检，点检数据实时回传至服务端进行存储、分析、报警；第二部分是预防性维护，通过系统维护设备维护计划/规则，使用现场终端执行设备维护，设备维护数据实时回传至服务端，进行进度跟踪；第三部分是预见性维护，与设备数据采集模块进行对接获取设备运行数据，及时监控设备运行状态，进行异常诊断。

设备的维修管理，提供完整的设备维修业务流，从设备现场保修开始至设备维修完毕结束，现场设置移动端进行设备保修，接到保修信息后，自动或手动建立维修工单并完成工单审核，维修人员使用现场终端进行维修记录，并将维修记录回传至服务端，完成设备维修记录。

设备的备件管理，主要是对备件进行计划、生产、订货、供应、储备的组织及管理，在 MES 中具有备件基本信息记录、信息管理、出入库管理、库存管理等功能，实现备件的科学化管控，合理利用库存空间。

设备的状态监控管理，状态监控管理主要包括设备数据采集、数据处理以及设备运行状态信息，对不同的停机时间进行归类，实时参数转换成数字量传输到 PC 上用于监控；可以将采集到的设备状态信息生产电子报表进行实时展现，方便相关设备管理人员随时随地进行查询，分析设备的利用率，是否处于瓶颈状态，也为现场提供设备目视化管控所需的数据。

设备故障自动收集，出现故障等待自动运转开关信号，计算停机时间。品质调整、段取、计划停止信息收集，当设备为手动状态时，现场站点可选择停机类别，然后系统记录开始时间，等到自动运转信号触发，记录停机时间。

设备的 KPI 分析，根据设备运行数据进行科学的数据分析，输出多维度的分析报表/图表，直观地发现问题，及时对异常情况做出反馈，避免由此带来的浪费，提高设备管理水平，关键业绩指标包括良品、不良品、报废数量、设备完工率、设备状态、良好运行周期、设备速度、设备停机时间、设备故障 TOP 等。

3.4　MOM 与 ERP、CAPP、SCADA 的集成

3.4.1　与 ERP 的集成

MOM 与 ERP 的集成信息如图 3-18 所示。

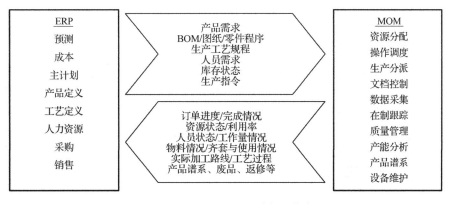

图 3-18　MOM 与 ERP 的集成信息

MOM 和 ERP 集成通常通过流程实现，进而确定接口服务由哪方提供，哪方发起集成调用动作、信息流如何。由于客户和市场需求的变化，ERP 中的数据信息会不断地发生变化，当这些变化产生时，MOM 也能随着改变。当 MOM 中数据信息发生变化的同时，也能在第一时间反

馈给 ERP。它们集成的基础是建立在充分利用对方提供的数据和信息之后，才能对对方的系统提供一些功能上的支持。MOM 和 ERP 之间的集成，首先应该是信息的集成，功能的集成是建立在信息集成的基础上的。

将 MOM 和 ERP 集成，在生产管理时可以将 MOM 看作实现信息交流的工具。它能把生产现场的数据传递给企业的管理系统，同时也接受企业管理系统的各种信息，把这些信息充分地进行处理和分析，进一步去实现资源的合理分配、整合和调控。在信息的交互过程中，ERP 向 MOM 传递工厂的生产计划和其他信息，MOM 在这些信息的催化下开始工作，MOM 同时把 ERP 的信息进行细化分析；经过这些细化分析之后，MOM 向上面的管理层汇报生产能力、材料的使用情况、生产线的运作情况、在实际生产中出现的问题及一些数据参数等；MOM 产品的质量和产出也能去优化生产工艺的管理。MOM 和 ERP 集成的基础就是 MOM 在生产中所传递的它们交互的信息。

3.4.2 与 CAPP 的集成

MOM 与 CAPP 的集成信息如图 3-19 所示。

图 3-19　MOM 与 CAPP 的集成信息

工艺设计过程与产品制造过程关联性较强，MOM 与 CAPP 的集成，主要实现工艺信息与制造信息的无缝传递与交换，支持企业对产品制造过程中原材料、元器件、工艺路线、质量检验、设备维护、人员状态等资源信息、实施状态进行跟踪管理，合理调度生产资源，分析工艺执行情况，及时诊断质量缺陷，制定并实施整改措施。MOM 是通过生产计划调度把可用的资源分配给指定的零件工序，CAPP 则是通过工艺设计按照工艺计划要求选择可行的加工方法和生产资源，资源计划与配置是建立 MOM 和 CAPP 的集成模型的关键点。

通过 MOM 和 CAPP 的集成，企业可以综合考虑生产工艺方案与生产计划方案的经济性，以更优化地分配资源、进行生产调度，从而降低生产成本。同时，根据资源分配结果及工艺设计中的工艺参数，安排具体的作业计划，据此组织生产，并进行动态模拟以确定其可行性；系统最后将产生的详细工艺规程和具体的生产调度指令，一并下放到车间，指导车间生产。

3.4.3 与 SCADA 的集成

MOM 与 SCADA 的集成信息如图 3-20 所示。

MOM 与 SCADA 相辅相成，在一般应用场景中，SCADA 负责与设备实时通信，实时记录与报警，关键信息在处理之后，传递与 MOM 进行归档与业务逻辑处理；SCADA 的某些事件（Event）能触发 MOM 中的流程事务（Transaction），同时 MOM 中流程控制逻辑、作业参数等信息也下达给 SCADA 执行。

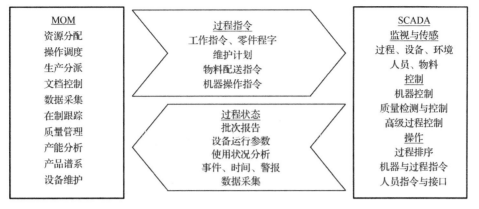

图 3-20　MOM 与 SCADA 的集成信息

　　MOM 与 SCADA 的功能不同、所需处理的问题也不同，数据流上存在集成的必要。SCADA以设备为主，通过设备数据的采集与监视，发送给 MOM 各种设备状态与关键参数；MOM 关注生产现场实时的产出情况，并及时处理出现的资源瓶颈问题，将最新的生产调度指令、针对现场各类异常给出的实时指令，通过 SCADA 下达给设备。

3.5　应用场景及案例

　　制造运营系统作为新一代解决制造管理问题的功能组合体系，目前已在国内某大型复杂电子设备研究所全面实施，支撑了多制造类型一体化应用、多生产业务系统集成化应用、总装车间数字大脑、多层级协同计划管理、制造过程 BOM 数据追溯、互联网+协同生产管控、可视化生产数据分析等复杂应用场景，为这些典型场景和业务需求提供了更为优化、更为强壮的解决方案。

3.5.1　多制造类型一体化应用

　　国内某大型复杂电子设备研究所，其装备包含软件、硬件两大组成部分，其中硬件又包括结构件、电子器件，整体结构非常复杂，整个生产过程涉及机加车间、电装车间、微组装车间、总装车间，工艺过程从机械零件、印制板加工到组件、部件、整机装配、调试类型多样，装备的研发与批产过程频繁交叉，对人员、设备、物料等生产资源的调度，相较于纯批产型生产有变更多、异常多、冲突多等突出难点。

　　传统 MES 面对以上复杂的制造过程，缺乏一体化的解决方案和相关信息系统，基本是面向单一车间、单一产线、单一制造类型提供相关管理工具。

　　MOM 多制造类型的一体化应用如图 3-21 所示，通过梳理并建立企业制造运营流程标准业务组件与核心业务组件，分析并构建面向零件类、装配类不同生产模式，MOM 贯通机加、总装、总调、电装、微组装、外协、质检、仓储等业务过程和相关数据，将单件生产、批量生产不同生产类型在统一平台上实现管控，满足了生产、仓库、质量、设备、人员、计划等生产要素全工艺流程、全要素分析的要求。

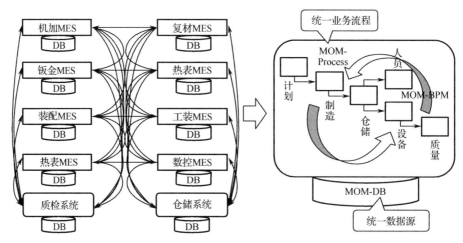

图 3-21　MOM 多制造类型的一体化应用

本文基于复杂电子设备环境构建的 MOM，除可串联不同专业的离散型生产模式外，也支持构建半离散、半连续型的生产模式，满足医疗器械等典型产品的生产管理。

3.5.2　多生产业务系统集成化应用

国内某大型复杂电子设备研究所，其装备从销售投产到装备交付的端到端制造过程，涉及计划、仓储、配送、质检、制造、装配、调试、设备、人员等多个业务领域，要将这些领域协调一致，关键是要实现产、供、销、储、配、检各方面的计划及执行过程匹配协调。

传统 MES 与 ERP 在计划、仓库、设备等领域业务边界划分不清晰，造成 ERP 负担过重，执行效能不高。MES 与底层设备集成及控制边界不清。

MOM 通过与 ERP 在计划、仓库、人员、设备等方面，与 SCADA 等系统在设备集成、数据采集方面，划定明晰的管理边界，MOM 在多生产业务系统中的定位如图 3-22 所示。理顺相关功能分工和信息交互要求，通过核心组件库，打造制造运营能力中心和核心应用，支持企业在多业务场景、多信息系统集成的环境下，构建不同分厂的、有差异化的全工艺协同过程，过

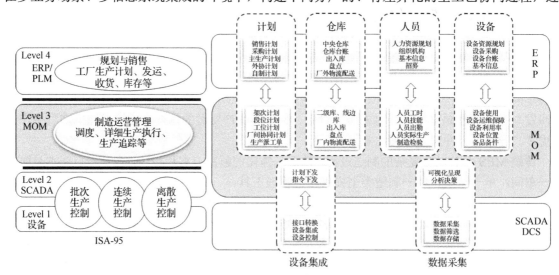

图 3-22　MOM 在多生产业务系统中的定位

程中将仓储管理系统（WMS）、实验室信息管理系统（LIMS）、数据采集与监控（SCADA）系统、质量管理系统（QMS）柔性集成在一起，打造出多生产业务系统的集成化应用，MOM 的核心组件支持多类型集成与应用，如图 3-23 所示。

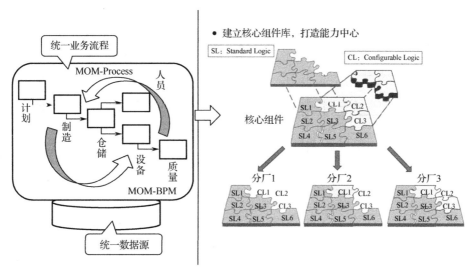

图 3-23　MOM 的核心组件支持多类型集成与应用

3.5.3　总装车间数字大脑

国内某大型复杂电子设备研究所通过建设总装智能车间脉动式生产线，产能提升 2 倍，装配效率提升 1.5 倍，其中 MOM 作为核心系统承担了车间计划调度、现场执行、物料拉动、质量检验、设备管理、异常处理、数据分析等业务活动，达成流程化工艺、自动化物流与现场生产管理三者的高度融合。

在统一的框架下，利用多维生产建模技术，通过灵活的配置，快速建立脉动产线资源模型、产品模型、工艺模型、质检模型等，实现对产品、工艺路线、资源的动态配置。

利用先进的集成技术，打通了 PLM、ERP、工艺系统、WMS 与 MOM 的数据流，贯通敏捷化的精益生产管控流程，适应多品种变批量研制性生产、多品种大批量重复性生产等多种制造模式，通过有限资源计划排程与调度，实现总装与各分厂生产订单、工序派工计划的协同，打通订单计划和执行结果在生产现场的闭环反馈渠道，实现对变更的及时响应和准确预测。

3.5.4　多层级协同计划管理

如何按期交付客户订单，缩短生产周期，平衡工作负荷，最大化设备利用率，同步各车间计划，减低库存，协同管理多级计划，并进行计划数据的有效分析与管理。面对以上问题，传统 MES 通常一筹莫展。

国内某大型复杂电子设备研究所，其总装车间向前拉动着微组装车间、电装车间、机加车间，各个自制车间既相互拉动，又拉动着外协外购企业，经常形成循环嵌套的"三角债"，生产的协同管理十分复杂。该所利用统一的 MOM 业务流程管理（BPM）实现了产品从订单下达到产成品发货的一站式计划协同（见图 3-24），过程同步考虑生产执行计划、物料需求计划、配送计划、质检计划的协调一致，从而确保过程执行的准确性、及时性。同时，在 MOM 生产任务管理工作中，可实现订单生产任务的接收与进度展示，并且能够对各项历史生产任务完成情况等状态进行查询，以便于工厂管理人员了解实际透明的生产情况。

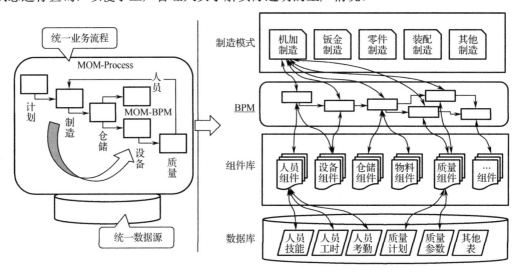

图 3-24　MOM 协同计划管理

3.5.5　制造过程 BOM 数据连续传递

传统 MES 未能将生产执行情况通知设计单位，工程变更需要到现场进行对表。MES 也无法生成实物装机 BOM，实物追溯、质量追溯大多依靠人工。售后服务保障缺乏装机状态的有效输入。

国内某大型复杂电子设备研究所，其 MOM 以制造 BOM（MBOM）为核心，连接工艺 BOM（PBOM）与装配 BOM（BBOM），实现数据流的连续传递。MOM 贯通 XBOM 的连续传递如图 3-25 所示，MOM 结合 PBOM，协助技术人员构建面向生产现场的制造 MBOM。实现工艺路线的产线实例化，使之适应生产管理颗粒度的需要，可对应到每个人员、每个工位。

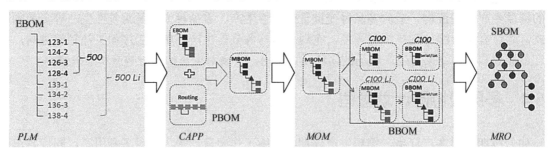

图 3-25　MOM 贯通 XBOM 的连续传递

MOM 建立基于业务流程的数据库，有效统一业务数据源，实现了对不同制造类型的兼容，对于电镀、印制板加工、精密机械加工、普通电装、微组装、总装、总调等不同生产类型，通过设置个性化的工艺参数、自检参数、装配参数等信息，实现在同一平台管理多种制造类型，业务流程协同互通，制造过程统一数据源与 BOM 数据流转如图 3-26 所示。

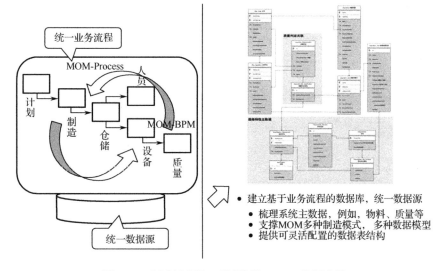

- 建立基于业务流程的数据库，统一数据源
- 梳理系统主数据，例如，物料、质量等
- 支撑MOM多种制造模式，多种数据模型
- 提供可灵活配置的数据表结构

图 3-26　制造过程统一数据源与 BOM 数据流转

3.5.6　互联网+协同生产管控

传统 MES 通常面向企业内部分厂、产线，对于复杂电子设备的部分组件外部跟产工作过程则无能为力。这部分工作传统上都是依赖人工管理的，相互沟通主要依靠电话、邮件，导致信息反馈较为困难，对于外部单位的工艺编制、研制进度、质量控制等无法及时掌握与指导，造成管控不透明、信息难追溯、交付周期难控制、交付质量难保证等隐患，生产外协传统管理模式与涉及信息如图 3-27 所示。

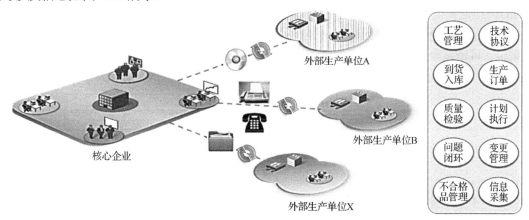

图 3-27　生产外协传统管理模式与涉及信息

国内某大型复杂电子设备研究所，其 MOM 通过安全受控的数据同步技术，支持多工厂上下游协同，实现工厂与工厂之间上下游业务流和信息流协同。该系统支持多工厂纵向并行协同。在一套工艺流程中，满足多个工厂同时生产同一产品的跨工厂工序移交。

MOM 与生产外协信息化如图 3-28 所示，MOM 支持多工序加工上下游协同，实现了跨工厂的工序之间上下游协同，所内转外协加工，外协回所内的入库或移交下道工序分厂。该系统支持多委外加工协同，打通了多级委外商和多工序之间的协同关系。

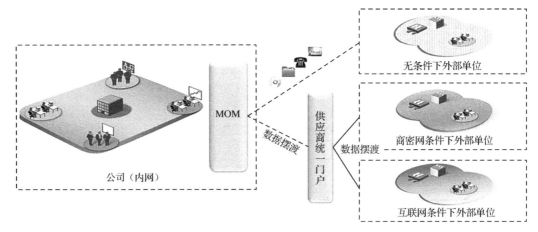

图 3-28　MOM 与生产外协信息化

3.5.7　可视化生产数据分析

传统 MES，部分业务的数据已经收集进系统，但只是存储；系统的统计分析能力不足，表现方式有限；随着现场系统越来越多，数据汇总困难、无法输出完整的生产履历的问题逐渐暴露出来；系统缺乏多工厂的总和统计与分析；各级管理人员不知道还可以通过一些什么绩效分析，来达到提高产量的目的；领导层需要浏览的统计、分析报表，需要手工制作。

国内某大型复杂电子设备研究所，基于 MOM 对多业务的支持和多业务系统的柔性集成，可支持多类数据；通过数据建模，构建多工厂的综合统计与分析，可以把计划、执行、质检、物料、物流数据进行交叉、整合、多维度分析。

MOM 还能提供强大的数据可视化分析能力，层层穿透，统计分析的能力更强，展现形式丰富，直观展示业务趋势、关键问题，MOM 生产决策的主题与指标示例如图 3-29 所示。对于管理层来说，可浏览全级次、全维度的统计、分析报表，有效支撑管理决策。

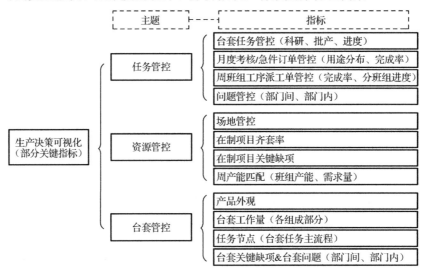

图 3-29　MOM 生产决策的主题与指标示例

3.6　发展趋势

2018 年，世界经济论坛牵头并联合麦肯锡启动了全球"灯塔工厂"网络倡议。"灯塔工厂"网络汇聚了全球先进企业，其通过生产制造创新和端到端价值链创新的结合，打通单个工厂内部与供应链的互联互通，革新制造业价值链的各个环节，持续推进精益改善，通过数据洞察驱动企业的业务运营与决策，采集和分析工业大数据，开发智能互联的创新产品，并推进预测性维护服务，催生了新的商业模式，被视为第四次工业革命的领路者，成为创新变革的工业表率。

截至 2021 年 9 月，"灯塔工厂"共有 90 家，其中我国的"灯塔工厂"数量有 31 家，超过全球"灯塔工厂"总数的 1/3，包括电子设备、汽车、家用电器、消费品、光电设备、工业设备等行业。他们以工厂的数字化建设为基础，以大规模定制生产为主，形成以产品为中心的产品全生命周期价值链和以订单为中心的一体化供应链，提升工厂生产效率，降低库存、缩短交货时间和换线时间，缩短新产品交付时间，实现多品种、小批量的定制化生产，并减少资源浪费，提升企业可持续发展能力。

2021 年 12 月，八部门联合发布的《"十四五"智能制造发展规划》提出：建成 500 个以上引领行业发展的智能制造示范工厂，通过 5G、人工智能、大数据、边缘计算等新技术的应用，打造工业现场多维智能感知、基于人机协作的生产过程优化、装备与生产过程数字孪生、质量在线精密检测、生产过程精益管控、装备故障诊断与预测性维护、复杂环境动态生产计划与调度、生产全流程智能决策、供应链协同优化等应用场景，提升工厂在质量检测、过程控制、工艺优化、计划调度、设备运维、管理决策等方面的能力，实现制造业企业生产效率、产品良品率、能源资源利用率等显著提升，进一步推动跨业务活动的数据共享和深度挖掘，实现对核心业务的精准预测、管理优化和自主决策。

"灯塔工厂"和智能制造示范工厂的建设，其核心是工厂生产环节数字化能力的提升和端到端价值链的集成，这为 MOM 的发展指明了方向。

（1）从单一软件系统向集成系统发展。

MOM 需要全面覆盖"人、机、料、法、环"各个环节，支持产品全生命周期主线和订单全生命周期主线的端到端价值链集成与创新。

（2）成为企业生产运营业务控制和数据决策的一体化平台。

MOM 在对企业生产过程精益化管控的同时，基于生产运营模型，实现工厂运营管理数据与现场实时数据的有机融合，并将数据计算结果实时反馈至生产全过程，实现业务模式优化与创新。

（3）基于云平台的 MOM。

MOM 厂商逐步与上层的工业云、工业互联网等进行合作，实现 SaaS 化部署及服务，对于一些业务相对标准的中小型厂商需求实现快速响应。

（4）部分行业开始重视软件的自主可控。

国家进一步加大了支持自主可控工业软件的政策，提高了进入敏感行业的门槛，这是国产 MOM 厂商的一个重要发展契机。

第4章

物 流 管 理

物流连接着物料供应、生产和销售等环节，物流的智能化对于建设数字化车间显得至关重要。本章首先对物流管理的范围、物流管理系统的发展历程、相关标准以及国内外典型供应商及产品进行介绍，并对复杂电子设备数字化车间物流业务流程进行梳理。在此基础上，对物流管理系统架构、功能模型以及关键支撑技术进行分析，同时对自动化立体仓库、自动化调度与配送以及自动化密集库等应用场景和案例进行描述，最后对"互联网+"背景下的物流管理系统发展进行展望。

4.1 物流管理概述

4.1.1 物流管理的范围

物流作为贯穿企业上下游供应链的主节点，已经成为企业生产和运营的一种平衡机制，可以用来协调带动整个企业及其供应链的稳定、和谐。围绕企业制造车间所发生的一系列物流活动及其基本行为规则，衍生出物流管理的基本概念。

复杂电子设备数字化车间的物流管理以仓库实体为中心，以各类生产资源为作用对象，通过软件系统、硬件装备等辅助支撑，实现车间内物料有序、协调、可控的存储与流动，面向车间生产全过程的一系列活动总称。其主要功能是实现车间内物料、半成品、成品以及工装工具等生产资源的存储与运输。顺畅、高效、透明的物流管理是一个车间实现数字化、智能化运转的良好开端。

在本章中，我们把车间仓储与配送管理活动统称为物流管理，实施物流管理的信息管控软件主要是仓储管理系统（Warehouse Management System，WMS），以及仓储控制系统（Warehouse Control System，WCS）。

4.1.2　物流管理系统的发展历程

自 20 世纪 70 年代以来，随着管理信息系统在企业内部受重视程度不断增加，以及计算机技术的高速发展，国内外各个单位将财物、人力、保障等多重环节放入物流管理系统的建设范畴，使得物流管理系统不仅是用计算机对采购、入库、出库等人工操作工序进行简单模拟，而且是将先进先出的、科学的管理思想和管理方法运用到企业管理和运营当中。物流管理系统作为现代制造业的重要组成部分，在国内外已被广泛研究和应用。本节从软件系统和硬件设施两个方面来描述物流管理系统的发展历程。

1. WMS 发展历程

在传统的车间物料仓储与配送管控过程中，进销存管理软件在很长一段时间内替代了 WMS。可以认为，WMS 起源于传统的进销存管理系统，WMS 管理软件的出现对于数字化车间的发展是一个很大的进步。WMS 于 20 世纪 70 年代中期正式问世，此后 40 多年获得了迅速发展。WMS 的发展大概可以分为三个阶段，如图 4-1 所示。

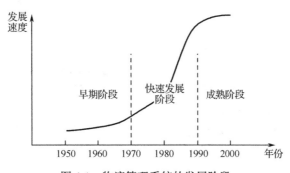

图 4-1　物流管理系统的发展阶段

1）早期阶段

20 世纪 50 年代至 60 年代是 WMS 发展的早期阶段，此时的物流管理仅用于工厂前期规划与设计过程，尚没有形成完整的 WMS 概念，也没有一套完整的物流管理体系。在这个时期，国外众多学者开始陆续将管理科学、系统分析等方法综合应用于工厂建设初期的仓储规划与设计中，并发表了一系列比较有影响力的著作，如爱伯儿的《工厂布置与物料搬运》、穆耳的《工厂与设计》、缪瑟的《系统布置设计》和《物料搬运系统分析》等，对后续物流管理系统的发展和完善具有深刻的启蒙作用。

2）快速发展阶段

20 世纪 70 年代，伴随着信息技术的迅猛发展，计算机开始被运用到工厂仓储管理中。同时物流管理的理论也进一步数字化和系统化，像 GRAFT（位置配置法）、CORELAP（相关关系法）、ALDEP（自动设计法）等先进算法被逐步嵌入物流管理系统软件的设计中。20 世纪 70 年代中期，第一款真正意义上的 WMS 在美国问世，由此拉开了 WMS 快速发展的序幕。WMS 开始实现从原材料接收到仓库、制造、后勤、发货等全流程业务的分析和评价等，WMS 开始从快速发展阶段向成熟阶段转变。

3）成熟阶段

20 世纪 90 年代，随着计算机技术以及 WMS 的飞速发展，国外开始将现代制造技术如 RF

（Radio Frequency，无线射频技术）、ERP（Enterprise Resource Planning，企业资源计划）、SCM（Supply Chain Management，供应链管理）和现代管理技术 JIT（Just In Time）与物流管理系统相结合，对物流管理系统的研究也慢慢开始延伸到销售过程中。至此，WMS 开始正式走向成熟阶段。

2. 物流设施发展变迁

物流设施是物流管理系统重要的应用载体。物流设施经历了人力化、机械化、自动化、集成化四个阶段。在自动化物流阶段，自动化技术对物流设备的发展起到了重要作用。20 世纪 50 年代到 60 年代末，相继研发了自动导引车（AGV）、自动货架、自动识别和自动分拣系统以及自动化立体仓库；20 世纪 70 年代到 80 年代，旋转式货架、移动式货架、巷道堆垛机和其他搬运设备也步入了自动化行列。随着计算机技术的发展，物流设备进入集成化时代，研究重点也转到物料控制和管理的实时、协调及一体化。通过中央控制系统，各个自动化物流设备能够进行协同操作，使得从物料计划、物料调度到物料配送的全过程都能统一协调，实现了物流设备之间以及物流与生产流程之间的协同操作。

1）自动化立体仓库发展历程

车间物料仓储的发展可以划分为五个阶段：人工仓储阶段、机械化仓储阶段、自动化仓储阶段、集成化仓储阶段和智能化阶段。目前，智能化阶段尚未成型，专家学者也正在针对人工智能在物料储运领域中的应用进行大量的工作。机械化仓储阶段→自动化仓储阶段→集成化仓储阶段是物料仓储的重要发展过程，在此期间，立体仓库发挥着不可替代的关键作用。

自动化立体仓库是在物流和自动控制技术快速发展背景下产生的一个高科技产品，它发源于北美洲。1950 年，美国成功研制的手动控制的桥式堆垛起重机被认为是自动化立体仓库的雏形；经过大约 10 年的时间，美国又率先研制出了人工操作的巷道式堆垛机，并于 1963 年再次成功研制了世界上最早的全自动化仓库，通过运用计算机控制仓库的运作，实现了仓库的全自动化控制。1970 年，由地面支撑式的高度达 40m 的堆垛机问世，随后自动化立体仓库在世界范围内蓬勃发展，到了 19 世纪 80 年代，自动化立体仓库的使用范围几乎涉及了所有的行业。

在全球范围内，自动化立体仓库发展最快、应用最广的国家是日本，日本在 1965 年建设了第一座立体仓库后，平均每年以 200 座的速度大规模兴建。到 1986 年，日本已拥有大小自动化立体仓库 5800 座，占世界总数的一半以上。

从国内发展情况来看，我国第一座由计算机控制的自动化立体仓库由机械部起重所于 1980 年研制成功并交付使用（其总高度为 15m，研发周期为 13 年），而由国内独立设计和制造的综合自动化程度非常高的立体仓库则是由仪征化纤工业联合公司于 1995 年建成的涤纶自动化立体仓库。

从研究与应用上来看，我国自动化立体仓库主要经历了四个阶段，如图 4-2 所示。第一阶段为起步阶段：始于 1973 年，在接下来的 10 多年间，我国仅仅完成了系统的研制，受限于经济发展，应用十分有限。第二阶段为初步发展阶段：始于 1986 年，主要特征为通过引进吸收，研制成功了基于 PLC 控制的立体仓库系统，应用领域也逐步扩展到医药、化工、机械、烟草等行业，市场应用超过 200 套。第三阶段为高速发展阶段：始于 1999 年，以联想公司自动化物流系统为起点，基于激光测距的第三代技术得到全面应用。这一时期立体仓库得到了广泛应用，市场保有量每年平均以 40 套左右的速度增长，到 2005 年达到约 500 套。第四阶段为成熟应用阶段：始于 2006 年，每年市场需求平均达到 90 套左右，到 2010 年年底，全国自动化立体仓库数量达到 2000 座左右。目前，我国的自动化立体仓库技术已经基本成熟，并进入大量应用阶段。

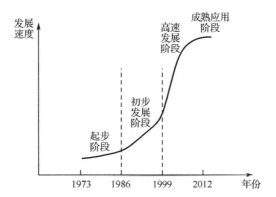

图 4-2　国内自动化立体仓库的发展阶段

2）AGV 发展历程

车间物料运输也经历了从人工搬运到叉车助力运输，再到移动机器人全自动化运输的演变过程。AGV（Automated Guided Vehicle，自动导引车）作为移动机器人的一个重要分支，承担了车间 80% 以上的物料运输工作，其持续自动化、智能化的提升过程也代表了数字化车间物料配送方式不断进步的过程。

最早的自动导引车是轨道导引的（现在称为 RGV），由福特汽车公司于 1913 年在汽车底盘装配上进行应用，体现出采用无人搬运车的优越性。到了 20 世纪 50 年代中期，英国人首先去掉了地面上的导引轨道，而采用地板下埋线，组成了以电磁感应导引的 AGV，1959 年 AGV 真正应用到仓储自动化和企业生产作业上。

20 世纪 60 年代，AGV 在欧洲迅速得到发展和推广应用，并成为制造和装配作业过程中一种流行的物料搬运设备。瑞典于 1969 年首次在制造和装配作业过程中采用了 AGV，1973 年瑞典 VOLVO 公司在 KALMAR 轿车厂的装配线上大量采用 AGV 进行自动化装配作业。1985 年，全欧洲生产的 AGV 总数超过了 10000 台，车间应用的 AGV 系统达 360 个、AGV 超过 3900 台。

日本是亚洲最先开展 AGV 应用与自主研制的国家。1963 年首次引进 AGV 用于汽车装配车间的物料搬运，1976 年以后每年增加数十个 AGV 系统，目前已有神钢电机、平田电机、住友重机等 27 个主要生产厂商生产的几十种不同类型的 AGV，1981 年销售额达到了 60 亿日元，并每年以超过 20% 的速度递增。

从国内发展情况来看，北京起重运输机械研究所于 1976 年研制出第一台 ADB 型 AGV。邮电部北京邮政科技研究所为上海新火车站邮政枢纽、原济南军区仓库研究试制的 WZC 及 WZC-1 两种 AGV，1991 年投入运行。中科院沈阳自动化所在国家"863 计划"支持下，完成了多项移动机器人应用基础研究和应用技术开发项目，并开发出应用于实践较为成熟的 AGV（电磁导引）及其系统技术；中国电子科技集团公司（简称中国电科）旗下的海康威视基于自身在视觉识别方面的技术优势，跨界进入移动配送行业，目前已经占据国内最大的移动机器人市场，成为国内首屈一指的 AGV 供应商。海康威视移动机器人覆盖潜伏（LMR）、移栽（CMR）、重载（HMR）、叉车（FMR）、复合（AMR）等多种形式，为数字化车间内不同的物流环节提供优质和可靠的产品。海康威视最新的潜伏式产品 CTU 机器人，将传统"人找货""货架到人"的仓储作业模式升级为"货到人"，可以轻松应付高位密集存储或是窄巷道作业场景，目标作业更精准，拣选效率更高。在海康威视自主打造的数字化工厂桐庐制造基地内，超过 800 台移动机器人在工厂内协同作业，据统计，节约人力 58%，提升工作效率 84%。此外，海康威视移动机器人在 3C、汽车及零配件制造、销售、食品、饮料、光伏、医药、服装等行业也获得了广泛应用。

物流管理系统经过几十年的发展，从最早的 20 世纪 60 年代的物料需求计划（Material Requirement Planning，MRP）系统，其功能仅是对库存数据加入时间状态，实现对库存的按时间管理，解决了库存订货时间及数量问题；到了 20 世纪 80 年代，制造资源计划（Manufacture Resource Planning，MRP II）系统被提出，通过对企业内部资源的整合，实现了财务、采购、库存、销售等子系统的一体化，形成了以计算机为核心的闭环管理体系；到了 21 世纪，物流管理系统功能逐步完善，成为支撑企业经营决策的重要信息系统之一。物流管理系统的发展历程是中国制造企业经营、管理理念不断完善的过程，也是中国制造业不断发展、不断进取的历史缩影。

4.1.3 物流管理的相关标准

1. 通用标准

在 GB/T 37393—2019《数字化车间 通用技术要求》中，对"生产物流管理"进行了明确规定，是指"发出实时、具体的物流指令，调度物流资源、驱动物流设备、控制物流状态，按排产计划与调度要求为生产过程各个工位或区域，供应生产作业所需物料，保障车间生产的任务有效完成。"同时，该标准还描述了生产物流管理的信息集成模型和功能要求。数字化车间中的所有物料、刀具、量具、车辆、容器/托盘等都应进行唯一编码，应能自动感知和识别物流关键数据，并通过通信网络传输、保存和利用。《数字化车间 通用技术要求》规定生产物流管理信息集成模型如图 4-3 所示。

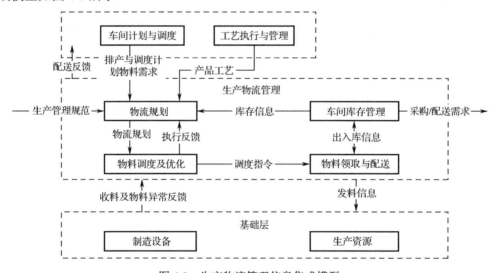

图 4-3　生产物流管理信息集成模型

2. 系统功能设计与开发标准

在 GB/T 26821—2011《物流管理信息系统功能与设计要求》中，对物流管理系统功能构成和设计要素进行了细致描述。该标准规定物流管理系统功能模块由客户服务管理、作业管理、综合管理、决策管理四部分构成，不同制造企业可根据自身业务需求选择或增加模块及其子模块。在物流管理系统设计开发过程中，应以满足制造企业实际物流管理的信息化需求为主要目标，兼顾适用性、可靠性、经济性、可扩展性、安全性及标准一致性等原则。

在 GB/T 23830—2009《物流管理信息系统应用开发指南》中，同样给出了物流管理系统应用原则、功能、技术架构、系统集成和开发方法，该标准侧重于交通运输物流，增加了采购管理、运输管理、货运代理管理、销售管理、报关报检管理、回收物流管理等功能模块，是指导企业第三方物流运输的重要依据。同时，该标准对软件系统开发层面进行了规定，增加了系统集成、代码开发等功能要求。

3．物流设施设计标准

在自动化立体仓库方面，JB/T 9018—2011《自动化立体仓库 设计规范》规定了自动化立体仓库仓储单元货物、货架、巷道堆垛机、货格和出入库能力设计的基本要求，适用于由钢结构货架、堆垛机和搬运设备构成的具有存取单元货物并能自动化作业的立体仓库。该标准是自动化立体仓库开展设计、实施的必要依据。

另外，在物流管理系统设计和实施过程中还会涉及其他标准。在进行自动化立体仓库设计时参照物流系统工程设计标准，如 JB/T 9018—1999《有轨巷道式高层货架仓库设计规范》、ZBJ 83015—89《高层货架仓库设计规范》等；在进行 WMS、WCS 软件开发时，需参照软件开发标准 GB 8566—88《计算机软件开发规范》、GB/T 14394—2008《计算机软件可靠性和可维护性管理》；在进行立体仓库货架结构件加工、组装时，需参考机械标准，如 JB/T 5323—2017《立体仓库焊接式钢结构货架 技术条件》、CECS 23:90《钢货架结构设计规范》、GB 50018—2002《冷弯薄壁型钢结构技术规范》等；在自动化立体仓库现场安装实施时，会涉及电线电缆敷设，需参照电气标准 GB/T 25295—2010《电气设备安全设计导则》、GB 50054—2011《低压配电设计规范》、GB 50055—2011《通用用电设备配电设计规范》等；供应商完成物流系统现场安装及调试后，客户需参照施工/安装/验收标准进行项目验收，包括 GB 50231—2009《机械设备安装工程施工及验收通用规范》、GB 50278—2010《起重设备安装工程施工及验收规范》等。

4.1.4 国内外典型供应商及产品简介

目前国内外成熟的物流管理系统可以分为 3 类。

第一类是基于典型的配送中心业务的应用系统，在供应链物流（如生产企业的物料配送中心）、销售物流（如连锁超市的配送中心），都能见到这样的案例。比较典型的如京东的现代化分拣与配送中心、南京电子技术研究所的物资配送中心等。

第二类是以仓储业的经营决策为重点的应用系统，其鲜明的特点是具有非常精确的计费系统、准确及时的核算系统和功能完善的客户管理系统，为企业经营提供完整的决策支持信息。华润物流有限公司的润发仓库管理系统就是这样的一个案例。

第三类是以仓储作业技术的整合为主要目标的应用系统，解决各种自动化设备的控制系统之间整合与优化的问题。武钢热轧厂的生产物流信息系统即属于此类，该系统主要解决原材料库（钢坯）、半成品库（粗轧中厚板）与成品库（精轧薄板）之间的协调运行问题。

我国的物流管理研究起步比较晚，应用还处于初始阶段，物流功能还不够完善，国内企业在生产物流领域内的技术及管理水平也与国际先进水平存在较大的差距。如果按照国际上物流产业的发展过程，我国物流总体处于第二阶段，或者说正从第二阶段向第三阶段转化。进入 21 世纪后，随着我国加入 WTO，市场竞争越来越激烈，国外先进厂商大举进入，带来了现代物流观念和物流网络体系，使越来越多的企业认识到物流能力在市场竞争中的重要性，标志着我国现代物流正式开始起步。

美国 Infor、上海富勒及中国电子科技集团公司第二研究所是国内市场比较有代表性的物流管理系统供应商。Infor 是物流管理系统领域的国际巨头，在 21 世纪初进入我国，是我国物流管理系统开发、实施和应用的启蒙者，培育和开启了国内物流管理系统的商业化市场；上海富勒是 21 世纪初期成立的本土企业，适合我国制造业的发展需求；中国电子科技集团公司第二研究所深耕装备制造业数十年，在复杂电子设备数字化车间物流管控方面有领先的解决方案和丰富的实战经验。

1. 美国 InforSCE 产品介绍

Infor 的旗舰型仓库管理系统——InforSCE 是最早进入我国市场的专业仓储管理系统。该产品 2001 年进入我国市场，主要优势行业在零售业、制造业和第三方物流行业，国内代表客户包括一汽、南汽、乐购、光明乳业、苏果等企业。

InforSCE 支持国际化和个性化术语，用户可以根据所属国籍选择对应的系统语言，同时 InforSCE 提供系统术语库，用户可以根据自身需求，对入库、出库、在库等业务过程自定义系统语言。另外，InforSCE 支持多仓、多客户和多货主管理，集成手持终端、RFID、Voice Pick（语音拣货）等新技术，提供客户化开发工具，由最终用户根据自身需求自行配置物流作业的策略，并集成开放的报表以及分析工具。区别于其他物流管理系统，InforSCE 针对数字化车间内部物流活动提供一套完善的 KPI 考核体系，包括作业绩效考核、进出货量分析、仓库利用率及设备利用率等，能够很好地辅助企业管理层进行决策分析。

InforSCE 功能描述如表 4-1 所示。

表 4-1　InforSCE 功能描述

序　号	功能名称	功能描述
1	收货和上架	包括预约排程、QC 检验、引导型上架、退货、交叉转运（越库）等模块，支持基于语音和 RF 来执行任务，也支持混合货品的"彩虹托盘"上架及多托盘上架的优化操作
2	库存管理	通过优化多设施和多货主运营中的订单履行，借助可配置的周转规则和 LPN 跟踪，减少呆滞、过期现象的发生；支持实时系统驱动的基于物料属性的周期盘点，增强对货箱位置级别的可见性
3	分拣与补货	支持按订单、集群的合并分拣以及动态补货；通过整合语音、RF、电子商务及分配要求，借助自动触发条件，改进存货周转和空间利用率
4	波次与任务管理	根据任务优先级交替执行任务，基于高度可配置的任务发布和升级规则，优化周转时间并平衡工作量；利用灵活的图形化查询，查看未完成的工作
5	劳动管理	通过衡量、评估和查看 DC 活动以提高运营效率；通过识别并平衡瓶颈资源，设计劳动标准以及实时绩效指标来帮助场景分析
6	3D 可视化仓库	利用嵌入式交互界面，实现 DC 活动可视化。作为虚拟决策中枢，InforSCE 使用户能够"看到"工作流、瓶颈以及存在风险的库存，并无缝启动纠正措施以缓解延误、提高生产效率

2. 上海富勒 FLUX WMS 产品介绍

FLUX WMS 是上海富勒历经 12 年锤炼、集成数百家各行业客户的实践、自主研发的、高度产品化的仓储管理系统。FLUX WMS 功能框架如图 4-4 所示，具有高度灵活的可配置性，大部分功能可通过内置开关或按钮配置实现，功能实现仅需极少的二次开发；提供全程条码化管理，包括库位、产品以及作业容器的条码化，实现基于"经验"的管理方式转型为基于"标识"的管理方式。此外，FLUX WMS 具有高度集成性，通过 FLUX Datahub 接口平台，FLUX WMS 可与上下游外部系统对接，也可与主流物流设备无缝对接，成为指挥和协调物流设备的神经中枢。

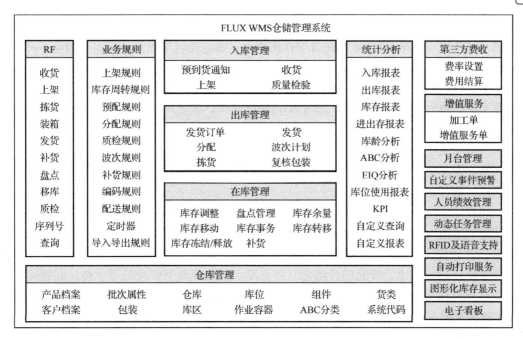

图 4-4　FLUX WMS 功能框架

FLUX WMS 嵌入了优化的作业流程和策略，涵盖了仓库全业务需求，为车间仓储与配送过程提供了智能化作业指导。FLUX WMS 功能描述如表 4-2 所示。

表 4-2　FLUX WMS 功能描述

序　号	功能名称	功能描述
1	对多货主及多仓库的管理	建立面向不同货主的全方位管理，不同的货主可以拥有不同的操作流程，定义不同的运作策略；支持对分布在多个位置的多个仓库进行集成管理，建立从企业、区域到配送中心的多层组织架构
2	收货人多地址信息维护	不仅支持产品的静态拣货位设置，同时可以满足用户对于动态拣货位的管理要求，为同一产品配置多个静态/动态拣货位；针对拣货位设置最低库存和补货单元，系统在作业过程中生成定时和即时补货任务
3	作业流程策略定义	支持 12 个可自定义的管理属性，属性的管理顺序可以被定义，每个属性的设置和 RF 设备及拣货、出库等操作规则相关联
4	全息库存的展示	提供强大的多角度库存查询功能，满足不同角色对库存管理的不同需求；提供收货、上架、拣货、发货、移库等业务活动完整的交易历史
5	智能化的业务规则	支持包括上架规则、预配/分配规则、精确的收费计算以及先进的 MHE 等智能化的业务规则

3．中国电子科技集团公司第二研究所智能仓储系统介绍

智能仓储系统是中国电子科技集团公司第二研究所（以下简称二所）的三大支柱产业之一，已形成系列化、标准化产品，包括垂直升降货柜、联体提升货柜、高速料箱库、全自动板材库、自动化立体仓库系统集成与服务等，已经广泛应用于各种生产线管理、零备件柜管理、元器件库管理、加工中心的刀具/工具/量具管理、档案管理、图书管理、文物管理等。

近年来，二所自动化仓储设施已成功地应用于日本夏普、荷兰飞利浦公司、德国西门子公司、三洋电气、美国 API 公司等，物流管理软件系统已经相继进入空客、通用、大众、海德堡、航天、东汽、中物院、航空、航天院所、兵器、船舶等集团单位。其主要产品介绍如下。

（1）垂直升降货柜。

垂直升降货柜（见图4-5）是以托盘为存储单元，通过提取车的升降和水平运动，将存放货物的托盘取出或存入的智能化仓储设施。二所垂直升降货柜按托盘承重分为 300kg、500kg、750kg、1000kg 这 4 个系列，满足最大 1270mm×4000mm 规格的货物存储。垂直升降货柜具有自动称重系统、自动测高光幕系统，通过 4 点链条悬挂，实现可靠易维护。其柜体高度一般可达 20m，通过多楼层多出货口设计代替货梯。

垂直升降货柜主要用于存放刀具、工具、量具、各种中小型机械零件、电子元器件、医疗器械、药品、食品、书籍等各种物品，已广泛应用于航空航天、兵器工业、烟草、机械、电子、石化、医疗、银行、汽车等领域。

（2）料箱库。

料箱库（见图4-6）由多列货架构成存储货位，以料箱为存储单元，用一台轻型堆垛机实现水平左右、水平前后、垂直上下 3 个方向的移动。堆垛机根据用户指令在巷道内运动，将所需料箱运至抽屉出口。相比于普通的自动化立体仓库，料箱库具有多个显著优势。料箱库采用全封闭式型材框架结构，内部运动部件均采用无油设计，洁净度高；料箱库电控系统采用伺服控制方式，高速高效，最短存取料箱时间可达 15s；料箱库内部可独立接入恒温恒湿控制系统，可以满足特殊要求物料的存储。

图 4-5　垂直升降货柜　　　　　　　　图 4-6　料箱库

4.2　车间物流规划与精准配送

与传统的流程型作业车间不一样，复杂电子设备车间具有典型的离散特征，其物流布局与配送存在以下难点。

（1）装配作业技术复杂且装配时间长，导致物料种类多，需要在车间二级仓库先进行分拣后再以齐套的方式进行配送。

（2）生产线的装配节拍时间长，并且由于部分物料存储的特殊性，不适宜大批量存放在线边区域，必须以单件的形式在装配作业开始前进行准时化配送。

（3）同一时间存在多项并行作业，物料随意堆放不仅会造成现场无序混乱，还会降低线边空间的利用率。

为了保证混线生产的复杂电子设备物料在线边有序存储，线边区域在空间和时间上的合理分配具有重要意义。物流的布局规划可以获得最优的空间排布，精准配送可以保证最短的配送时间。

4.2.1　物流布局规划

1．基本原则

对数字化车间物流各功能区域进行规划布局通常根据一定的原则确定各功能区域的相对位置，目的是使各功能区域相互协调，实现车间物流业务的高效性。因此，数字化车间物流的区域布局规划所遵循的原则如下。

（1）动态原则：要利于数字化车间内物流、人流及信息流顺畅。

（2）互不干涉原则：货物和人员的流动要分离，货物流动路线与人员通道互相不受影响，这样才会使得物流更加顺畅。

（3）节约性原则：各区域布局要紧凑，减少货物的搬运距离，以达到降低成本的目的。

（4）消防安全原则：布局规划要满足消防要求，以确保安全生产。

（5）环保原则：布局规划应尽可能避免物流作业对周围环境造成破坏。

2．目标设计

对数字化车间内各功能区域进行科学的布局规划，不仅可以使车间的运转更有序，更重要的是能够降低搬运成本，提高作业效率。如何能够合理规划数字化车间的物流、人流和信息流，使得物力、人力、财力都可以充分利用是研究车间物流布局规划的重点。基于此，对复杂电子设备物流实施布局规划的具体目标主要包含以下几个方面。

（1）车间内物流线路顺畅且快捷，不会出现物流堵塞现象。

（2）最大效率地利用设备和空间，根据具体的业务流程及各功能区域的作业相关性实施布局规划，以尽量减少物力和人力的浪费。

（3）布局规划方案应尽量方便人员操作，对于货物流通频繁的收发货区，合理的布局会保证人员作业速度快，防止货物堆积，导致"爆仓"现象。

（4）还应满足电子设备管理安全的相关要求，布局规划方案既要符合相关的卫生规定，还应避免易燃易爆等危险情况。

3．规划方法

近年来，国内外专家学者运用很多先进的设计方法对车间物流布局规划进行了深入研究。

系统布置设计（Systematic Layout Planning，SLP）方法是业内最被认可、应用最广泛的物流布局规划方法之一。SLP 方法最初由 Richard Muther 于 1961 年提出，该方法的核心是作业单元间的物流关系和非物流关系，从以往的定性分析过渡成为定量分析。运用 SLP 方法研究工厂作业布置的关键包括五大要素：P（物流对象）；Q（物流量）；R（物流作业路线）；S（辅助部门）；T（物流作业技术水平）。

当运用 SLP 方法实施布局规划时，需要遵循以下几个步骤：首先，收集原始资料，由此确定物流系统布局规划的五大要素，即上面提到的 P、Q、R、S、T；其次，物流和非物流分析，并且得到相关作业单位相互关系表，如表 4-3 所示；再次，分析该表得到作业单位间相互关系的密切程度，从而确定各作业单位的位置相关图；最后，通过评价择优，从各可行布置方案中选出最佳方案。

表 4-3　作业单位相互关系表

序　号	含　义	说　明	取　值	比　例
A	绝对重要		4	2～5
E	特别重要		3	3～10
I	重要		2	5～15
O	一般密切		1	10～25
U	不重要		0	45～80
X	没有联系	不希望接近	−1	—

作业单位相互关系是 SLP 方法实施过程的核心，具体分析方法如下。

1）物流关系分析

物流关系分析就是利用物流相关表以及物流强度来表现作业区域间物流关系程度的过程，这也是物流系统布局规划的核心部分。将各功能区域间物料的流量进行比较，就能够得到相应的物流关系，由此能够判断出各区域的关系程度，之后可以根据区域间的物流量绘制起讫表来判断区域间的物流关系。当运用 SLP 方法分析物流关系时，主要是根据 P（物流对象）和 Q（物流量）来进行的，因此也可以把物流分析称作"P–Q 分析"。

从至表是物流分析最常用的方法之一，它以收集到的定量数据作为基础，分析出区域间物料流量的大小，从而帮助设计人员进行作业区域布局，如表 4-4 所示。

表 4-4　物流从至表

物流作业区域		物料搬运到达区域					
		1	2	3	4	5	合计
物料搬运起始区域	1						
	2						
	3						
	4						
	5						
	合计						

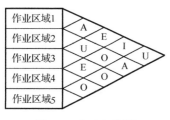

图 4-7　物流相关图

为了更加清晰地体现各功能区域间的物流相互关系，利用物流相关图来表示物流强度，如图 4-7 所示。

2）非物流关系分析

在对配送中心进行布局规划时，除受到物流搬运量等物流因素的影响外，还会受到一些非物流因素的影响，它们可能会影响到物流作业的安全性及运作效率和成本，因此，不仅要考虑各作业区域间的物流关系，还要考虑非物流关系。

一般情况下，非物流关系都是定性的，很难用具体数值来衡量。因此，就需要对这些定性因素具体分析后，将其转化为能够衡量的定量因素。这里就要参照上面提到的作业单位相互关系表，以及作业区域相互关系等级理由表（见表 4-5）。

表 4-5 作业区域相互关系等级理由表

编　号	接近理由	编　号	接近理由
1	人员接触程度	7	进行相似活动
2	公用相同人员	8	物料搬运次数考虑
3	文件程度或配合事物	9	作业安全性考虑
4	使用共同的记录	10	提升工作效率的考虑
5	公用相同的空间区域	11	改善作业环境的考虑
6	公用设备		

3）综合相关性分析

对作业区域实施布局时，综合物流和非物流这两种因素后，会得到综合作业相互关系，同时还要确定物流和非物流关系的相对重要性。一般使用 $m{:}n$ 表示两者的重要性比值，取值可以为 1:3、1:2、1:1、2:1、3:1，比值越大，证明物流关系越重要，反之则证明非物流关系越重要。综合密切程度可用公式进行计算。

$$CR_{ij} = m\,MR_{ij} + n\,NR_{ij} \tag{4-1}$$

式中，CR_{ij} 表示作业区域 i 和作业区域 j 之间的综合密切程度；MR 表示物流相互关系等级；NR 表示非物流相互关系等级。最终根据 CR 的值划分综合等级，在生成综合相关图后进行布局方案的设计。

4.2.2　物料配送方法

在 T/ZAITS 10601—2021《"未来工厂"建设导则》中，对物流配送有明确的定义，物流配送智能化是指企业运用软件技术、互联网技术、自动分拣技术、光导技术、RFID、声控技术等先进的科技手段和设备，对物品的进出库、存储、分拣、包装、配送及其信息进行有效的计划、执行和控制，确保物料仓储配送准确高效和运输精益化管控。物料配送智能化应能达成以下主要目标。

（1）应实现生产、仓储配送、运输管理多系统的集成优化。

（2）应实现运输配送全过程的信息跟踪，并对轨迹异常进行报警。

（3）应通过物联网和数据模型分析，以及物、车、路等的自主匹配，实现装载能力优化以及运输配送线路优化。

（4）应通过数字化仓储设备、配送设备与信息系统集成，根据实际生产状态实时拉动物料配送。

（5）应根据市场供应信息和仓储模型，通过企业与上游供应链的集成优化，实现企业库存的动态优化。

物流配送方法的研究是基于物流布局规划成果之上的。现阶段我国复杂电子设备装配车间的物料配送方式还停留在传统的"面向服务"模式，即工人根据装配计划到库房申请领料配送，然后进行装配作业，这种被动的物料供应模式容易导致物料管理混乱并产生生产浪费、装配延误等问题。

数字化车间物流配送系统作为复杂离散事件系统，针对生产现场机器布置、工艺布局、仓储数量确立合理的配送路线以及配送序列，从而加快生产节奏，有效减少线边库存量，有效降低物料等待时间，从而提升生产效率。复杂电子设备车间生产状态复杂，生产过程对配送时间、路径状态、车辆分配、动态调度等方面均有要求，不断有新的配送任务来临，配送过程呈现出较高的复杂性和动态性，主要解决思路有两种。

一种是提升配送设施，通过应用 AGV 实现入库、拣选、配送等环节的自动化。在入库、配送、运载货架回收等环节使用 AGV 替代人工作业，以提高车间物流系统的出入库和配送能力，一方面大幅降低物流环节人工成本，另一方面满足未来高产能需求对按节拍单台配送的准时性要求。在拣选环节用"货到人"模式替代"人到货"模式，完全消除库管人员在存储区域内寻找货物的非增值环节，大幅减少拣货人员，显著提高拣货效率，满足按节拍单台准时配送对拣货频率的要求。

另一种是应用先进的计算机技术，通过算法研究实现物料的准时、准点配送。目前，基于算法研究的、针对物流配送问题的解决方法存在以下几种。

（1）数学规划方法：近年来的研究主要是针对模糊规划及随机规划在物流配送问题中的应用，通过运用不确定规划的方法来更加贴近实际系统。但是该方法不能用于动态系统的调度和控制问题，具有一定的局限性。

（2）多准则决策方法：该方法主要是通过考虑在多目标或多属性的情况下，对规划方案排队或选优，常见的方法包括层次分析、数据包络分析及 TOPSIS 等。由于该方法通常需要主观赋权值，因此受到人为因素的干预大，客观性差。

（3）启发式方法：这种方法往往是通过求解模型，从而寻求解决问题的方法和策略，在解决问题的过程中需要反复实践，直至找到逼近最优解的方法为止，常见的方法包括遗传算法、模拟退火算法等。但是运用该方法进行规划研究时，通常无法得到最优解。

（4）仿真方法：仿真方法是近几年国内外学者探讨的一大热门问题，该方法就是模拟系统的运行状态随时间的变化，根据仿真运行过程的统计结果，来推断实际系统的真实性能。系统仿真技术是近年来新兴的一门计算机应用技术，它集合了世界领先的仿真技术、三维图像处理技术及人工智能技术，已经成为解决复杂系统及不确定情形较多的这类问题的主要方法，是一种对复杂系统设计问题进行直观分析的科学方法。

随着系统仿真这一新兴技术的发展，世界范围内的许多研究机构也对该技术给予了广泛的关注和研究，越来越多的学者将仿真优化这个单纯的理论应用到了实际中，并且带来了巨大的效益，主要的应用对象包括制造系统、生产计划与调度以及制造资源配置等。

由于仿真方法是综合了计算机、数学手段以及网络等关键技术，因此需要专业的仿真软件来支持该技术的应用。这些仿真软件都是通过系统的作业流程以及设备参数等信息开发的计算机仿真系统，之后通过仿真动画的形式呈现出来，最后生成仿真运行报告，报告中会对系统中关键的运行数据进行统计。

目前在进行系统仿真分析时，运用比较广泛的几大仿真软件包括美国的 Flexsim、Arena 和 Simio，以及以色列的 Em-plant、英国的 Witness 及德国的 Automod，它们都是针对生产或物流领域的系统仿真辅助决策软件，下面就对几款软件进行综合对比，如表 4-6 所示。可以看出，Flexsim 软件与其他仿真软件相比具有应用范围广、入门快、建模灵活、三维展示效果好以及具备优化功能等特点。

表 4-6　先进物流配送仿真软件对比

对　比　项	Flexsim	Em-plant	Witness	Automod	Arena	Simio
设计理念	面向对象	面向对象	面向对象	面向对象	面向对象	面向对象

续表

对 比 项	Flexsim	Em-plant	Witness	Automod	Arena	Simio
开发语言	C++	C++	Java	C++	VB	C++
建模展示	3D	2D 转 3D	2D 转 3D	3D	2D 转 3D	3D
接口	2D、3D 图形导入	2D、3D 图形导入	2D 图形导入	3D 图形导入	2D 图形导入	3D 图形导入
优化工具	Experfit、Optquest	无优化模块	无优化模块	无优化模块	无优化模块	Experfit
侧重方向	生产及物流	生产	生产	生产及物流	生产	生产
主要特点	入门较容易，建模灵活	2D 转 3D 的模式不能做到实时仿真	应用具有局限性，不能做到实时仿真	入门难，需要具备过硬的编程功底	入门难，运行速度慢，分层建模需要运用多种语言	与 Arena 属于同一开发团队设计，特点相似

4.3 物流管理系统架构

复杂电子设备的装配以人机协作为主的方式进行，涉及的工序多，生产流程长，其物料的标识、仓储和配送对数字化车间生产效率和质量都有很大的影响。前文提到的美国 Infor、上海富勒的主要产品及重点客户集中在流程行业，而中国电子科技公司第二研究所主要面向离散型企业的大型配送中心，对多品种、小批量、研制与批产混线生产的复杂电子设备车间物流管理不适用。结合复杂电子设备车间物流管理应用需求，我们对复杂电子设备车间物流业务流程进行了细致梳理，构建了物流管理系统基础架构，并提出了符合复杂电子设备制造特征的支撑技术，达到物料标识智能化、物流跟踪网络化、物流信息集成化的目标。

4.3.1 复杂电子设备车间物流业务流程分析

为了实现对生产过程中物流所有环节的管理，通过对数字化车间生产现状和物料运输流程的理解和分析，绘制了复杂电子设备物流管理业务流程图，如图 4-8 所示。具体分析了车间制造资源流动的全过程，使物流管理系统在车间物流管理流程方面体现了规范性和系统性要求。我们认为，面向复杂电子设备制造的车间全物流管理流程分为物料调度、物料领取与配送、库存管理、物料编码与标识、物流跟踪、物料搬运等环节。

1. 物料调度

物料调度是为了实现作业计划的要求，分派物料及工装和工具等开展正常的装配生产，并对生产过程出现的异常情况进行管理，主要包括以下流程。

（1）制定生产排程计划：根据复杂电子设备车间的设备现状和装配工艺路线，以及物料准备、生产进度情况，考虑车间设备、人员、物料等资源的可用性，制定复杂电子设备生产排程计划。

（2）执行加工任务调度：根据复杂电子设备生产排程计划、实际加工进度情况，结合制造运营管理系统制定的派工单情况和仓库现有的物料、工装和工具在库信息，依据装配顺序信息对各工位进行任务分配，并对生产过程出现的异常情况进行管理，即执行复杂电子设备装配任务调度。

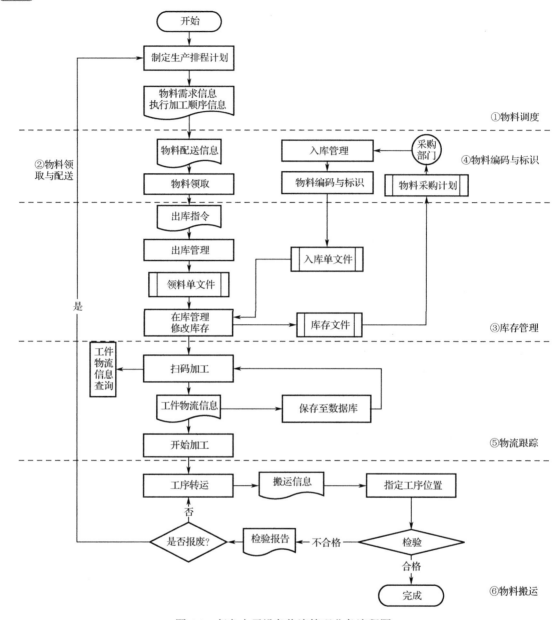

图 4-8　复杂电子设备物流管理业务流程图

（3）物料信息调度：根据前述两个步骤制定的物料需求信息和生产执行加工顺序信息，生成物流设备运输物料、工装和工具的调度信息，并将调度指令发送给物流管理系统中的物料领取与配送环节。

2. 物料领取与配送

物料领取与配送在生产流程中扮演着承上启下的作用，依据上层下发的调度指令安排物料出库，并将出库的物料配送至所需的地方，具体流程如下。

（1）物料领取：根据物流管理系统制定的派工单和物料调度指令，生成出库指令和领料单文件，指导自动化仓储推出派工单和工艺执行要求所需的物料、工具、夹具、量具、工装等。

（2）物料配送：WMS 将物料搬运指令传递至数字化、自动化物流设备，将各类制造资源送至所需的工位，并将入库和出库信息反馈至立体仓库，实现信息实时同步。

3．库存管理

库存管理包括在库管理、入库管理和出库管理，是指利用仓储设施的数字化、自动化特质，建立原材料、在制品、辅助工具、半成品及成品等制造资源的数字库存，以明确的图表方式表达仓储货物数量、品质方面的状况，具体情况如下。

（1）在库管理：根据设备备件领用需求信息建立库存信息，考虑车间排产计划和调度信息建立物料设备的库存计划，结合入库和出库的实时动态信息，形成库存信息反馈给车间设备运行管理和物料调度。

（2）入库管理：对回到库房的剩余物料、工装、工具、半成品等进行入库处理。根据车间加工作业计划与调度制定新增物料采购计划，完成采购之后实施物料编码与标识，并将入库信息反馈至自动化仓储，实现信息同步更新。

（3）出库管理：根据物料调度信息，将物料配送的出库指令传递至自动化仓储和搬运设备，物料按需求出库，并将出库信息反馈至自动化仓储，实时更新修改在库信息。

4．物料编码与标识

物料编码与标识是为了满足数字化车间基础信息管理的要求，根据制造工艺编码方案和编码原则，给工件、辅助工具、制造设备等制造资源赋予代码的过程。每类物料具有不同的编码方式，每一串编码是由多个码段组成的，主要包括类别码和流水码。作为基础信息和数据的来源，每个物料的编码是唯一的，主要分为工件和辅助工具两类，具体情况如下。

（1）工件：制定加工作业计划，由工件的属性信息便可生成工件的类别码，待工件入库时，根据派工信息生成工件的流水码，与工件身份信息编码相结合生成完整的工件编号，并打印在工件上。

（2）辅助工具：编制采购计划时，根据工装和工具的属性信息便可生成工具的类别码。待工具入库前，根据采购单选择生成工具的流水码，与工装和工具等身份信息编码相结合生成完整的工具编号，并打印在工装和工具上。

5．物流跟踪

物流跟踪是为实现实时跟踪物料、工装、工件等资源所在位置、数量、状态而进行的一系列活动，包括：根据车间派工单情况预判物料、工装、工件等资源的物流路线，物料的编码与标识，扫描物料的编号并记录和保存扫描发生的时间、地点（设备编号）、操作者等物流信息。物流跟踪还向企业级的生产计划执行系统提供反馈信息，以使各层计划能够根据当前情况进行更新。

数字化车间的物流跟踪应能自动获取生产相关数据，统计装备生产过程中刀具、工装、工件等资源消耗，并反馈给相关功能/系统/部门。生产相关数据的获取来源，包括从数字化接口（数字化设备或工位）直接采集到的，或者经过其他功能模块加工过的信息。

物流跟踪主要跟踪两类资源的物流信息，详情如下。

（1）工件：在生产过程中，在对工件加工前，需要进行扫码，通过扫描显示的工件编号、任务编号和历史物流信息来判别与保证加工过程的正确性，并保存该部分物流信息，包括工件编号、任务编号、开始时间、结束时间、工序号、工序名称、所在位置、状态、操作人、检验结果、检验人、检验时间等。

（2）工具：在生产过程中，根据生产者的请求和库管员的判断，在工具投入生产使用前对工具进行扫码，以更新工具的实时信息，并方便对工具的后续追踪；在加工前，生产者需要对工具的编码进行匹配，以确保加工过程中使用的工具正确；在工具的维修维护期间，通过扫码对工具的实时信息进行更新，以及对工具在使用过程中的信息进行记录，主要包括：工具名称、工具编码、操作人、操作时间；工具类型参数，如额定加工件数、额定使用时长、模数等；工具实时信息参数，如入库时间、库存位置、状态等。

6. 物料搬运

在编制排程计划时，设置每一个工序绑定一个物流中转站（物料暂存点），物流中转站可以对应多个工序；当物流管理系统下达派工单时，选定搬运设备、搬运路线及搬运计划。搬运设备一般以 AGV 为主，它们以物流点的位置为责任范围，负责与该物流点相关工序的搬运工作。

4.3.2 物流管理系统架构及功能模型构建

1. 系统架构

复杂电子设备数字化车间生产物流体系的主体为物流管理各项业务流程，本书结合复杂电子设备的制造特点及数字化车间的功能需求，提出物流管理系统架构，如图 4-9 所示。

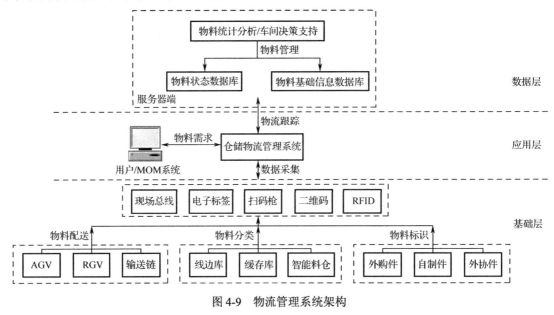

图 4-9 物流管理系统架构

物流管理系统架构包括基础层、应用层、数据层三大层级。各层级说明如下。

（1）基础层。基础层是指基础物料、基础配送设施、基础存储设施以及相互之间的集成与控制，包括自动化立体仓库、AGV、分拣机械手、RFID、智能传感器、扫码枪等通过多种信息接口，通过车间内的工业互联网与应用层的统一数据接口进行连接，实现任务执行与管控、数据采集与传输等功能。

（2）应用层。应用层是物流管理系统的核心，主要用于实现数字化车间仓储与配送各种业务功能，包括系统管理、资源管理、入库管理、库存管理、出库管理、配送管理等功能，实现物流的精准调度与管控。

（3）数据层。数据层通过建立物料基础信息数据库和物料状态数据库，对车间物流数据进行存储和分析，为车间管理层决策提供数据支撑。

2．信息模型

物流管理系统的本质还是信息系统，它是通过各种信息流与外部系统、硬件设备以及内部功能模块建立联系并实现各种功能的软件信息系统。物流管理系统的运行与实施离不开各种信息数据的支撑，该系统的信息模型是从另一个层面更好地描述物流管理系统的体系架构。

物流管理系统的信息模型如图 4-10 所示。

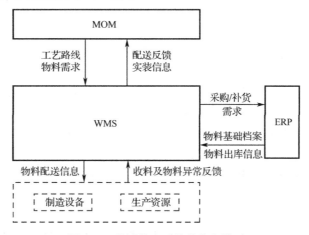

图 4-10　物流管理系统的信息模型

其主要业务活动如下。

（1）根据 APS 指令要求，WMS 实施物流规划，并输出相应的信息文件，包括物流运行的物料数量、批次组合、运输路线、物料需求时间和送达时间等基本信息。

（2）针对重要批次生产任务对物流计划的影响，基于生产进度执行原则和精益库存管理原则，合理调配物流时间和运输批次，保持物流与各工艺执行工位的进度同步。

（3）WMS 基于不同库存活动对车间物料形态、数量、状态等属性变化进行记录、追溯与分析等活动，主要包括库存数据采集、追溯与分析。

● 库存数据采集：对于库存运营和物料操作信息的汇集和报告的一系列活动。

● 在库存历史数据基础上，以满足第三方系统和企业内的查询、验证活动。

● 为库存操作的持续改善而对库存效率以及资源利用率进行分析的一系列活动。

3．功能架构

根据数字化车间物流功能性需求分析、业务流程分析，并结合系统总体设计框架，提出面向复杂电子设备数字化车间的物流管理系统各功能模块结构。我们认为，物流管理系统包括物流资源管理、物料出入库管理、物料存储管理、调度计划管理、设备控制与管理、物流过程监控与管理、物流数据分析与管理、系统设置与管理等功能模块，如图 4-11 所示。

1）物流资源管理模块

物流资源管理模块对数字化车间内物料、仓库、AGV 等物流资源及其身份特征进行配置与管理，包含编码管理、货位管理、AGV 管理、物料管理、工装管理、仪器仪表管理、半成品管理、返修件管理以及报表管理等功能，如图 4-12 所示。

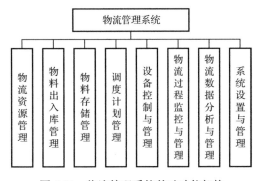

图 4-11　物流管理系统基础功能架构

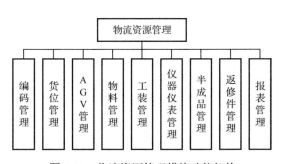

图 4-12　物流资源管理模块功能架构

物流资源管理模块从 MOM 或 ERP 中获取物料的基础信息，包括物料名称、所属订单、批次号、所属工序号、有效期、保养与维护等属性；对车间内的物料、工装、工具、货位、配送任务等进行统一的编码管理，具备统一的编码规则。半成品管理针对复杂电子设备装配过程受外部干扰生产中止的现象，装配到一半的半成品和已出库未装机物料可实现回库；该订单重新启动装配流程后，半成品及剩余物料可正常出库。返修件管理在 WMS 中体现为来料类型不同，后续出库、交接等过程同正常生产订单管控，通过与 MRO 系统集成获取返修订单及工序物料。报表管理是对软件系统的库存信息以及运行信息进行历时追溯，包括货位查询、物料查询、作业任务、格式化输出等功能。

2）物料出入库管理模块

物料出入库管理模块包括入库管理和出库管理两大类功能，如图 4-13 所示。

入库管理为每个料箱配置可存放物料图号及数量，具备删、增、改、查等基础功能，同步可获取 ERP 系统物资出库单及 MOM 系统工艺路线信息，具备将同一批物料拆分为多个入库单的功能；通过物料与料箱绑定，实现物料入库货位和料箱自动提示，入库货位为空料箱时实现空料箱出库、整料箱入库，入库货位有物料时实现物料直接入库。

出库管理获取 MOM 系统工序开工信息，根据开工单的物料清单，系统可以查到物料的库存和位置信息；遵循先进先出的原则，当物料数量、批次号与出库单据不一致时，系统预警。

3）物料存储管理模块

物料存储管理模块主要针对物料在仓库中的存储状态进行管理，包含物料盘点、物料变更、缺件预警、批次管理、调拨管理及库存查询等功能，如图 4-14 所示。

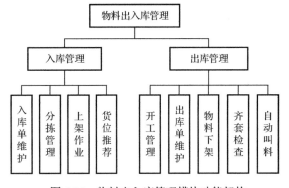

图 4-13　物料出入库管理模块功能架构

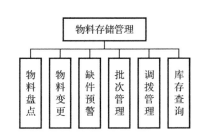

图 4-14　物料存储管理模块功能架构

物料存储管理模块基于统一的货位/载具管理规则条码技术应用,实现货位/载具与物料的准确绑定,满足按产品、按货区等多种形态的盘点管理方式,能够以年度、季度、月度等时间维度,系统生成盘点任务。通过物料的调拨管理功能,实现物料不同货位、不同区域间的移库,按存储时间、出入库动态等数据筛选在储物资中的呆滞品,提醒处理。另外,通过在物料属性中维护保养周期,到期前自动提醒,实现对工具工装的物资保养管理。物料变更功能通过与 MOM 系统接口功能,获取变更后的物料所属工位、所属订单等,待入库或已经入库的物料可以实现退料功能,系统实时更新物料属性。

4)调度计划管理模块

调度计划管理模块是物流管理系统中的一个重要功能模块,负责物流调度计划的制定和管理,如图 4-15 所示。生产计划导入功能对 MOM 系统中的生产计划和调度方案实现自动导入和手动导入,并作为编制物流计划的依据;物流计划生成功能基于导入的生产计划进行物流计划的编制,物流计划的编制可以人工进行,也可以采用智能决策系统进行自动生成;物流计划变更功能支持对已生成的物流计划变更,以适应生产状况的实时变化;物流计划查询功能可以针对已经生成的物流计划进行查询,也能够查询已经完成的物流计划并作为参考;调度策略选择功能来自智能决策系统,可以根据生产情况选择与之相适应的调度策略。

图 4-15 调度计划管理模块功能架构

5)设备控制与管理模块

设备控制与管理模块包含了与设备有关的功能,分为设备控制与设备管理两大类功能,如图 4-16 所示。

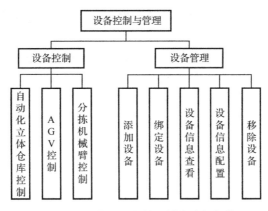

图 4-16 设备控制与管理模块功能架构

设备控制功能是指对物流过程中的执行设备进行控制,可以指定相应物流设备执行指定操作。对设备的控制包括自动化立体仓库控制、AGV 控制和分拣机械臂控制。根据设备类型的不同,可执行的操作也不同:自动化立体仓库控制可以控制物料的出入库操作、更改物料存放位置;AGV 控制可以控制 AGV 进行指定路径的行走,实现充电、回出发点等功能;分拣机械臂控制可以控制分拣机器手臂执行物料的抓取、移动、卸除等操作。

6)物流过程监控与管理模块

物流过程监控与管理模块是与物流过程相关功能的集合,又分为物流过程监控和物流过程管理两大类功能,如图 4-17 所示。

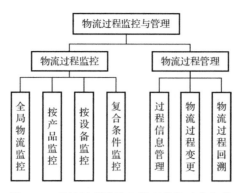

图 4-17 物流过程监控与管理模块功能架构

物流过程监控功能实现对车间物流过程的实时监控，根据监控视角的不同可以提供全局物流监控、按产品监控、按设备监控及复合条件监控。全局物流监控即对车间整体物流状况进行监控；按产品监控是根据单一产品的生产工序对相应的物流序列进行监控；按设备监控是针对某类设备或某台设备对物流过程进行监控，可以实现对某类物流操作或某台物流设备运行效率的监控；复合条件监控可以根据需要制定多种限制条件，对指定情况下的物流运行情况进行监控，有助于发现特定条件下的物流问题。

物流过程管理功能提供对物流过程的相关管理功能。过程信息管理功能提供对物流过程的相关数据信息查看、导出等功能；物流过程变更功能能够实现对当前物流过程的修改、暂停、插入指定物流操作等；物流过程回溯功能能够对指定物流过程进行回放，并对其中的物流信息进行跟踪。

7）物流数据分析与管理模块

物流数据分析与管理模块负责处理与物流数据有关的业务，包括物流数据分析与物流数据管理两大类功能，如图 4-18 所示。

物流数据分析功能是应用采集到的物流数据对物流过程进行评判，包括物流数据统计、物流数据分析及数据图表生成等功能。物流数据统计功能通过分时段统计、分类统计、分设备统计等多种统计模式对采集的物流数据进行统计，同时支持自定义字段数据统计；物流数据分析功能是将统计数据按状态、因素、聚类、趋势、因果等方法进行分析，帮助找到物流数据中的隐藏信息；数据图表生成功能可以根据数据或数据分析结果生成相应的报表或图形，有助于直观理解物流信息的含义。

物流数据管理功能负责对采集的物流数据进行管理，包括物流信息查询、物流信息变更及数据文件关联等功能。

8）系统设置与管理模块

系统设置与管理模块包括参数设置、界面设置、用户管理、权限管理及文档管理 5 个功能，如图 4-19 所示。参数设置功能可以对系统的各项参数进行调节以满足用户的需求，同时也提供用于出现异常时设置初始化功能；界面设置功能是通过设置相关参数对用户界面进行调整，使用户操作方便快捷；用户管理功能提供用户注册、用户登录、用户信息修改及用户注销功能，实现配置随用户变更的个性化操作；权限管理功能是为了保障信息安全，根据用户或设备对访问权限和操作功能进行限制，并确保系统的安全运行；文档管理功能旨在为用户提供快捷帮助，帮助用户快速解决常见问题。

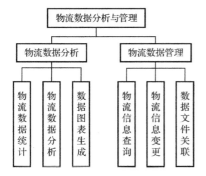

图 4-18　物流数据分析与管理模块功能架构

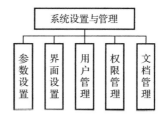

图 4-19　系统设置与管理模块功能架构

4. 支撑技术

进入 21 世纪以来，一系列信息通信技术及自动化技术不断发展并成熟，逐步应用到仓储、运输、配送、末端等各物流环节。例如，人工智能技术在仓库选址、快递单的图像识别、无人配送路线规划等环节，大数据技术在需求预测、供应链风险预测等环节，物联网技术在产品溯源、冷链控制等环节都已经得到了一系列应用。应该说，物流管理系统是一个多技术融合与交叉的业务管理系统，还有相当一部分关键技术需要去不断研究和突破。

总结在复杂电子设备数字化车间物流管理系统规划、设计与实施过程中，主要涵盖 3 个方面的关键技术：一是物料分类存储与编码技术；二是智能标识与物流跟踪技术；三是物料精准配送技术。

1）物料分类存储与编码技术

针对数字化车间多样化的来料渠道和混线生产模式，按"线边最小化"原则，对物料仓储区域进行分类布局。物料分类存储方法如表 4-7 所示，设计"外购件、自制件、外协件"的分类模式和"缓存库+线边库+智能料仓"的仓储布局。外购供应链厂家主要提供五金标准件、货架产品，取料频率高、物料体积小，存放在线边智能料仓；企业内部其他部件装配车间主要提供一般自制件，数量多、物料体积适中，分别存放在线边库和缓存库，通过任务预警拉动实现缓存库→线边库的持续补料；外协厂家提供大型结构件，取料频率低、物料体积大，在缓存库中暂存。

表 4-7　物料分类存储方法

来料渠道	取料频率	物料体积	仓储区域
外购件	高	小	智能料仓
自制件	中	中	线边库+缓存库
外协件	低	大	缓存库

以编码为核心，对仓储设施进行准确定义。数字化车间物料种类多、物料形态差异大，根据物流精益理念，设计"缓存库+线边库+智能料仓"的仓储布局，包含"货架+托盘+门架+线缆架+立体仓库"的仓储设施，对每一类设施进行编码规则制定，赋予每个存储货位唯一的身份标识。

2）智能标识与物流跟踪技术

以多种方式对物料进行标记、识别，借助电子标准、RFID、扫码枪等物联网技术实现物料数据的实时采集，建立物料—任务—工序—设备—人员—时间的双向关联表，实现物料→装机要素的正向跟踪和管理要素→物料的反向追溯，根据物料在储和消耗的状态分布，分析车间物料成本、人员工作绩效、生产资源配置等，为车间决策提供支撑。

（1）物料标识。

分析不同仓储设施的物料存放特点，以物联网技术和信息化技术为支撑，分别设计不同的物料识别方法，包括二维码、条形码、电子标签、RFID、现场总线等不同形式，根据物料编码规则，系统自动将识别的编码解析生成物料名称、物料数量、所属订单号、物料批次号等关键信息，这些物料信息与任务订单、工序计划等信息集成关联，实现物料精准调度与配送。

（2）数据采集。

基于 WMS 与 ERP 系统、MOM 系统数据融合，以及物料、仓储设施的编码、标识规则，对生产过程中物料从入库、存储到出库、生产流转直至成品入库的全过程进行状态采集与跟踪管理，实时掌握物料所对应的存储货位、在制品位置、工序状态、装配队列、作业工位、操作人员等信息。数据采集的手段主要包含两种：一种是通过系统接口直接读取物料工序、订单等信息；另一种是通过 RFID、扫码枪等形式感知物料基础信息、物料出入库信息。

通过建立物料数据库，对采集的数据进行保存和预处理，为数据分析决策提供支撑，主要包括三大数据库：物料条码数据库、仓储设施数据库及物料状态数据库。建立物料条码数据库，对物料的基础属性（如颜色、尺寸、重量、供应商、采购批次、数量、自制件或外购件等）进行管理和维护；建立仓储设施数据库，对库区的基本属性（库区类型、尺寸规格、货位编码、作业工位等）进行管理和维护；建立物料状态数据库，对生产全流程中物料要素（物料状态、出入库时间、装配订单、作业工位、操作人员、装配质量等）进行管理和维护。

（3）数据分析。

运用六西格玛思想，采取 SPC 技术，对物料数据进行分析处理。通过对生产过程物料数据的实时统计分析，动态监控物料应用波动情况、判断工序装配质量的稳定性，为车间物料调度和配送提供有力保障。将 SPC 技术与信息技术集成，通过自动获取采集到的数据，实时生成控制图，形成及时反馈系统。根据控制图信息，车间库管人员可快速掌握生产线的物料使用情况，并依据波动信息，结合质量看板，分析异常波动因素并制定措施，使脉动式装配很快得到稳定，避免产生长时间的物料等待。

数据分析的具体措施包括对物料状态数据库进行筛选、统计和分析，建立物料库存表、物料消耗表、物料配送匹配表、物料装配质量表等，并以可视化形式展现；建立物料—任务—工序—设备—人员—时间的双向关联表，由物料→装机要素进行正向追溯，由管理要素→物料进行反向追溯；研究物料管理与车间运营管理的集成技术，根据物料在储和消耗的状态分布，分析车间物料成本、人员工作绩效、生产资源配置等，为车间决策提供支撑。

3）物料精准配送技术

通过构建物料感知、传输、决策、反馈等能力，实现复杂电子设备数字化车间内物料配送任务的实时规划和调度，实现基于工位任务的拉动式精准配送。

基于物料、仓储设施、配送设备等基础要素编码规则，采用多源数据感知技术，实现对物料、设施、设备的智能标识和感知，能够被数字化车间内各个区域的网络终端识别，最终通过网络通信技术实现车间内物料基础信息的互联与共享。

物料精准配送系统如图 4-20 所示，基于物料基础信息的互联和共享技术，结合工序任务，对物料资源分布和配置进行实时感知。以实时传递的物料有效信息为模型输入，通过模型运算解出基于实时感知信息驱动的物料配送计划，包括配送时间、配送路径等，基于生产扰动驱动的快速响应及调度技术、实时网络通信技术，对物料配送任务进行下达和执行，实现车间物料的统筹管理。

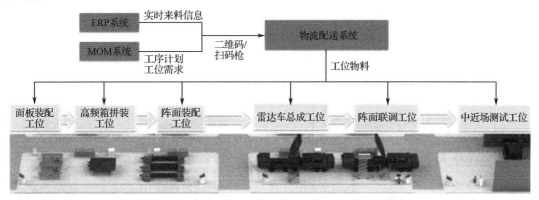

图 4-20　物料精准配送系统

4.4　应用场景及案例

4.4.1　自动化立体仓库

在数字化车间的智能仓储与配送过程中，自动化立体仓库是重要的一环。自动化立体仓库一般指由高层货架、物料搬运设备、控制和管理设备及公用设施等部分组成，并用自动化搬运设备进行货物出库、入库作业的仓库。自动化立体仓库能够提高仓库管理的效率及准确性，为企业提供更加准确全面的物流信息。随着现代企业规模化、集约化生产的不断发展，自动化立体仓库日益成为企业内部物流不可或缺的组成部分，成为衡量企业物流运作与管理水平的重要指标。近年来，自动化立体仓库在我国得到了迅速发展，已在烟草、医药、制造、商场、军工等众多行业领域得到普遍应用，作为现代物流管理系统重要的组成部分，有着广阔的市场前景。

自动化立体仓库单位面积的存储量是普通仓库的 5～10 倍，通过高层货架存储货物，可以充分利用仓库空间，相对于传统仓库大大节省了占地面积，提高了空间利用率。同时，由于使用机械化和自动化设备，货物处理速度快，提高了劳动生产率，有效降低了操作人员的劳动强度。另外，随着自动化立体仓库不断高效发展，除传统仓库的基本功能外，自动化立体仓库还具有自动分拣、理货的功能，可以达到从未有过的处理速度和运转速度。自动化立体仓库还集成了现代物流输送设备、自动控制系统、现代物流信息采集系统、计算机网络与管理信息系统等高新现代物流技术，能够将信息流与物流进行有机结合，从而全面提高企业的综合物流能力。

某复杂电子设备组件制造车间物流流程示意图如图 4-21 所示，通过建设四层楼高的自动化立体仓库实现 T/R 组件从物料至筛选、成品出入库的全过程控制。具体物流流程为：产品物料进入车间后经一楼库房齐套分料，将分料后的物料经自动化立体仓库传输至相应楼层，再经过平面物流输送线直接定点传输至目的工位。

某复杂电子设备组件制造车间自动化立体仓库如图 4-22 所示，该自动化立体仓库主要包括仓储功能和传输功能，分为总存储库和暂存库，其中总存储库实现对短周期（一周内）的物料存储、半成品、成品存储及空工装板的存储，并实现对楼层间物流传输的中转。暂存库实现对提前一天的物料、半成品的存储、空工装板的暂存。它能够实现复杂电子设备核心组件物料总存储库入库（转库）、生产线接送料、工位线送料、流水作业转序、半成品出入库、成品出入库、异常状态处理等。

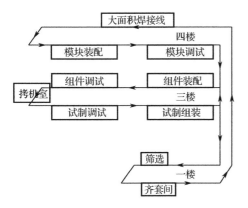

图 4-21　某复杂电子设备组件制造车间物流流程示意图　　图 4-22　某复杂电子设备组件制造车间自动化立体仓库

4.4.2　自动化调度与配送

自动化调度与配送是围绕制造企业数字化车间所进行的原材料、零部件的供应配送以及各生产工序上的生产配送。物料配送的理想状态是各个工位都能及时得到所需的物料，工位线边库存不堆积、不缺料，物料不合格时能及时更换。

自动化调度与配送是典型的"货到人"配送模式。从所需拣选设备来看，"货到人"配送模式存储设备主要包括水平/垂直旋转自动化仓库、单元负载自动化仓库以及穿梭板式自动化立体仓库，搬运设备主要利用堆垛机、传输线和 AGV 等。一个完整的物料调度与配送系统通过自动化立体仓库实现物料的自动存储，库边输送设备、分拣设备以及条码识别技术实现物料的自动分拣配餐，再通过 AGV、转运料架实现物料自动搬运到生产工位，整个系统通过 WCS、MES、AGVS 等软件的紧密配合，实现物流信息的无缝衔接。

对基于 AGV 的"货到人"拣选控制系统，其中央控制系统是实现系统操作的关键和核心。通过中央控制系统能够向 AGV 下达作业指令，AGV 调度控制系统结合 PTL 系统、物流配送载具可以有效地保证数字化车间线边物料的柔性化供应，并将出货频率较高的或者取货次数比较频繁的货品自动分配给距离拣选作业平台较近的存储单元，更加准确、快速地响应物料需求，减少备料和配送时间，降低生产成本，提高生产效率。

基于 AGV 的"货到人"拣选控制系统主要包括管理网络和控制网络两大部分，如图 4-23 所示。其中，管理网络和监控系统设计采用 RS485 总线协议，控制网络则应用 PLC 技术进行单机的控制以及实现系统各设备之间的连接。"货到人"拣选控制系统中一个重要的组成部分为 AGV 调度系统，主要实现对 AGV 取货、在仓库内的移动以及货品出入库的管理进行控制，当订单信息被输入到计算机管理系统后，相关信息通过以太网输送至 AGV 监控计算机以及管理的控制计算机。

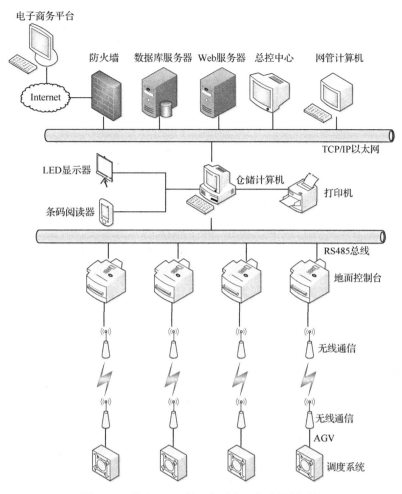

图 4-23　基于 AGV 的"货到人"拣选控制系统

4.4.3　实施案例

以某复杂电子设备总装车间为例，介绍基于离散型制造的密集库建设思路与实施案例。

1. 现状分析

该复杂电子设备总装车间原有线边库存区域狭小，存储物料品种多、数量大，导致线边库存物料摆放凌乱、分拣困难、耗时耗力、管理效率低下，不能满足总装生产线自动化、数字化、智能化管理要求，严重影响总装生产节奏。随着某型设备批产产量增加，如果不及时进行库存建设，则该车间仓库将出现满库无法继续存储的问题，将大幅度增加物料齐套、分拣时间，进而拖延总装生产进度。

为满足车间物料快速精准配送的需求，保障设备批产稳定有序进行，需要配套研制符合复杂电子设备批产的总装车间自动化密集库。

2. 主要功能和性能指标

根据复杂电子设备研制特点及车间后续发展需求，设计的自动化密集库具备如下主要功能。

（1）物料存储功能：可以满足车间现有各种形状零部件存储。

（2）物料自动入库、出库功能：物料出入库实现自动化操作，即工作人员使用计算机控制设备自动运行，直接提取、存放物品。

（3）高效智能管理功能：配置条形码扫描功能，实现货物的储量、批次、库存位置等相关信息实时查询、显示；实现按工位物料的出库管理、配送；实现库存短缺时，系统自动提示补充；配置身份识别，实现每一次出入库的物料、人员可追溯。

（4）系统集成功能：具备网络端口，实现和 WMS、ERP、VDS 等系统集成。

（5）人机交互功能：操作界面采用图文并茂的液晶触摸显示屏，采用可视化、图表化反映货位和货物的信息。

基于批产产量和规格，自动化密集库主要设计技术指标如下。

（1）外观尺寸：15m（长）×10m（宽）×4m（高）。

（2）存货量：尺寸大于或等于 1200mm×500mm×120mm 的料箱数量不少于 200 个，尺寸大于或等于 600mm×500mm×120mm 料箱数量不少于 400 个，料箱单个承重不低于 100kg。

（3）单件自动化存货/取货平均时间为 30s。

3．方案设计

为满足不断增加的某型设备批产需求，在该总装车间建设有某型复杂电子设备总装脉动生产线，生产线设置 10 个主线工位。复杂电子设备总装车间布局示意图如图 4-24 所示。

图 4-24　复杂电子设备总装车间布局示意图

通过对该型设备结构进行分析可知，单台套设备总装涉及物料种类近百种（不包括紧固件、连接器等），基于标准料箱规格和物料尺寸，将所有物料分为两类，分别对应两种尺寸货位：组件、综合层等小型零部件，存放于尺寸不小于 600mm×500mm×120mm 的料盒中；底座、辐射单元、冷板等细长条类零部件，存放于尺寸不小于 1200mm×500mm×120mm 的料盒中。

综合考虑存储量、存储效率等，库存管理设备采用自动化密集库形式，实现 100%零部件的自动存取。

从库存管理设备中自动拣选的物料，通过 AGV 实现对每个装配工位物料的精准配送。库存管理设备运行流程如图 4-25 所示。

4．密集库系统构成

复杂电子设备数字化车间密集库建设效果示意图如图 4-26 所示。其设备主要由货架、

MINILOAD 堆垛机、称重检测设备、自动存取口、料盒、AGV 及控制系统等部分组成，设备组成及功能如表 4-8 所示。

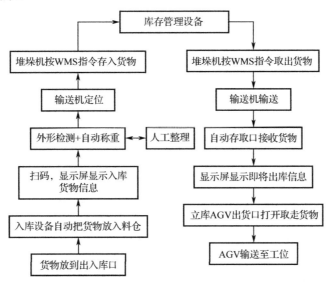

图 4-25 库存管理设备运行流程

图 4-26 复杂电子设备数字化车间密集库建设效果示意图

表 4-8 设备组成及功能

序 号	设 备 名 称	数 量	功 能
1	货架	1	存放料盒
2	MINILOAD 堆垛机	2	自动存取料
3	称重检测设备	2	对入库物料进行称重
4	自动存取口	4	将物料从库内自动送到库外
5	料盒	不少于 600	存放零部件
6	AGV	1	实现装配工位物料按需精准配送
7	控制系统	1	整个库存管理设备的控制

（1）货架。

货架采用牛腿式，用于存放不同尺寸的料盒，料盒存放货位数量不少于 600 个，单个货位承重不低于 100kg，主要材质采用 Q245 型钢，整体喷漆，采用膨胀螺栓/化学螺栓和地面相连。

（2）MINILOAD 堆垛机。

MINILOAD 堆垛机用来实现物料的快速自动存储、自动捡料。该堆垛机采用单立柱、直轨、单伸的结构，载货尺寸覆盖 1200mm×500mm×120mm、600mm×500mm×120mm 两种料盒，额定承载 120kg，水平行走最大速度为 120m/min，垂直提升最大速度为 30m/min，货叉伸缩最大速度为 30m/min。

（3）称重检测设备。

称重检测设备用来对入库物料进行称重，结构集成在物料入库的滚筒式倍速链下，实现物料入库自动检测，检测数据记录。

（4）料盒。

料盒尺寸分为两种：不小于 600mm×500mm×120mm 的料盒数量不少于 400 个；不小于 1200mm×500mm×120mm 的料盒数量不少于 200 个。料盒采用塑料材质，内含活动隔板，可以根据需要将料盒分成多个空间，存储不同零部件。

（5）AGV。

AGV 选用举升式，额定载荷为 200kg，导航方式采用二维码导航，行走速度为 18～60m/min。AGV 具有前进、后退、自旋等功能，带有障碍物传感器和防撞机构，可以防止碰撞等安全事故发生。采用接触式方式与库或其他信息系统进行信息交换，满电连续工作时长不小于 4h。

（6）控制系统。

库存管理设备自带仓储控制系统（WCS），对上与 WMS 仓库管理系统业务集成，对下协调各种设备之间的动作，实现整个库存管理设备的控制管理。控制系统通过人机交互显示屏，实时显示货物的储量、批次、库存位置等信息，实现按工位物料的入库、出库、配送管理；实现库存短缺时，系统自动提示补充。另外，控制系统配置身份识别，实现每一次出入库的物料、人员可追溯。

5. 建设成效

通过建设自动化密集存储库，该复杂电子设备总装车间物料存储容量和管理效能大幅提升，主要在自动化、空间利用率、管理效能以及安全性等方面取得显著成效。

（1）自动化：设备全自动化操作，存取货物方便快捷，是"货到人"，而不是"人找货"，存取效率最高可达 180 托/小时，节省物料存取时间 80%。

（2）空间利用率：空间利用率高，能够在空间窄小的情况下，充分利用现有空间长度，存储物料数量翻番。

（3）管理效能：全方位多元化管理，当低于最小库存量时，系统会自动提示补充，因而不会出现库存短缺现象；实时查询货物的储量、批次、库存等相关信息，系统配置条形码扫描功能，使存取货物等工作简单快捷，大大提高了工作效率。

（4）安全性：安全可靠，设备采用优质钢板全封闭外壳设计，使存储的物品防盗、防尘、防强光、防损坏等。

4.5 发展趋势

国务院发布的《"互联网+"行动指导意见》，提出"互联网+高效物流"的概念，其核心是以互联网、物联网为代表的物流信息化，借助多种现代信息技术，包括无线射频识别技术、互联网、全球定位系统、传感器及云计算技术等，实现货物配送的自动化、信息化和网络化。

"互联网+高效物流"使仓储配送管理的过程、内容和方式产生巨大变化。首先，物流设备更加智能化，将智慧物流技术更广泛地应用于物流基础设施的识别，通过在仓库内部安装读写装置，实现自动化的入库、出库、盘点，以及物流交接环节中的网络信息采集。其次，仓储配送过程更加可视化。通过互联网，无论是配送中心，还是工厂端，都能够方便地进行远程操作和监控。物流信息通过局域网实时上传至 WMS，并与互联网进行连接，完成信息交换和通信。最后，制造业、物流业等各行业的成本大大降低。一些关键技术如物体标识及标识追踪、无线定位等新型信息技术的应用，能够有效实现物流的智能调度管理、整合物流核心业务流程，加强物流管理的合理化，降低物流消耗，从而减少流通费用、增加利润。

　　智能物流管理系统（IWMS）和智能运输设备将分别成为"互联网+高效物流"软件端和硬件端的核心产品。智能物流管理系统将以云服务的形式实现物流服务新模式，在网络技术的支持下，通过物流云服务平台为客户定制和提供安全、高效、优质廉价、灵活可变的个性化物流服务。智能运输设备向上能接收物流管理系统的指令，向下能智能地将货物转运到目标仓库。每台智能运输设备都能独立思考，在转运的过程中需要与哪些设备联网通信、遇到障碍物如何处理等问题都能智能独立处理。

　　工业 4.0 的核心在于智能化，无论是信息技术与制造业的深度融合，还是数字化产品与服务模式的创新，其核心是智能制造与智能供应链。而新一轮产业变革的关键就是打造智能产业与智能供应链体系。这种"自上而下"的新的生产模式革命，不但可节约技术创新的成本与实践，还有培育新市场的潜力与机会。智能物流管理系统从生产过程的海量数据中提取有效信息，提供多视角、全方位、立体化、有预测性的数据，挖掘潜在信息，满足多种需求，为决策提供依据。智能物流管理系统突破了传统物流系统的瓶颈，是物流产业发展的重要方向之一，随着人工智能与信息技术的不断成熟和进步，智能物流管理系统将承担更大的社会使命。

第 5 章

大数据可视化与分析决策

大数据可视化与分析决策包含两个层次的内涵，即大数据可视化和大数据分析决策，二者之间相互关联，都基于工业大数据，对复杂电子设备数字化车间生产运营状态展示和管理决策的支持，实现数字化车间运营的透明化、可视化和智能化。基于上述理解，本章针对复杂电子设备车间生产组织和管理的要求，从车间大数据可视化和分析决策的特征、实施步骤、关键技术、系统架构、应用场景分别进行了介绍，最后通过典型案例介绍了大数据可视化与分析决策在复杂电子设备车间应用的情况和成效。

5.1 大数据可视化与分析决策概述

5.1.1 大数据可视化与分析决策定义

1. 数字化车间大数据

随着移动网络、云计算、物联网等新兴技术的迅猛发展，全球数据呈爆炸式增长，标志着大数据时代的到来。对于大数据，维基百科对大数据的定义是：无法在一定时间里用常规的软件工具对内容进行抓取、管理和处理的数据集合；麦肯锡咨询公司对"大数据时代"的定义是：数据已经渗透当今每一个行业和业务职能领域，成为重要的生产因素。简而言之，大数据就是超越了传统 IT 技术和数据库软件处理能力的海量数据。而大数据时代的到来，也在不知不觉中改变着我们的生活方式和思维方式，而它对企业产生的影响也更为深远。过去技术水平和财力是衡量一家企业竞争力的主要标准，而现在企业对大数据的应用程度也成为提升企业竞争力的主要手段。

对于传统的制造业而言，数字化车间大数据是指从制造车间生产现场到制造车间运营所生产、交换和集成的数据，包括所有与制造相关的业务数据与衍生信息，相对于其他行业大数据，制造业大数据大量集中于工业设备所产生、采集和处理的数据，包括生产计划执行、物料、工艺参数、环境等；并随实物产品的不断生产、检测、调试，生产数据不断地产生，随着时间推移呈几何量级增加；它是制造企业中具备海量、增长率高、多样化特征的信息资产，广泛存在于制造车间各类应用系统，如企业资源计划（ERP）系统、制造运营管理（MOM）系统或制造执行系统（MES）、数据采集与监控（SCADA）系统、仓储管理系统（WMS）、仓储控制系统（WCS）等。相对于其他行业的大数据，制造业大数据针对企业内部的业务流程、业务需求而采集存储，具有较强的企业特色，需要针对企业内部管理需求，为制造车间提供适配性更高的问题发现能力、实时决策能力和流程优化能力，正因为制造大数据与具体的物理实体有着一一对应的关系，所以也是车间信息系统与物理系统彼此交互的桥梁。

2. 大数据可视化

可视化是一种表达数据的方式，用图形去讲述数据的故事，是现实世界的抽象表达。

可视化技术是利用计算机图形学和图像处理技术，将数据转换成图形或图像在屏幕中显示出来，并进行交互处理的理论、方法和技术，成为研究数据表示、数据处理、分析决策等一系列问题的综合技术，包含科学可视化、信息可视化和数据可视化三个层次，实现信息记录、分析推进、抽象、展示隐含信息、证实假设、交流思想等作用。大数据可视化是指将结构或非结构数据化转换成适当的可视化图表，将隐藏在数据中的信息直接展示于人们面前，其转换过程如图 5-1 所示。

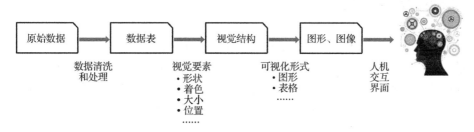

图 5-1　大数据可视化的转化过程

在大数据时代，企业管理人员需要充分挖掘大数据中所蕴含的价值，将其转化成企业管理的有效资源，并依此制定更准确的决策，为企业发展带来持续不断的竞争力。现阶段，人们都隐约知道大数据的价值性很高，但具体到如何充分挖掘大数据中所蕴含的价值、如何高效利用这些价值、如何保证信息安全，尚未有明确的做法，企业也由此陷入困境。

车间管理过程中运用各种图表形式、基于一定的规则来表达生产信息统计的结果，数据源于管理系统中的信息，如计划完成率、计划进展情况、物料齐套情况等，仅是数据统计汇总、分类的一种展示方法。随着生产哑设备的逐步消除以及数据采集手段的不断增加，生产数据被不断获取，数据种类、数据来源、数据量级越来越多，对数据的处理、分析的要求也越来越高，也就越来越便于发现大数据背后隐藏的规律。

3. 数字化车间分析决策

决策是人们为实现某一特定的目标，在有一定的信息、经验或知识的基础上，根据主客观条件的可能性，提出各种可行方案，采用一定的科学方法和手段，对解决问题的方案进行比较、分析和评价，并最终进行方案选择的全过程。从本质上讲，决策通常是目标驱动的行为，是目标导向下的问题求解过程。大数据决策便是以大数据为主要驱动的决策方式。随着大数据技术的发展，大数据逐渐成为人们获取对事物和问题更深层次认知的决策资源，特别是人工智能技术与大数据的深度融合，为复杂决策的建模和分析提供了强有力的工具。

数字化车间分析决策就是基于生产大数据，分析生产过程中存在的变动、异常等信息，实现基于多目标、多约束的生产管理决策支持，如通过设备有效运行时间，准确地预测设备维修保养的时间；通过生产时间的采集，进一步修正计划执行的准确性；通过工艺参数的采集和分析，应用 SPC 工具，实现产品质量态势的预测。

决策支持系统（Decision Support System，DSS）是辅助决策者通过数据、模型和知识，以人机交互方式进行半结构化或非结构化决策的计算机应用系统。它是管理信息系统向更高一级发展而产生的先进信息管理系统。它为决策者提供分析问题、建立模型、模拟决策过程和方案的环境，调用各种信息资源和分析工具，帮助决策者提高决策水平和质量。智能决策支持系统（Intelligent Decision Support System），是以管理科学、运筹学、控制论和行为科学为基础，以计算机技术、仿真技术和信息技术为手段，针对半结构化的决策问题，支持决策活动的具有智能作用的人机系统。

数字化车间分析决策系统能够为决策者提供所需的数据、信息和背景资料，帮助明确决策目标和进行问题的识别，通过人机交互功能进行分析、比较和判断，为正确的决策提供必要的支持。它通过与决策者的一系列人机对话过程，为决策者提供各种可靠方案，检验决策者的要求和设想，从而达到支持决策的目的。

5.1.2 国内外发展现状

大数据可视化与分析决策系统作为搭建数字工厂的重要组成部分，为用户构筑数字化管理平台，可以实时、直观呈现生产系统的人员、设备、物料、环境及运营等方面的信息，辅助管理人员进行业务管理和决策；通过场景虚拟重现，实时数据三维可视化呈现，实现对系统科学、有效的管理，从而达到降本增效的目的，其实用价值不言而喻，国内外均开展了深入的研究与应用。

1. 大数据可视化技术发展现状

数据可视化并不是新兴技术，其发展史起源可以追溯到 20 世纪 50 年代计算机图形学的初期。当时人们就可以利用计算机把复杂的数据整理成规则的表格，构建出了首批图形图表，这是第一代的数据可视化；而数据可视化这一概念自 1987 年正式提出，经过 30 余年的发展，逐渐形成科学计算可视化（Scientific Visualization）、信息可视化（Information Visualization）和可视分析（Visual Analytics）3 个分支，近些年来，这 3 个分支也出现了逐渐融合的趋势。

伴随着互联网、计算机技术和人才方面的快速发展，各式各样的数据可视化呈现在人们的眼前。伴随着近几年来大数据备受关注，互联网端数据分析类产品逐渐兴起，企业通过早些年 IT 系统建设后累积了大量数据，包含业务数据、用户数据及其他第三方数据。这些数据对企业很有价值，探究和分析的意愿强烈，被更广泛运用到各个行业中。

可视化技术与数据挖掘有着紧密的联系，数据可视化可以帮助人员洞察数据背后隐藏的潜在信息，实现用户与数据的交互，提高数据挖掘的效率。在大数据时代，大规模、非结构化数据不断涌现，要将这样的数据以可视化形式完美地呈现出来，传统的二维数据展示已很难满足更多的需求。所以需结合数据实时渲染技术、空间数据可视化技术，实现数据实时图形可视化、场景化及实时交互，通过三维虚拟现实让用户更为便捷地进行数据的理解和空间知识的呈现，应用于指挥监管、视景仿真及三维交互等诸多领域。

2．大数据分析决策技术的发展现状

从静态决策到动态决策、从单人决策到群体决策、从基于小规模数据分析的决策到基于大数据知识发现的决策，决策理论与方法已经发生了巨大的变化，基于大数据的分析决策逐渐成为新时代决策应用的新生力量。大数据分析决策就是用智能计算方法对大数据进行智能化分析与处理，从中抽取结构化的知识，进而对问题进行求解或对未来做出最优判断的过程。该过程需要满足大数据决策在不确定性、动态性、全局性及关联性上的分析需求。

在面向大数据的分析决策应用中，关联分析为问题假设的初步分析以及正确数据选择提供必要的判定与依据，它既是一个重要前提，也是一种必要的分析手段；不确定性是大数据分析决策的显著特征，同时也是大数据智能分析决策研究的重点与难点；大数据分析决策的动态性决定了大数据知识动态演化的重要性，如何有效利用数据的增量性同样是大数据智能分析决策研究的关键点；大数据分析决策追求的全局性，要求大数据智能分析决策能够将多源信息进行融合与协同以消除信息孤岛。智能分析决策支持系统是智能分析决策方法的载体，随着大数据应用的普及，智能分析决策支持系统的发展也是大数据分析决策领域备受人们关注的研究方向。

自从 20 世纪 70 年代决策支持系统概念被提出以来，决策支持系统已经得到了很大的发展。1980 年，Sprague 提出了决策支持系统三部件结构（对话部件、数据部件、模型部件），明确了决策支持系统的基本组成，极大地推动了决策支持系统的发展。

20 世纪 80 年代末至 90 年代初，决策支持系统开始与专家系统（Expert System，ES）相结合，形成智能决策支持系统（Intelligent Decision Support System，IDSS）。智能决策支持系统既充分发挥了专家系统以知识推理形式解决定性分析问题的特点，又发挥了决策支持系统以模型计算为核心的解决定量分析问题的特点，充分做到了定性分析和定量分析的有机结合，使得解决问题的能力和范围得到了极大的发展。智能决策支持系统是决策支持系统发展的一个新阶段。20 世纪 90 年代中期出现了数据仓库（Data Warehouse，DW）、联机分析处理（On-Line Analysis Processing，OLAP）和数据挖掘（Data Mining，DM）新技术，DW+OLAP+DM 逐渐形成新决策支持系统的概念，为此，我们将专家系统称为传统决策支持系统。新决策支持系统的特点是从数据中获取辅助决策信息和知识，完全不同于传统决策支持系统用模型和知识辅助决策。传统决策支持系统和新决策支持系统是两种不同的辅助决策方式，两者不能相互代替，而应该是互相结合。

把数据仓库、联机分析处理、数据挖掘、模型库、数据库、知识库结合起来形成的决策支持系统，即将传统决策支持系统和新决策支持系统结合起来的决策支持系统是更高级形式的决策支持系统，称为综合决策支持系统（Synthetic Decision Support System，SDSS）。综合决策支持系统发挥了传统决策支持系统和新决策支持系统的辅助决策优势，实现更有效的辅助决策。综合决策支持系统是今后的发展方向。

知识经济时代的管理——知识管理（Knowledge Management，KM）与新一代 Internet 技术——网格计算，都与决策支持系统有一定的关系。知识管理系统强调知识共享，网格计算强调资源共享。决策支持系统是利用共享的决策资源（数据、模型、知识）辅助解决各类决策问题，基于数据仓库的新决策支持系统是知识管理的应用技术基础。在网络环境下的综合决策支持系统将建立在网格计算的基础上，充分利用网格上的共享决策资源，达到随需应变的决策支持。

3．大数据可视化与分析决策的国内外应用现状

以西门子安倍格工厂、施耐德电气、雷神等公司为代表的国外先进制造业都开展了数字化车间建设，利用大数据、人工智能、3D 等数字化技术构建了基于生产大数据的可视化与分析决策系统，实现在生产运营的数字化展示，有力支撑了数字化车间的透明化管理。

在西门子安贝格工厂（SMART Factory，见图 5-2）将先进的信息技术整合到工厂自动化中，通过 PLM、MES 和工业自动化技术的集成，实现产品设计、生产的全集成自动化；通过硬件与软件、工业通信、网络安全与服务以最优化的方式相互协调，实现构建了基于 SIMATIC 的生产过程管控中枢，应用高级排程和生产计划调度功能实现基于生产计划优先级和生产约束条件的物料与资源的调度与组织，应用电子看板实现生产过程监控人，确保准时生产。此外，工厂还应用了人工智能和工业边缘计算等突破性技术及云解决方案，在 PCB 生产过程，由人工智能控制的模型为 PCB 生产提供可靠信息，预测 PCB 上的焊接接头是否存在故障，判断是否需要对 PCB 进行最后阶段的检测，并借助闭环分析，将这些数据立即反馈到生产中，助力实现高度灵活且高效可靠的生产程序。

图 5-2　西门子安倍格工厂

入选世界灯塔工厂的大多数企业都建设了企业物联网，实现了基于生产大数据的生产过程管控、设备运行状态监控、质量控制等应用。

莱克星顿的施耐德电气为了更清晰地了解工厂能耗的分布、时间和环节，采用了物联网技术及电表和预测分析技术，将能耗降低了 26%，将二氧化碳净排放量降低了 30%，将用水量降低了 20%，并获得了美国能源部卓越能效计划 50001 认证。而施耐德电气在中国无锡的电子部件工厂拥有 20 多年的历史，为了应对日益频繁的生产更改和订单配置需求，建立了灵活的生产线，综合采用了模块化人机合作工作站、人工智能视觉检测等技术，将产品上市时间缩短了 25%，并利用先进分析技术自动分析问题根源和检测整个供应链中的异常情况，将准时交货率提升了 30%。

爱立信 5G 绿地工厂（刘易斯维尔）百分百采用现场太阳能装置提供的可再生电力，为公用电网提供绿色认证可再生电力；通过综合采用储热/冰罐等可持续技术和工业物联网技术栈，积极监测能耗情况，旨在将能耗降低 24%，将室内用水量减少 75%，并在同类建筑物的基础上，将运营过程的碳排放量减少 97%，成为爱立信在全球范围内首个获得 LEED 金级认证的工厂。

汉高公司（杜塞尔多夫）为了进一步提高工厂能耗透明度并改善相关决策的准确性，在机器上安装了公用事业电表，并纳入数字孪生技术方案，实现了 30 个工厂设备互联和数据比对，便于实时采取可持续行动，从而将每千瓦时的能耗吨数降低了 38%，每立方米的用水吨数降低了 28%，每千克产品浪费的能源吨数在 2010 年的基础上降低了 20%。

通用电气公司（GE）以云为基础的架构在云中开发与操作、设备的智能连接、工业互联网与车间控制系统的连接集成，通过传感器主动监测飞机引擎的温度、压力和电压等数据并进行分析，提高了 1%的燃油效率，每年可为航空业节省 20 亿美元。

在国内，中科院撰写的《中国至 2050 年先进制造科技发展路线图》指出："随着工业无线网络、传感器网络、无线射频识别、微电子机械系统等技术的成熟，人们由现在对制造设备与制造过程的'了解不足'，向三维空间加时间的多维度、透明化泛在感知发展，这也成为新一代先进制造技术发展的核心驱动力。"国家自然科学基金委员会发布的《机械工程学科发展战略报告（2011—2020）》中指出，高精度数字化制造技术的发展依赖制造过程的数字化描述、工艺参数对产品性能的影响规律、制造过程中物质流、信息流、能量流的传递规律与定量调控等方面的基础研究，并且指出了大数据制造行业发挥的巨大作用。

国内自 2015 年以来，各行业都建成了数字化示范车间，在生产过程可视化、基于大数据的质量决策支持、设备健康管理等方面开展了大量的应用与尝试。

海尔胶州空调互联工厂依托 COSMOPlat 平台，应用数字化生产大数据系统集成各工厂计划量、完成量、完成率、节拍、小时产量等并实时可视，动态分析，实现线体、工厂、平台数据同源海尔空调产业生产大数据总览如图 5-3 所示；构建掌上工厂（见图 5-4），通过到线体重点工序的实时影像可视，实现对生产过程的状态的远程监测，以及关键工序操作工艺追溯；同时增加手机移动可视，实现全数字化多场景智慧运营，工厂运营效率提升 50%。

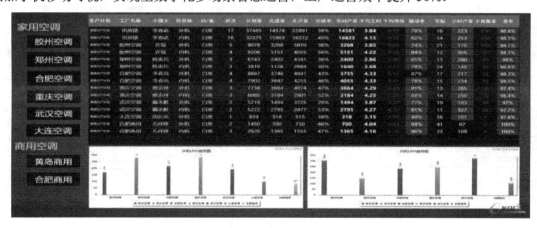

图 5-3 海尔空调产业生产大数据总览

图 5-4 掌上工厂

商用飞机有限公司、奇瑞汽车、中电十四所等企业利用 3D 技术，虚拟化生产情景，将三维化的虚拟情景和真正数据信息紧密结合，提升技术管理人员对生产过程的三维空间认知；为生产系统的计划管理、资源管理、设备运行状态等多维度的三维展示环境，实时对产品生产周期时间内的全线监控和追踪，提升生产系统的运作水准。商用飞机有限公司透明工厂平台如图 5-5 所示。

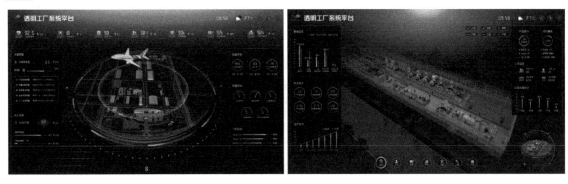

图 5-5　商用飞机有限公司透明工厂平台

通过工业物联网，构建企业级的工业互联网平台，将各种各样的监控器数据信息融为一体，实现多数据源接入，更有利于分析数据规律，预测发展趋势，为决策人员提供数据分析结果。数字化手段的应用，多种可视化的展示效果，使展示效果更加友好、美观，使用更加简便；而多终端查看的方法，可不受地域空间限制，移动端、PC 端等多终端都可查看数据结果，更为方便灵活，适应不同场景下的应用。奇瑞汽车工业互联网平台如图 5-6 所示。

图 5-6　奇瑞汽车工业互联网平台

三一重工利用大数据技术通过对地理位置数据的关联分析发现泵车主油缸故障与沿海地区杭深高铁建设的强相关性，确定了沿海地区盐雾环境和水质量是导致油缸密封体腐蚀的主要原因，三一重工大数据分析图如图 5-7 所示。

图 5-7　三一重工大数据分析图

5.1.3　面临的挑战

大数据可视化与分析决策支持技术在各行各业得到普遍应用，覆盖产品研发、生产制造、综合保障和经营管理等产品全生命周期主要环节，企业大数据应用如图 5-8 所示。但在数字化车间运营管理领域的应用需求和应用场景仍需要进一步挖掘，依然面临一些挑战。

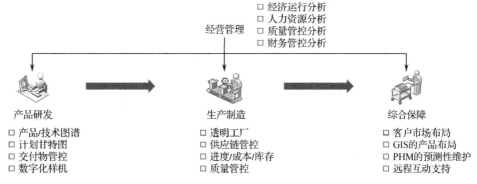

图 5-8　企业大数据应用

1．缺乏满足多场景决策所需的信息系统，是车间面临的首要挑战

在大数据时代下，数字化车间决策信息的采集与分析、决策方案的制定与选择均会受到错综复杂的环境因素影响。数字化车间决策支持系统的建设，需要考虑生产管理、质量控制、资源约束等多方面的业务数据特点、展示需求。

2．缺乏完善的数字化车间指标体系，是车间管理面临的重大挑战

当前，很多企业构建了覆盖企业管理、产品制造、综合保障等各个业务环节的应用系统，但缺乏科学完备的决策体系，用来支撑对生产全过程管控。各类管控指标或者散落在相关职能部门，或者还未根据发展需要建立健全相应的管控指标；已有的管控指标在其内涵、计算方式、数据收集渠道、分析方法等方面还存在诸多不一致问题。迫切需要建立以"全流程、全要素、全数字"为特征的车间运营指标库，实现历史数据的快速跟踪查询和分析。

3．缺乏基于关键指标和分析模型的智能化预警机制，制约了车间运营决策能力的提升

从企业预警分析的监测、识别、诊断、报警几个关键环节来看，很多企业目前存在不少需要着力完善之处：关键的预警指标尤其是事前预警指标还不够系统、不成体系，甚至在一些关键领域缺乏预警指标；在传统工作方式下，不同的部门、不同的人员对同一问题采用不同的预警分析模型，带来不同的甚至是差异较大的预警研判和预警等级；预警分析时效性不够，基于手工模式的预警分析随着经营规模的扩大，其效率、效益面临很大挑战，难以对经营状况进行连续的测定、监视和预先报警，难以及时、有效地展示潜在的风险和危机，做到及时发现及时应对问题。

4．生产过程数据采集的实时性和完整性不足，不能为车间决策支持系统提供有效数据支持

生产过程数据涉及作业执行、物料跟踪、质量控制参数、设备运行状态、人力资源、环境数据等多种类型，包括结构化数据、图形、视频等多种数据类型，但目前复杂电子行业自动化装配程度尚有待进一步提升，实时数据采集的范围有限，尚不能完全覆盖整个制造全过程，数据完整性和数据分析的能力不足，直接影响到生产过程的决策支持。

5.2 大数据可视化

5.2.1 数字化车间大数据特征

通常所说的大数据 3V 特性包括大规模（Volume）、多样性（Variety）和高速度（Velocity），复杂电子设备数字化车间大数据除上述 3 种特性外，还具有其自身制造的特殊性。

1. 数据获取多源性、数据规模大

车间大数据来源广泛且分散，有的来源于产品制造现场数据采集及监控数据，有的来源于企业内部的经营管理数据（如 MOM、ERP、WMS 等系统），有的来源于互联网的客户、供应商数据（如外协 MOM 系统），而制造业数据随着生产、检测、物流设备的增长，以及产能的不断增加长，生产过程中的数据将呈现不断增长的态势。以典型的天线阵面装配测试为例，为了控制装配质量需采集电连接器位置-压力值，一个小型阵面有 5000 个电连接器，每天记录的数据量是数 MB，一台设备一年可采集近 2TB 的数据；每个台套产品的测试数据量可达到 GB 的量级。

2. 数据持续采集、动态时空特征显著

车间大数据来源于工控网络和传感设备，是随着生产过程被实时记录的，与工艺流程、时间节点或时间段有着密切的关联性，具有实时性强、连续性及稳定性要求高等特点，没有时间性的数据对于制造业而言是没有意义的，也不具备数据分析的价值。根据工艺流程，不同的工序采集数据也不尽相同，包括产品 BOM 结构、工艺路线、工艺参数、数控程序、设备运行参数、质量检测数据等，这些数据来自不同的系统、不同的资源，具备完全不同的数据结构。随着视觉检测技术、图像识别技术在产品质量评定、生产过程监控等领域的广泛应用，大量生产过程中的图像等非结构化数据被记录和应用。

3. 数据和实物的关联性强、存在因果关系

制造业产物是一个个的实物产品，每个实物在生产过程中产生了大量的数据，并且只有将生产数据与实物一一对应，才能实现产品质量和服务的可追溯性；而随着智能单元的推广应用，同时采集的数据越来越多，可以在不同的数据应用场景中使用。如一个天线阵面的智能装配单元中可采集 T/R 组件物料编码、压装力、压装位移、紧固力矩、装配位置码、装配开始时间、完成时间、机械臂运行状态、运动的位置等大量信息，为质量分析、设备利用率分析、设备健康管理、工时优化等提供数据支持。

5.2.2 数字化车间大数据分类

数字化车间大数据来源于各个设计管理系统和生产作业过程，可按生产组织层级、数据结构形式等多个维度进行分类。产品生产过程数据来源如图 5-9 所示。

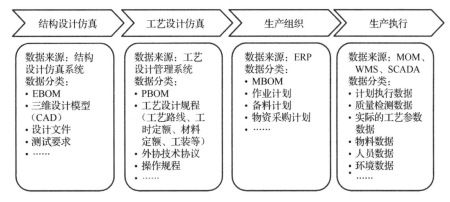

图 5-9　产品生产过程数据来源

1. 按生产组织层级

根据生产组织的层级，车间大数据包括车间级数据、产线级数据、单元级数据。

车间级数据：主要指车间的运行整体数据，包括车间计划完成率、设备利用率、一次检验合格率、场地利用率等。

产线级数据：主要指产线运行的数据，包括产线的运行节拍、产线质量数据、当前生产订单、物流数据等。

单元级数据：主要指单元运行的数据，包括生产设备的实时状态数据、运行的工艺参数、执行的工序计划等。

2. 按数据结构分类

根据制造业大数据的类型进行分类，包括结构化数据、半结构化数据和非结构化数据。

结构化数据：一般是用二维逻辑结构来表达的，主要存储在关系型数据库中，在应用过程中大多数先确定数据结构表单以及表单之间的相关性，再记录数据，通常，数据结构表之间的关系不变，单个数据表中可增加字段，扩充记录内容。结构化数据便于数据分析、查询、统计等，如工艺路线数据（工序号、生产单位、工种、工位等）、工艺参数（力矩值、力、位移、温度等）、生产时间等。

半结构化数据：是介于完全结构化数据（如关系型数据库、面向对象数据库中的数据）和完全无结构化数据（如声音、图像文件等）之间的数据，XML、HTML 文档就属于半结构化数据。它一般是自描述的，数据的结构和内容混在一起，没有区分。在系统数据接口方面，除了常用的数据库接口，部分数据也采用 XML 形式进行数据的交换，如工艺设计数据向 ERP 或 MOM 系统发布时，采用 XML 文件传递工艺路线、材料定额、工时等信息。

非结构化数据：是数据结构不规则或不完整，没有预定义的数据模型，不方便使用数据库二维逻辑表来表现的数据，包括图像和音频/视频信息等，如 SMT 产线上焊装的成品拍照后，为基于图像识别的在线检测评估；航天产品生产关键环节的照片是产品生产过程和质量追溯的依据。

5.2.3　车间大数据可视化实施步骤

基于数字化车间运营指标和关注的重点环节，通过可视化需求分析、建立可视化数据池/湖模型、可视化数据处理和分析、建立车间可视化场景，"让数据说话"，真实、直观地反映车间运营情况和实时生产状态。

1. 可视化需求分析

需求分析是车间大数据可视化开展的前提，调研车间可视化的目的、业务目标、业务范围、业务需求和功能需求等内容，明确多维度可视化展示的需求（如车间-产线-单元、计划-质量-物料-资源-人等）、各个板块展示的数据分类（如计划完成率、物料齐套率等统计数据，计划执行工序、当前设备运行状态等实时数据）、车间模型需求（如厂房建筑等静态模型，设备运行、人行走等动态模型，动态模型与数据之间的关联关系等）、需要发现车间运行哪些方面的规律、人机界面等内容。

2. 建立可视化数据池/湖模型

基于可视化需求分析建立车间可视化数据池/湖模型，包括 ER 模型、关系模型、多维度模型等，根据车间可视化需求存储来源于数据采集系统的生产过程原始数据，为后续各种应用需求提供基础数据。

3. 可视化数据处理和分析

可视化数据处理和分析包括数据抽取、数据处理、数据加载 3 个过程。

数据抽取是指将可视化数据池/湖所需要的数据从各个业务系统中抽离出来，因为每个业务系统的数据质量不同，所以要对每个数据源建立不同的抽取程序，每个数据抽取流程都需要使用数据接口将元数据传送到可视化数据池/湖中。

数据处理是保证抽取的系统数据质量符合可视化数据池/湖的要求并保持数据的一致性；并根据车间可视化的需求，对元数据进行计算、统计或图像处理。

数据加载是按照数据池/湖中各个实体之间的关系将数据加载到目标表中。

4. 建立车间可视化场景

建立车间可视化场景，展示对数据池/湖中数据分析处理后的成果，车间管理人员能够借此从多个角度查看车间的运营状况，按照不同的板块或维度查看车间运营的核心数据，从而做出更精准的预测和判断。

5.2.4　大数据可视化的关键技术

大数据可视化的关键技术主要包括可视化模型的轻量化技术、可视化渲染技术及可视化模型的快速更换技术。

1. 可视化模型的轻量化技术

数字化车间可视化模型具备要素多、数据量大的特点，车间建模的颗粒度直接影响生产过程监控的展示效果、基于模型的动画以及使用者的体验和效果，因此数字化车间可视化模型必须轻量化，并且易于操作。相较于基于 CAD 模型简化要求，因其承载的硬件环境与设计不同，如手机、IPAD、AR 眼镜等，其对模型的轻量化要求更高，基于 CAD 模型高压缩比的轻量转换如图 5-10 所示。因此需要应用具有更高压缩比的模型格式（如 GLF）进行模型轻量化处理，以满足可视化展示需求。

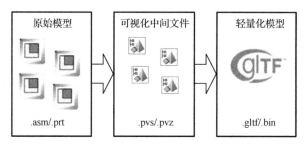

图 5-10　基于 CAD 模型高压缩比的轻量化转换

2．可视化渲染技术

可视化渲染是在三维坐标系中把工作场景逼真地显示出来。在计算机中，三维世界是由坐标系和坐标系的点线面构成的，还包括物体的材质、纹理、光照等信息。这些信息在计算机中由数据表示，不能直接显示在计算机屏幕上。模型渲染就是完成从数据到显示的过程，数字化车间模型渲染流程如图 5-11 所示，就是将数据显示到二维显示平面上，利用光线跟踪技术和辐射度技术使三维模型具有真实感，实现与实际场景的匹配。

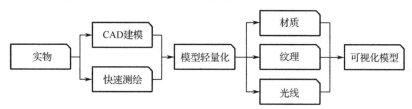

图 5-11　数字化车间模型渲染流程

3．可视化模型的快速更换技术

可视化展示系统中的模型要求与实物的效果越接近越好，往往需要进行模型材质增加、模型渲染、烘焙等处理，因此对模型质量有更高的要求，模型处理工序复杂、周期长，目前尚无一个软件可以实现模型处理的全过程，通过定制化的模型处理功能开展，实现从模型间化—轻量化—增加材质—渲染全过程的管程，达到模型快速生成、快速更换的目的，图 5-12 所示是数字化车间模型快速构建与更换的流程和操作界面。

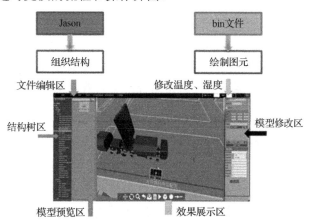

图 5-12　数字化车间模型快速构建与更换的流程和操作界面

5.3 大数据分析决策

5.3.1 基于大数据的分析决策特点

随着大数据应用越来越多地服务于制造业，基于工业大数据自身数据获取多源性、数据规模大、数据持续采集、动态时空特征显著、数据和实物的关联性强且存在因果关系等特点，决定了基于大数据的生产分析决策具备动态时效性、不确定性；而随着生产大数据在质量控制、生产预测等方面的应用，分析决策由基于规则的决策向基于数据的决策转变。

1．大数据分析决策的动态时效性

在生产分析决策过程中的每一步行动都将影响生产的发展进程，并全程由大数据所反映。每个时刻产生的数据都有可能对整个生产过程的计划结果、质量结果产生影响；而随着时间的推移，生产过程会产生计划变更、资源状态调整、生产问题处理等异动，对生产决策过程产生影响，导致大数据分析决策是动态的且具有时效性。

2．大数据分析决策的不确定性

在制造过程中，随着时间的推移，产生了大量生产过程数据，由于制造过程自身的不确定性，如生产实际时间与工时定额时间不吻合、生产过程数据采集的及时性、生产计划的变更等，都对生产过程分析决策带来了不确定的因素；大数据分析决策模型或规则的科学性、合理性，大数据分析算法的合理性，需要人为评估与确认，基于个体认识程度的差异也会给大数据分析决策带来不确定的因素；在大数据分析能力方面，现有的大数据分析处理技术还存在着不足，如多源异构数据融合分析、大数据关联关系分析等方面也给大数据分析决策带来了诸多不确定性。

3．基于规则的分析决策向基于数据的决策转变

在过往的数据分析中，往往通过寻找因果规则进行分析决策；但在大数据时代，提供了一种无须找到事物之间的因果关系，而是通过事物之间的相关关系来实现分析决策的方法。事物之间的相关关系也许不能准确地说明事情发生的原因，但能预测事情的发生；而且相关关系对数据质量的要求较为宽松，在大数据环境下更容易被分析挖掘，以满足生产过程分析决策的需求。在面向大数据智能化分析决策的应用中，相关性分析技术可为正确数据的选择提供必要的判定与依据，同时将其与其他智能分析方法相结合，可有效避免对数据独立同分布的假设，提高数据分析的合理性和认可度。

5.3.2 数字化车间运营指标体系

车间运营的成效通常是通过车间制造系统运营相关的一系列指标来反映的，具有时间变化特性，通过对车间运营大数据的分析，挖掘车间制造系统内部特征和运营机制，建议统一的车间运营指标评价模型，发现车间运营过程中存在的问题和隐含规律。车间运营指标可以从产品、设备、人力资源等不同角度，或者质量、成本、效率、绿色、安全等不同维度进行评价，从而形成数字化车间运营指标体系。

下面以某雷达数字化总装总调车间为例，简要介绍数字化车间运营指标体系。

1．生产产能指标

1）台套完成率

台套完成率是指在一定时间周期（按月度或年度）内交付的雷达生产台套（包括研制、批量生产）总数，反映车间的实际产能。

2）工时总量

工时总量是指在一定时间周期（按月度或年度）内完成报检的工序工时总量，反映车间工作的实际情况。

3）人均工时总量

人均工时总量是指在一定时间周期（按月度或年度）内完成报检的工序工时总量与作业人数的比值，反映车间人员的工作效率。

2．生产效率指标

1）计划完成率

计划完成率是指在一定周期（按月度、季度、年度）内订单计划完成的情况，是否出现计划偏离的情况，反映车间计划执行的精准性。

2）物料齐套率

物料齐套率是指订单所需外购件、自制件、标准件等物料已齐套的种类和数量，与产品装配所需物料的种类和数量的比例。物料齐套率与车间作业是否能准时开展密切相关，对于产线的运行而言，物料齐套率也直接影响到产线是否能够正常运行。物料齐套率直接反映了车间物流运行的实际情况。

3）设备利用率

设备利用率是指设备在开机状态下实际用于生产、测试、检测的时间，占开机时间的比例，直接反映设备的运行状态，体现生产系统的忙闲状态。

4）资源利用率

资源利用率是指工装、场地等公用资源实际用于生产的时间与工作总时间的比例，直接反映资源的利用情况，体现生产系统的忙闲状态。

3．生产质量指标

1）一次交检合格率

一次交检合格率是指在固定时间内，产品完工第一次报检即合格的工序数量，占完工工序总量的比例，反映生产系统运行的质量水平和生产过程的稳定性。

2）返工率

返工率是指在固定时间内，完成的订单出现返工返修的数量与订单总数的比例，反映零部件生产质量的稳定性、设计文件的质量以及质量控制的有效性，返工率直接影响产品周期和成本，应该尽量避免返工。

3）生产过程问题闭环率和及时率

生产过程问题闭环率是指在固定时间内，已闭环的生产问题数占生产问题总数的比例，以及在规定时间内生产问题闭环数占闭环的生产问题总数的比例，直接反映生产过程的稳定性以及生产过程抗干扰的能力。

4）设备故障停机率

设备故障停机率是指设备因故障停机的时间与设备应运行的时间比值，是考核设备状态、故障频率、维修保障能力和设备效率的指标。

4．其他指标

除了以上提到的生产产能、生产效率、生产质量指标外，整个生产过程中的能耗、碳排放、安全等指标也是车间应该关注的。

5.3.3　基于大数据的分析决策实施步骤

基于大数据思维，首先将设备状态参数、计划执行情况、物流配送等运行参数，以及质量、周期等性能指标数据化，通过机器学习、统计方法、神经网络算法，分析车间大数据之间的关联关系；然后通过数据挖掘手段获取计划准点率、产品合格率、车间产能等车间性能在设备状态、运营过程等参数影响下的演化规律，建立性能预测模型；最后基于控制理论，从演化规律中找到关键参数进行定量控制，保证车间运营性能达到要求。

基于以上思路，形成了大数据驱动的"分析处理+决策支持+闭环控制"的决策方法，如图 5-13 所示。

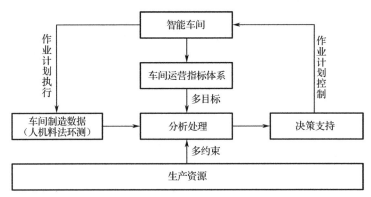

图 5-13　基于大数据的车间运营分析决策方法

（1）"分析处理"是指通过车间制造数据的关联分析，发现其隐藏的关系。需要在清洗、分类与集成等制造数据预处理的基础上，构建制造数据多维模型，实现不同制造数据的关联分析，挖掘数据之间的影响规律。

（2）"决策支持"是指利用数据分析结果，描述车间制造过程与运营指标体系的内在关系。需要将车间性能指标数据化，通过建立模型描述车间运营过程数据对性能指标数据的影响规律，实现车间运营的决策。

（3）"闭环控制"是指基于车间运营模型，找到车间运营过程的关键制造、管理参数进行控制。需要确定影响质量、周期的关键参数，运用规律、知识建立针对产品合格率、计划准点率、物料齐套需求、产能等性能指标的科学调控机制。

大数据驱动下车间运营分析决策系统架构如图 5-14 所示。

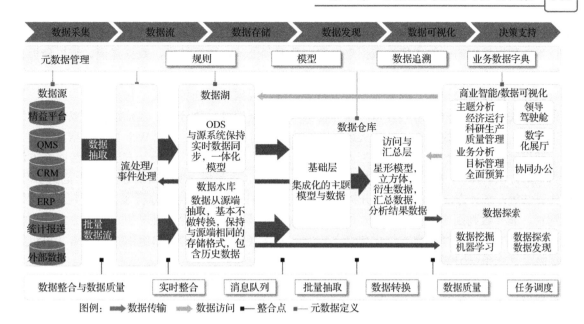

图 5-14　大数据驱动下车间运营分析决策系统架构

5.3.4　大数据驱动下车间运营分析决策关键技术

在工业 4.0 及大数据应用背景下，数字化车间运营分析决策的体现涵盖车间各个业务领域，能够实现车间信息流、物流、知识流的高度集成与融合，不断提升车间运营效率。但工业大数据具有数据量大、来源广泛、形式多样、种类繁杂等特点，传统的数据分析手段难以实现数据分析和利用。所有要实现车间各业务领域的决策支持必须结合数据挖掘、文本视频挖掘、统计分析、高维可视化等技术实现大数据驱动下的车间运营分析决策。

1．车间运营数据预处理技术

在车间运营过程中，生产大数据来源于车间管理信息系统、物理信息系统。对于不同的数据集，可能存在不同的结构和模式，如文件、XML 树、关系表等，表现为数据的异构性。对于多个异构的数据集，需要做进一步集成处理或整合处理，将来自不同数据集的数据收集、整理、清洗、转换后，把复杂的数据转化为单一的或者便于处理的模型，以达到快速分析处理的目的，为后续查询和分析处理提供统一的数据视图。对于生产过程大数据，随着时间的推移，产生的数据越来越多，但这些数据并不都是有价值的，有些数据是作为生产过程、质量追溯用的，并不是车间运营分析决策所关心的数据；也有一些数据是干扰项，因此要对数据进行过滤"去噪"从而提取有效数据。

上海交通大学张洁教授提出过滤规则多级组合优化、基于本体论的数据统一建模和基于字典学习的多维视图构建等车间运营数据预处理技术，实现车间制造数据的清洗去噪、建模集成与多尺度分类。

2．车间运营数据挖掘技术

生产过程产生了大量的、不完全的、有噪声的、模糊的、随机的实际应用数据，需要从中提取隐含在其中事先不知道的，但又是潜在有用的信息和知识的过程，这就是数据挖掘。数据挖掘又称为知识发现（Knowledge Discovery），是通过分析每个数据，从大量数据中寻找其规律的技术。数据挖掘的一般步骤为数据集选取、数据预处理、数据转换、数据建模、结果分析改进等。

数据挖掘涉及的技术方法繁多，有多种分类法。根据挖掘任务分类，包括分类与回归、聚类分析、关联分析、时间序列分析和偏差检测等。根据挖掘对象分类，包括结构化数据、非结构化数据、半结构化数据等，涉及从数据库表结构数据、文本数据，到 Web 页面数据，甚至是图像或视频等多媒体数据。根据挖掘方法分类，包括机器学习方法、统计方法、神经网络方法和数据库方法。其中，机器学习方法包括归纳学习方法（决策树、规则归纳等）、基于范例学习、遗传算法等；统计方法中包括回归分析（多元回归、自回归等）、判别分析（贝叶斯判别、费歇尔判别、非参数判别等）、聚类分析（系统聚类、动态聚类等）、探索性分析（主元分析法、相关分析法等）等；神经网络方法中包括前向神经网络（BP 算法等）、自组织神经网络（自组织特征映射、竞争学习等）等。

另外，产品制造使用过程中有大量的视频、文本、图纸等非结构化数据，使得图像识别和信息挖掘技术成为当前生产大数据利用的核心问题。

3. 制造大数据建模技术

制造大数据建模技术包括车间制造数据网络模型的建立和数据的关联分析。

车间制造数据产品、工艺、装备、系统运营等制造数据相互影响，需要详细描述运营数据与性能指标之间的关联关系；而同一生产过程数据会对不同的车间运营指标产生影响，即车间生产运营数据不是单一目标或单一约束，而是多目标多约束之间的关系，是一张数据的关联关系网络，只有建立不同类型制造数据与复杂网络节点之间的映射关系，以及产品、工艺、装备、系统等制造数据时序变化向复杂网络节点集聚、消散、衰亡、派生等行为的映射规则，才能获得基于关联关系的制造数据网络模型。

针对车间制造数据之间关联关系的直观表述需求，在制造数据网络模型分析网络节点间的影响度、重要性等复杂网络特性，映射到车间制造系统，量化车间制造数据之间的关联关系，揭示制造数据之间的相关性规律。

4. 车间运营状态分析决策技术

车间运营状态分析决策技术包括车间性能评价、车间性能分析和预测。

车间性能可以从产品、设备、运营等多个角度衡量，如产品合格率、设备利用率、产能、生产周期等。在这些性能指标中，有些可以直接通过传感器或智能感知设备获取，而更多则是大量相互关联制造数据的统计结果，因此需要建立产品合格率、产能、生产周期等单一性能指标评价规则，也需要对多维度、多指标构成的车间性能指标建立统一的描述方法。

车间运营状态是与制造数据高度相关，需要在制造数据时序分析和关联分析的基础上，通过神经网络、专家系统等手段学习和表述与车间性能存在关联关系的制造数据对车间性能的影响规律，从而根据制造数据的时序模式进一步预测车间运营的性能。

车间运营过程中广泛存在动态扰动，如计划变更、设备故障、质量问题等，对车间产能、计划准点率等产生影响，因此需要通过数据不规则波动的时序模式挖掘，分析数据不确定性对车间性能产生的影响，从而采取干预措施，实现车间稳定运营。

5.4　大数据可视化与分析决策系统架构

5.4.1　大数据可视化与分析决策系统架构概述

复杂电子设备的大数据可视化与分析决策的系统架构如图 5-15 所示，包括环境适配层、应用层、数据处理层、数据接口层和硬件层 5 个层次。

图 5-15　大数据可视化与分析决策的系统架构

各个层次的主要功能如下。

1．环境适配层

面向不同的应用场景，大数据可视化与分析决策系统应能适配于不同环境，如大屏、计算机、平板电脑、手机、AR 眼镜等多种载体，满足企业不同人群、不同环境、不同硬件条件下的应用需求。

2．应用层

数字车间建模管理：建立与实际车间 1∶1 的三维数字化车间（包括厂房、生产线、设备、工作台、机床、物流仓储、传送带、搬运车、机器人、操作员、工装工具、物料、产品等），并对车间各要素三维模型进行管理，可以进行快速查询调用，保证模型的正确性；能够根据实际车间的产品、资源的变化情况，实现数字车间模型的快速更换。

车间信息展示：面向数字化车间、产线、作业单元，在实现分层分级的信息展示的同时，也能实现车间、产线、作业单元信息的相互关联和贯穿；信息展示的内容根据不同企业的不同需求，展示的内容不同，针对军工电子设备生产过程应该包括车间产品台套执行、生产作业计划执行、物料齐套状态、设备运行状态、产品生产质量情况、资源利用率等多元信息的展示。

车间决策支持：建立车间决策支持的指标体系，实现生产场地智能管理、基于大数据的质量管理、设备健康管理等功能。

3. 数据处理层

三维模型处理：针对车间所有要素（包括厂房、生产线、设备、工作台、机床、物流仓储、传送带、搬运车、机器人，操作员、工装工具、物料、产品等）开展 1:1 的三维建模，并通过轻量化处理，转化成可视化模型，供数字车间模型使用；针对关键作业单元进行机构的运动定义，为单元的数字孪生展示提供支撑。

可视化展示数据：根据车间展示要求，进行数据的清洗和处理，按多种形态的图表进行数据展示。

组件库：构建通用模型库、材质库、图表库，支持车间三维模型快速构建和车间信息的多形式展示。

4. 数据接口层

数据接口层主要负责与车间内其他管理系统实现数据集成。

5. 硬件层

硬件层包括数字化车间、生产线、数字化作业单元三个层级。

5.4.2 系统功能模块设计与实现

大数据可视化与分析决策系统功能组成如图 5-16 所示。

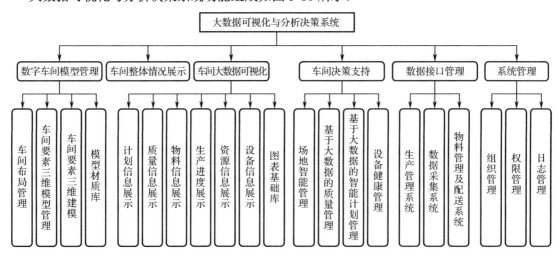

图 5-16 大数据可视化与分析决策系统功能组成

1. 数字车间模型管理

1）车间布局管理

通过数字化建模的方式将车间在虚拟世界中搭建起来，车间模型可根据现实生产场景进行"增、删、减"，确保整个系统场景能快速实现更换，与实际场景保持一致，车间布局搭建如图 5-17 所示。

图 5-17　车间布局搭建

场景中的模型可以从三维模型库中调用，并根据现场布局情况，通过坐标系、相对位置、简易的拖拽及其他定位辅助功能，高效完成车间布局及产线设备的定位，实现车间布局的快速调整。车间布局调整如图 5-18 所示。

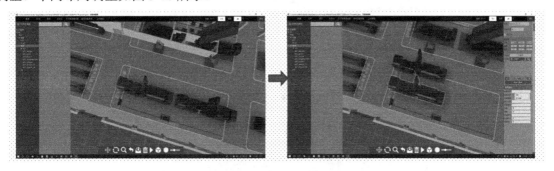

图 5-18　车间布局调整

2）车间要素三维模型管理

按类构建车间各要素的模型库，可导入各类车间要素三维模型，具备模型及其版本管理功能，确保调用模型的正确性。车间三维模型组成如图 5-19 所示。

以上车间三维模型均要求是 1∶1 构建，与实物完全一致的轻量化模型。对于不同使用要求的模型，系统应该具备模型结构树管理、模型运动机构管理，能够实现在不同使用条件下的模型整体使用与分体使用、静态使用与动态使用功能。

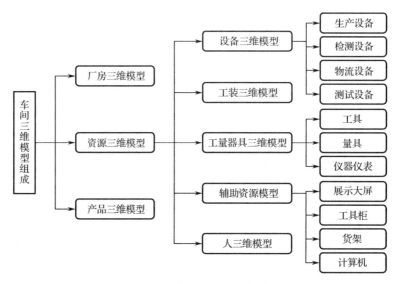

图 5-19 车间三维模型组成

　　系统应对车间要素三维模型的建模或导入过程进行管理，将设计模型及其他异构模型，实现一键导入自动轻量化处理，将模型大小及面片数极大减少，快速生成满足可视化展示质量要求的车间要素三维模型；具备动画编辑功能模块，可以满足设备的机构运动、装配的安装路径运动及辅助工具的作业动画，并支持外界关键帧导入驱动场景运动，同时运动可以基于外部VRPN、OPC UA 等协议通过配置实现数据驱动动画即时效果。

　　3）材质库

　　开发材质库，将生产所需厂房、设备、产品设计所有通用材质构建企业级材质库，方便用户快熟赋予材质一键渲染，使系统展示体验大幅提升。具有渲染功能的模块，具备模型打光、贴片等功能，还原场景中的光照、阴影、设备、工件的颜色等，给使用者更好的代入感。模型渲染效果如图 5-20 所示。

图 5-20 模型渲染效果

2. 车间整体情况展示

根据车间整体运营指标，系统展示车间整体情况，包括车间布局、车间物流路线、车间主要运行指标，可通过车间漫游，以第一视角环游工厂（见图 5-21），可根据行动路线展示设备或工位的生产信息，通过移动鼠标或单指滑动进行 360° 无死角观测；利用小地图技术建立工厂车间平面地图，具备自定义漫游路线或指定漫游路线，实现远程了解车间布局及信息的功能；具备与 AR 头盔等外接设备接口，可使用 AR 设备进行车间漫游。

图 5-21　车间漫游

3．车间大数据可视化

基于车间主要运营指标，可根据用户自定义，展示车间作业计划、质量、物流、生产进度、资源、设备等信息。

（1）计划信息展示：具备多维度计划信息展示功能；具备基于产品对象或订单展示，或者基于车间生产硬件展示，如车间、单线、单元的生产计划展示；具备车间固定时间段的计划完成情况、同期计划完成情况对比等信息展示；具备按车间–产线–单元的车间层级、时间段等约束条件的当前作业计划展示；具备计划执行情况的预警功能。

（2）质量信息展示：展示车间整体质量状况、当前生产过程中的问题及其闭环情况，具备按时间段的生产质量数据展示；具备当前尚未解决的生产问题清单和问题闭环情况展示；具备按产品对象展示产品质量情况；具备展示产品 SPC 质量控制的情况。

（3）物料信息展示：包括车间物料齐套和物料配送信息的展示。在物料齐套方面，具备按计划订单、物料类型等多维度展示订单的齐套状况展示，并对未来一定时间内的物料齐套需求进行实时展示和预警；在物料配送方面，展示 AGV 等自动化配送设备的当前位置、设备状态、配送的目标工位、配送的物料等信息。

（4）生产进度展示：具备基于订单、工序计划、工位的生产进度展示；具备按作业工时、工位、物料消耗、测试软件运行代码行数等维度的产品生产进度实时展示。

（5）资源信息展示：基于数据采集系统，实时展示工装、工具、量具、仪器仪表等资源的状态情况。

（6）设备信息展示：具备设备的运行状态（正常、故障或停机等）、设备实时运动数据，以及运行参数的实时记录与展示。通过实时采集设备运行数据，可通用着色或其他形式显性化地展示设备状态（见图 5-22）；通过实时采集设备运动数据，驱动设备运行，实时展示作业现场设备运行情况（见图 5-23）。

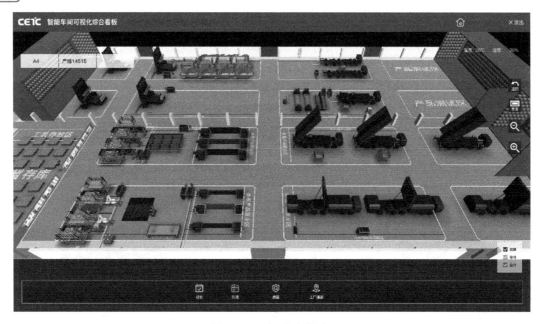

图 5-22　展示设备状态

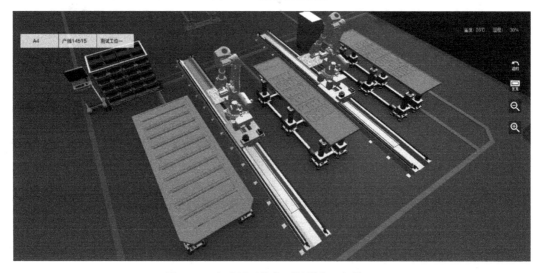

图 5-23　实时展示作业现场设备运行情况

（7）图表基础库：通过开发三维图表库及标注集实现对展示界面的图表样式选取，展示参数的来源数据链接，满足自定义数据输入，将图表拖到三维场景中，自定义图表样式、颜色、动态效果、空间展示区域，并能与动画和模型进行关联。

通过构建统一模型库和场景库能快速搭建有层次感的车间样例，通过结合布局和图表及标准功能出具车间设计方案示意图，模型库自带通用设备、工具库满足具体场景细化和抽象场景仿真分析。

4．车间决策支持

车间决策支持主要包括以下内容。

（1）场地智能管理：具备场地管理、场地调度功能，实现根据产品场地需求、计划要求的场地智能管理和调度。

（2）基于大数据的质量管理：具备质量控制模型管理、质量数据实时监控、质量风险预测功能，实现生产质量的控制和预警。

（3）基于大数据的智能计划管理：基于生产执行大数据，结合 APS 功能，实现生产计划的预警和计划智能调度功能。

（4）设备健康管理：具备设备运行状态管理、设备故障树管理、故障分析与诊断等功能，实现基于设备运行数据的维修保障管理、故障远程诊断和交互式排故指导等功能。

5. 数据接口管理

基于企业数据总线，实现与生产管理系统、数据采集系统、物料管理及配送管理系统的数据集成，具备接口运行状态监控、接口数据测试、接口数据交换跟踪等功能。

6. 系统管理

系统管理应具备组织管理、权限管理和日志管理等功能。

组织管理：对车间的组织架构进行管理，可以通过数据采集系统与制作运营管理系统接口同步，也可以新增、编辑、修改和查看车间组织架构。车间组织架构支持多级维护。

权限管理：对不同的角色可以实现权限的增加、删除和修改。

日志管理：对系统操作人的日常操作情况做记录，从而做到事务可追溯，便于查找异常问题出现的原因。支持按照操作时间、操作人、操作内容进行检索。

5.5　应用场景及案例

大数据可视化与分析决策有助于优化产品制造过程，为生产过程异常发现、产品质量优化、生产调度优化等提供决策支持；本节主要介绍生产过程可视化、设备健康管理、在线质量监控、智能决策方面的应用场景及案例。

5.5.1　生产过程可视化

结合信息化技术、充分融合数字化制造装备的特点，通过对现场制造装备的信息采集，利用制造大数据可视化平台使生产过程全面数据化、可视化（见图 5-24），实现对生产的监控和管理，从接单到生产、从采购到质控，辅助生产制造企业真正实现数据化运营管理。

（1）生产可视化：每个车间、每道工序、每条生产线，所有的生产、良品、设备负荷情况全面可视化、一目了然。浏览者可极快地从生产可视化报表内掌握生产过程中的重要数据、关键数据情况，更全面、深入地掌握生产进程、生产质量，合理安排生产计划。

（2）物流可视化：从生产计划到物料需求计划，再到采购计划的执行，全程监督控制，确保物料的及时供应。

（3）成本可视化：生产成本物料工费的构成、标准作业成本的实际对比、生产成本异常波动等所有成本皆可视化，让制造业企业对成本花费更加明晰。

（4）质量可视化：通过对原材料、半成品、成品各个环节的质量数据进行可视化分析，更快、更立体地洞悉各环节具体的质量情况，更快找出关键因素，提高品控水平。

图 5-24　生产过程可视化

5.5.2　设备健康管理

基于对设备运行数据的实时监测，利用特征分析和机器学习技术，一方面可以在事故发生前进行设备的故障预测，减少非计划性停机；另一方面，面对设备的突发故障，能够迅速进行故障诊断，定位故障原因并提供相应的解决方案。

以某复杂电子设备企业数控加工车间为例，用机器学习算法模型和智能传感器等技术手段监测加工过程中的切削刀、主轴和进给电机的功率、电流、电压等信息，辨识刀具的受力、磨损、破损状态及机床加工的稳定性状态（见图 5-25），并根据这些状态实时调整加工参数（主轴转速、进给速度）和加工指令，预判何时需要换刀（见图 5-26），以提高加工精度、缩短产线停工时间并提高设备运行的安全性。

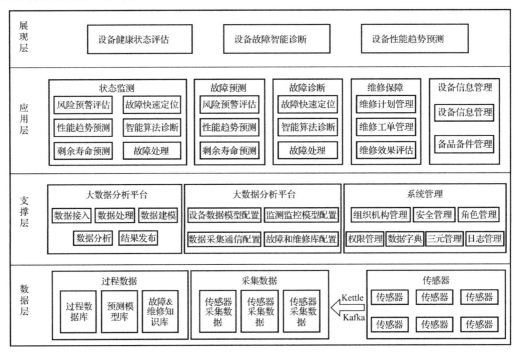

图 5-25　基于深度学习的刀具磨损状态监测

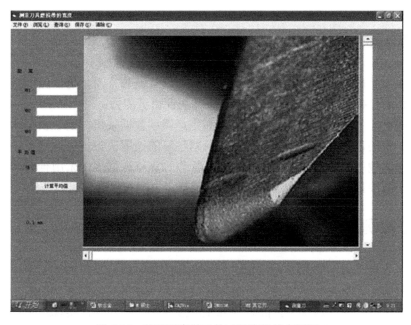

图 5-26　基于深度学习的刀具磨损状态预测

5.5.3　在线质量监控

基于机器视觉的表面缺陷检测广泛应用于制造业，将深度学习与 3D 显微镜结合，可以将缺陷检测精度提高到纳米级。利用机器视觉可以快速识别产品表面微小、复杂的缺陷，并进行分类，如检测产品表面是否有污染物、表面损伤、裂缝等，对于检测出有缺陷的产品，系统自动做出评判，并进行分检。

例如，金丝是传动系统中电刷的关键结构，其表面质量对电刷的性能有直接影响，在生产包装过程中容易存在表面划伤、凹坑、裂纹等缺陷，需要人工进行检测，而检测标准很难统一。可采用金丝表面缺陷视觉检测（见图 5-27），然后通过面积、尺寸最小值、最大值设定，自动进行金丝表面质量检测，最小检测精度为 $0.15mm^2$，检出率大于 99%；通过划伤长度、宽度的最小值、最大值设定，自动进行金丝表面划伤检测，最小检测精度为 0.06mm，检出率大于 99%；通过褶皱长度、宽度的最小值、最大值、片段长度、色差阈值设定，自动进行金丝表面质量检测，最小检测精度为 10mm，检出率大于 95%。

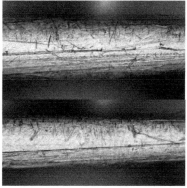

图 5-27　金丝表面缺陷视觉检测

5.5.4 智能决策

制造企业在产品质量、运营管理、能耗管理和刀具管理等方面，可以应用机器学习等人工智能技术，结合大数据分析，优化调度方式，提升企业决策能力。

例如，美的智能生产管理系统，具有异常和生产调度数据采集、基于决策树的异常原因诊断、基于回归分析的设备停机时间预测、基于机器学习的调度决策优化等功能。通过将历史调度决策过程数据和调度执行后的实际生产性能指标作为训练数据集，采用神经网络算法，对调度决策评价算法的参数进行调优，以保证调度决策符合生产实际需求。

5.5.5 实施案例

某复杂电子设备企业，建成统分结合、上下一体的总装智能车间大数据可视化与分析决策支持系统，实现基于大数据和模型的生产过程可视化展示、自动化预警、决策支持和智能决策功能，有力提升生产过程管理水平，高效保障生产过程的闭环管控，实现对生产的实时监控，提升车间管控能力，有效推进数字化工厂建设。

1. 车间可视化

通过构建 MOM-WMS-数据采集系统-可视化系统的体系架构，实现了自上向下的生产作业计划层层穿透，在自下向上的车间作业执行的状态反馈中，通过可视化系统查看生产现场的重要产品、重要设备的生产信息，实现车间透明化管理。

1）车间可视化需求分析

全面梳理数字化车间运营指标体系（见 5.3.2 节），通过对制造部门、质量部门、生产管理部门、物资部门等不同角色的调研（见图 5-28），制定车间可视化展示目标、展示思路和展示场景。

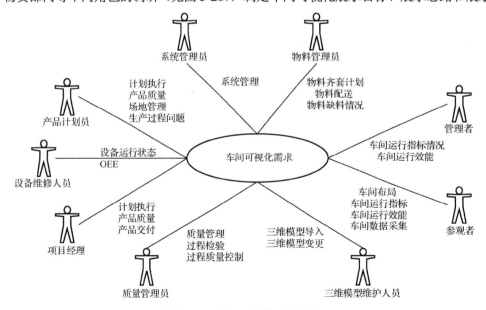

图 5-28 车间可视化需求分析

展示目标：通过现场实时数据，真实展示产线的运行状态和效能，实现雷达总装总调生产过程可视化、透明化,为产线提效提供数据基础。

展示思路:基于车间三维模型,分层分级展示雷达生产过程,实现产品生产过程数据穿透。

展示场景:包括车间功能介绍、车间内布局介绍、车间运营整体情况介绍、车间整体运行状态展示、产线运行展示、制造单元展示、第一视角的车间巡检、人工指挥、边走边展示生产过程实时信息等。

2)车间可视化展示的数据体系建立

针对雷达总装总调车间,从车间、产线、单元 3 个层级,生产计划、物料管理、车间质量、车间资源、人力资源 5 个维度,梳理出 122 条指标数据,并明确了数据计算规则和数据来源。雷达总装总调车间指标体系如图 5-29 所示。

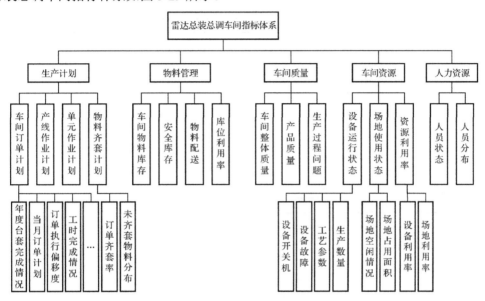

图 5-29 雷达总装总调车间指标体系

3)车间可视化系统建设

通过研究分析,制定车间可视化系统的应用架构(见图 5-30)、数据传递与处理架构(见图 5-31)以及系统部署架构(见图 5-32)。

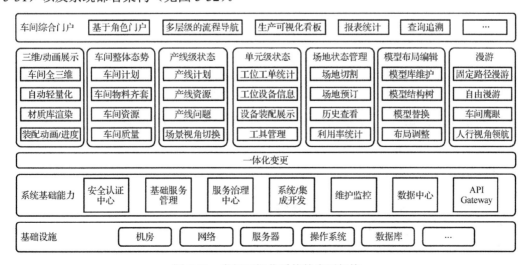

图 5-30 车间可视化系统的应用架构

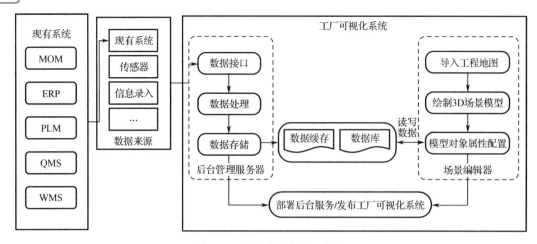

图 5-31　数据传递与处理架构

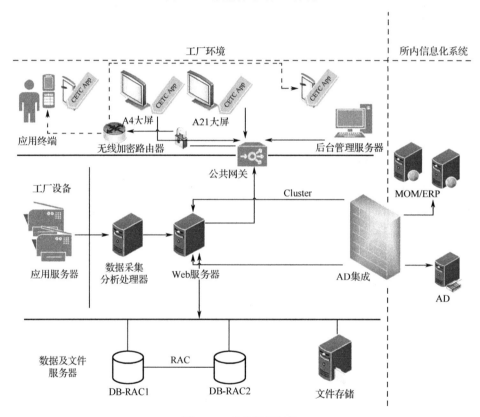

图 5-32　系统部署架构

应用 Java、Unity 等开发工具完成了雷达总装总调车间可视化展示系统开发与部署（部分系统界面见图 5-33、图 5-34、图 5-35），已在车间正式应用。

2. 生产质量的分析决策

在实际生产中，面向生产线产品的具体特点，对大批量产品、混线生产的小批量产品通过生产大数据对生产质量进行分析，最终实现质量的分析决策。以微组装工艺中的 SMT 表贴工序为例，器件焊接后引脚的焊点形貌是其重要的质量检测点之一。在完成印制板的器件表贴焊接后，通过自动光学检测（AOI），对每个器件的每个焊点形貌拍照，并进行 SPC 过程监控。

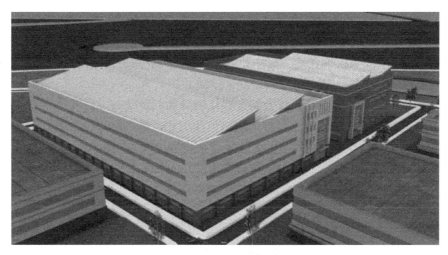

图 5-33 数字化工厂整体布局

图 5-34 第一视角的车间巡检

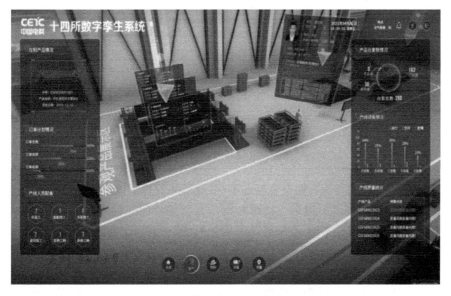

图 5-35 车间实时运行状态展示

当品种单一的大批量产品上线生产时，建立专用的控制图，通过大量样本数据进行过程分析，实时监控生产是否处于稳定状态。当混线生产的小批量产品上线时，对不同型号产品的工艺参数进行归一化处理，以保证在同一张控制图中能够同时处理不同型号产品对应的工艺参数，保证控制图中数据的连续性，避免滞后发现异常波动。

（1）根据焊点和键合点的图像，以及判定焊点质量的判据准则，利用图像处理技术，数字化提取位置、未焊接区域尺寸、焊点爬锡区域颜色及尺寸、焊点根部区域颜色及尺寸以及焊点顶部区域颜色及尺寸等特征参数。焊点图像特征参数提取过程如图 5-36 所示。

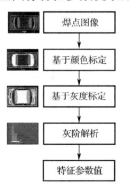

图 5-36　焊点图像特征参数提取过程

（2）制定生产线关键工艺质量 SPC 控制方案（见图 5-37），通过采集数据后进行过程能力分析，在确认生产过程处于稳定的统计受控状态时，对短时期内（如一周）的样本数据进行统计计算，计算出样本均值和样本标准差，从而确立统计过程的上控制限、下控制限。

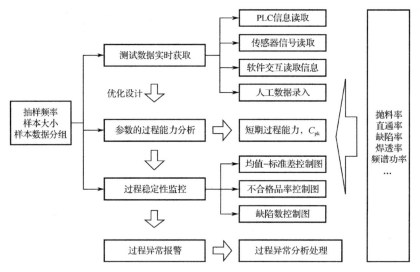

图 5-37　生产线关键工艺质量 SPC 控制方案

（3）运用各种质量控制工具，如不合格品率/不合格品数控制图、缺陷数控制图、均值-标准差控制图等形式，对器件焊点形貌进行实时分析，并以统计图的形式实时显示，对过程异常状况进行实时报警，从而保证生产线的关键设备和生产线的运行稳定性。当大批量产品和小批量产品混线在同一张控制图上进行监控时，可设置不同的上/下控制限进行监控，SPC 控制图如图 5-38 所示。

通过建设，该复杂电子设备企业实现了以大数据为核心，生产管控实现由单点分析向聚合分析转变，基于大数据挖掘和各类标准化模型，极大提升经营管控和决策支持的全局性、准确性、时效性和前瞻性。

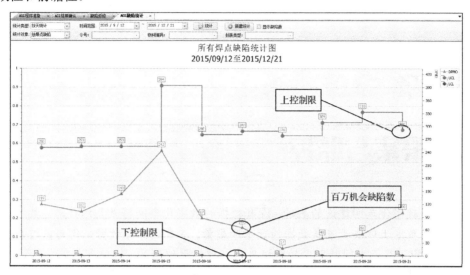

图 5-38　SPC 控制图

5.6　发展趋势

　　新的数字化车间架构引发了复杂军工电子设备工作模式和思维方式的变革，将大数据、可视化、决策支持技术与生产过程相结合，能够有效提升数字化车间的效能。

　　目前针对生产组织、生产计划和生产控制 3 个环节，已初步实现了企业级订单-车间作业计划-单元作业计划的可视化展示、基于大数据的产品质量分析决策等，未来在制造业可视化与分析决策方面的趋势主要体现在以下几个方面。

　　（1）传统的 BI 工具主要集中在数据筛选、聚合及可视化功能，已经不能满足大数据分析的需求，Gartner 提出了"增强分析"，数据可视化只有结合丰富的大数据分析方法，融合不同来源、不同类型的数据，为使用者提供统一的可视化视角，支持可视化的关联探索与关系挖掘，将数据的探索式分析形成一个闭环，才能实现完整的大数据可视化产品，有效帮助用户理解数据。而预测性分析是大数据的趋势，数据可视化有效结合预测方法，将有助于用户决策。

　　（2）随着产生数据来源的增加，数据类型不断增加，车间数据使用者对于数据的交互需求越来越多，时常出现需要的可视化形式不支持或支持不够等问题。这就对系统的图表表达能力提出了更高的要求，同时对于系统支持使用者的个性化定制提出了新的要求。随着数据规模的增加，数据在秒级甚至毫秒级更新的情况下，如何提升图表可视化的效率也成为可视化软件好坏的重要评价标准之一。

　　（3）大数据分析决策与车间运营管理相结合，有效提高制造车间绩效管理、运营决策能力，降低制造成本。面向多品种、变批量、研产混线的生产模式，大数据可视化与分析决策技术能够帮助企业更好地预测产品制造风险并调整计划，提供更好的产品；基于制造过程，大数据也将帮助企业进一步优化工艺路线、完善工时参数，为生产组织提供更为准确的基础数据，让生产组织更加合理；基于大数据的分析决策与产品质量控制相结合，帮助企业构筑产品质量控制防线，有利于提升产品质量。

第6章

数据采集与监控

数据采集是数字化车间建设的基础，没有数据的数字化车间将是无水之源，数字化车间建设的成败在很大程度上取决于采集数据的数量和质量。本章在介绍数据采集与监控系统基本概念的基础上，提出了基于车间物联网的数据采集与监控系统架构，从数据采集、设备互联互通、系统功能模块设计3个方面详细阐述了数据采集与监控系统实现，并介绍了数据采集与监控系统的典型应用场景与实施案例。最后，展望了数据采集与监控系统的发展趋势。

6.1 数据采集与监控系统概述

6.1.1 数据采集与监控系统的基本概念

数据采集与监控（Supervisory Control And Data Acquisition，SCADA）系统是基于计算机通信和控制技术发展起来的生产过程控制与调度自动化系统，实现了对生产设备的数据采集、测量、各类信号报警、设备控制以及参数调节等各项功能。SCADA 系统在化工、电力、冶金、石油等流程行业应用广泛，而在离散制造业中并不常见，这是因为其生产线并非全自动化，生产过程不是一个计算机可以完全控制的。对于军工电子、航空航天、机械制造等离散制造行业而言，数据采集与设备互联系统一般称为分布式数控（Distributed Numerical Control，DNC）系统，主要用于解决数控机床数据采集及设备互联问题。DNC 系统通常包含网络通信、程序管理、编程与仿真、数据采集与设备监控等功能模块，并通过系统集成为上层的制造运营管理系统提供生产数据，实现机加工车间生产过程的透明化管理。随着两化融合的不断深入，传统的 DNC 系统——单纯的数控机床联网管理已经不能满足数字化车间建设的需求，数据采集的广度与深度都需要拓展。

在此背景下，面向离散制造的 SCADA 系统发展迅猛，成为各类数字化设备联网管理系统，将车间内机器人、数控机床、检测设备、AGV 等数字化设备进行联网与数据采集。一套完整的 SCADA 系统已不仅实现了对生产现场的数据采集、设备监视与控制、参数调节、信号报警等基础功能，而且被赋予了更丰富的内涵。在复杂电子设备数字化车间通用体系中，SCADA 系统位于架构中的中间控制层，下连现场层，上承车间运营管理层。SCADA 系统实现对现场智能生产线的实时监控、安全控制、故障诊断等的同时，为更高层级的 MOM、WSM 等车间管理系统提供基础的数据支持。

6.1.2　数据采集系统发展演变

数据采集系统自诞生以来就与计算机技术和网络通信技术的发展密切相关。目前市场上主流的数据采集系统主要分为两类：一类是面向流程行业的 SCADA 系统，在石油、电力、化工等流程行业应用广泛，主要利用组态软件技术对 PLC 进行数据采集及远程逻辑控制；另一类是面向数控机床行业的数据采集（Manufacturing Data Collection，MDC）系统，一般作为 DNC 系统的功能模块，主要用于采集数控机床开关机状态、运行状态数据，以及报警和统计设备利用率等。DNC/MDC 系统的发展可分为 5 代，如图 6-1 所示。

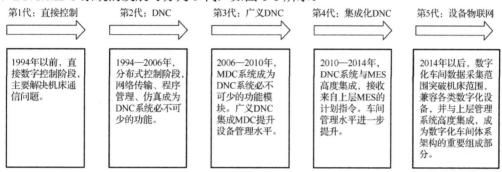

图 6-1　DNC/MDC 系统的发展

1. 第 1 代：直接控制

DNC 系统研究最早开始于 20 世纪 60 年代，主要为了解决早期数控设备使用纸带输入数控加工程序而引起的低效、高成本、可控性差等一系列问题。伴随着 20 世纪 80 年代计算机网络技术的快速发展，DNC 系统通过统一的串口通信将多台数控设备连接在一台中央计算机上，实现了中央计算机对 NC 程序的统一管理和传输。

2. 第 2 代：DNC

随着网络和计算机技术的发展，数据采集系统进入 DNC 时代。1994 年颁布的 ISO 2806 对 DNC 系统的定义为：在生产管理计算机和多个数控系统之间分配数据的分级系统。此后，DNC 系统不仅可以实现数控程序的双向传输，而且具有程序管理和程序仿真的功能。

3. 第 3 代：广义 DNC

2006—2010 年，随着企业对设备生产管理水平的重视，数控设备数据采集的重要性逐渐显现。此时，DNC 集成数据采集系统，在保留 DNC 原有功能的基础上构成广义 DNC。广义 DNC 通过集成 MDC 对数控设备进行实时数据采集、监控设备运行状态，并通过设备综合效率（Overall Equipment Effectiveness，OEE）指标提升车间数控设备生产管理水平。此后，数据采集系统成为 DNC 的重要组成部分。

4. 第 4 代：集成化 DNC

2010—2014 年，MES 在各大企业得到了广泛应用。在此阶段，集成化 DNC 以数控技术、计算机技术、网络和通信技术等先进技术为基础，把制造过程相关数控设备和上层制造运营管理系统集成起来，实现车间现场层与计划层的信息贯通。DNC 系统作为中间控制层，一方面接收上层 MES 下发的生产计划，并将计划分解成生产指令，下发至现场执行设备；另一方面，MDC 系统实时采集并监控生产设备数据，并将设备运行状态、计划执行结果等信息反馈至 MES，实现生产信息的闭环。

5. 第 5 代：设备物联网

2014 年以后，随着工业 4.0、物联网、工业互联网等理念和技术的发展和普及，数据采集系统不仅局限于数控机床，设备的广度得到大幅度提升，更多的如机器人、AGV、自动化立体仓库等数字化设备被纳入互联互通的信息化系统。在系统应用的深度方面，企业不再满足于程序传输、设备状态采集等浅层次应用，还希望在此基础上，通过大数据技术对数据进行深度挖掘，实现智能化分析、设备预测性维护、质量管控等深层次应用。在此阶段，越来越多的厂商定制化开发面向离散行业的设备物联网系统，并且大部分系统被命名为 SCADA 系统。

6.1.3　面临的挑战

无论制造业发展到什么模式/范式，机器设备发展到何种先进程度，设备的数据采集与互联互通都是生产中最根本的需求之一，也是"设备成网"的先决条件。要想把各种工业要素有效地连接起来有诸多难点需要攻克。

1. 数据采集难点

1）设备不"生产"数据

目前，制造车间内仍存在大量非数字化设备——某些早期的物理式机器设备，或者在最初设计时认为不需要添加数字化模块的设备。这些设备中既没有传感器，也没有计算内核（芯片）。如果想加装传感器、芯片等数字化模块，则会有很多不可预知的难点。

2）数据模块开放性

某些车间生产设备本身有数字化模块，如数控机床，但是这个模块并不开放。有些设备没有任何可以读取内部数据的物理接口，数据只是封闭、隐藏在设备内部使用，暴力拆解则有可能损坏设备；而有些设备有可以读取内部数据的接口，但是数据被加密处理，如果没有解密模块，则根本无法识别数据的格式，此时企业需要支付额外的"通信服务费"——数据解密模块的使用费。

3）工业协议标准不统一

目前，工业数据采集领域呈现多工业协议标准共存的局面。国际上曾经形成了工业以太网技术的四大阵营，其中三种用于离散制造控制系统，即 Modbus-IDA 工业以太网、Ethernet/IP 工业以太网和 PROFINET 工业以太网；而 Foundation Fieldbus HSE 工业以太网主要用于流程制造控制系统。但是，不同国家的不同公司，基于自身利益的考虑，并不愿意完全遵从某种工业以太网协议，各个自动化设备生产及集成商还会自己开发各种私有的工业协议，各种协议标准不统一、互不兼容。各国的主流厂商一直呼吁统一现场总线和设备驱动协议，如德国提出了 OPC UA 协议，北美和日本提出了 MTConnect 协议。虽然统一之路早已开始，但是在各方利益的牵扯下，这条"统一"的道路注定很漫长。

2. 数据管理难点

1）数据量大

随着车间数字化进程的不断深入，数据采集系统对于接入设备的种类和数量适应能力需要不断增强，这些多源设备的大量接入导致数据量急剧增加。这些设备与工业设备集成的传感器和执行器不断产生极小时间片的持续数据，逐渐汇聚为海量数据并存储在本地网关或云服务器上。这些海量数据的处理、传输、可用性和存储是一项具有挑战性的任务。为了应对这些挑战，需要高效的数据管理模型。这些数据管理模型应该能够有效地处理异构车间数字化设备生成的大量原始数据，在保证可用数据和数据处理前提下，提高空间利用率和数据处理效率，为数据管理服务提供高速数据处理、可靠安全的数据存储、数据检索和快速数据流。

2）实时性要求

生产线的高速运转、精密生产和运动控制等场景对数据采集的实时性要求不断提高。重要信息需要实时采集和上传，以满足生产过程的实时监控需求。工业系统不仅需要快速的数据采集，而且需要快速的数据预处理，特别是传感器产生的海量时间序列数据，其数据写入速度达到数百万个数据点/秒至数千万个数据点/秒。而且数据采集模块还要将实时数据通过有线、无线网络实时传送至系统集成模块，实现企业业务决策的实时性。目前，传统数据采集技术对于高精度、低时延的工业场景难以保证重要的信息实时采集和上传，无法满足生产过程的实时监控需求。

3．数据安全

工业数据采集会涉及大量重要工业原始数据和用户隐私信息，尤其在军工电子行业，数据安全尤为重要。工业数据在采集的过程中面临一定的数据安全隐患，存在被黑客窃取数据、攻击企业生产系统的风险。工业数据采集迫切需要从技术、管理和法律法规等多方面保障数据安全。物联网系统中的"物"也同样面临着被攻击的风险，工业物联网设备在连接物联网系统后被恶意软件入侵的案例屡见不鲜。此外，工业数据的传输与安全存储也面临着巨大的挑战。

6.2 数据采集与监控系统架构

基于车间物联网的数据采集与监控系统架构分为 5 层，即现场层、采集层、网络层、监控层和集成层，如图 6-2 所示。

1．现场层

现场层位于数据采集与监控系统底层，包括人员、设备、物料、质量、环境等数据。数据采集与监控系统通过采集现场层实时状态数据，实现对生产现场的各大要素的监视控制。

2．采集层

采集层由各类数据采集设备组成，主要的数据采集设备包括传感器、RFID、工业相机等，涉及的数据自动采集技术主要有传感器技术、RFID 技术、条码识别技术和图像识别技术。对于数据难以自动采集或自动采集成本高的数据，可通过现场终端设备人工输入。

3．网络层

网络层是数据采集与监控系统中的重要组成部分，它实现了系统内的数据通信。从层次上看，它既包含车间级的设备网络，也包含工厂级的数据传输网络。网络层的基于现场总线、工业以太网、工业无线网等技术，针对设备的厂家、型号、接口、协议、点表（变量表）等属性进行多源异构数据实时采集，实现车间级的设备互联互通。这些实时数据通过有线或无线的传输方式传输至监控层/服务层。典型的有线网络包括现场总线和工业以太网，无线网络包括 Wi-Fi、4G/5G 等。

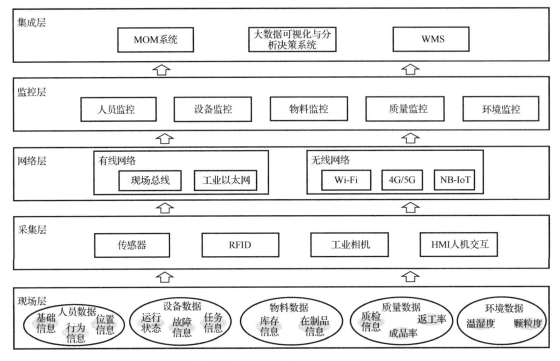

图 6-2　数据采集与监控系统架构

4．监控层

监控层也可称为服务层，一般部署在本地服务器或云服务器上，基于采集层和网络层提取的车间数据为客户提供生产现场实时远程监控服务。根据监控对象的不同，服务一般包括人员监控、设备监控、物料监控、环境监控等。

5．集成层

集成层通过定义数据接口等方式实现与数字化车间其他各应用系统的集成，为 MOM、WMS 及大数据可视化与分析决策系统提供数据支撑。

6.3　数据采集与监控系统实现

6.3.1　数据采集

1．数据采集对象

数字化车间的核心是车间数据源，从数字化车间生产六要素（人、机、料、法、环、测）对数字化车间数据进行分类，生产要素数据组成如表 6-1 所示。

表 6-1　生产要素数据组成

生 产 要 素	采 集 对 象	采 集 数 据
人	● 操作人员 ● 检验人员 ● 调试人员 ● ……	● 人员基础信息 ● 人员位置信息 ● 人员行为信息 ● ……
机	● 生产设备 ● 检测设备 ● 物流设备 ● 工装 ● 工具 ● ……	● 资源编码 ● 设备运行状态（开机、故障、等待） ● 设备运行参数 ● ……
料	● 原材料 ● 物料	● 原材料批次信息 ● 原材料定额 ● 物料批次信息 ● 物料数量 ● 上级装配物料编码 ● ……
法	工艺参数	● 工艺曲线（温度曲线、力-位移曲线等） ● 工艺参数（力矩值、焊接参数、切削参数、浓度等） ● 测试数据（软件编码、版本） ● ……
环	环境数据	● 温度 ● 湿度
测	检验数据	● 加工尺寸（几何尺寸、形位公差） ● 装配尺寸 ● 性能指标（力学性能、转动力矩等） ● ……

SCADA 系统基于图像识别、条形码/二维码识别、传感器采集、人机交互等多种方式进行车间多源异构数据的全面采集，在数据采集的基础上，实现对人员状态、产品状态、环境状态、设备状态等实时监控管理。复杂电子设备数据源、数据类型、采集方法与状态监控关联关系如图 6-3 所示。

下面分别对各个数据采集要素进行介绍。

1）人

在传统生产要素中，人力资源要素变化极大、难以把控，一直都是困扰管理层的一大难题。人员的数据采集包括三大基础要素：人员基础信息、人员位置信息和人员行为信息。人员基础信息主要包括人员的姓名、工种、等级、在岗时长；人员位置信息可通过定位系统对全厂范围内所有工作人员进行定位监管，在后台实时查看其位置，判定其是否在岗，追踪其行走轨迹，有助于优化作业流程，提高工作管理效率；人员行为信息的采集是记录员工生产各环节的行为数据，包括订单执行、物料消耗、能源成本、工具消耗、设备损耗、更换辅料、检查质量等信息。针对生产操作行为，一般通过车间安全监控对人员行为进行监控、识别与报警，极大地防范了车间安全事故。

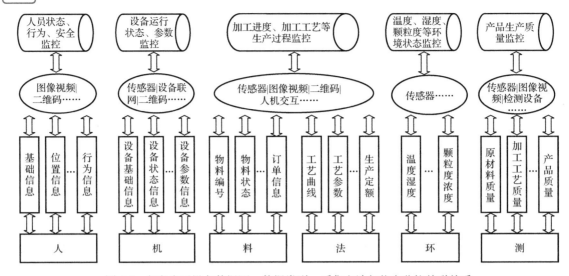

图 6-3　复杂电子设备数据源、数据类型、采集方法与状态监控关联关系

2）机

"机"泛指车间内所有数字化设备的集合，是实现数字化车间的硬件基础。一般而言，数字化设备融合了传感器、集成电路或其他电子元器件，具备数字化感知和信号传输的能力。数字化设备作为产品生产制造的关键载体，其正常运转是车间高效生产的重要保障。对设备的数据采集主要包括两个方面的内容：一是对设备运行状态的数据采集，实时感知设备运行、空闲、故障、维修等生产状态，通过数理统计和分析设备运行效率、故障率等关键指标，为生产管理部门提供生产优化意见，保证生产任务的顺利执行；二是对产品生产数据的采集，数据采集系统通过与生产订单关联，实时采集产品生产过程中的工艺数据、产品质量数据等，实现产品质量的可控、可追溯。车间内数字化设备一般可分为生产设备、物流设备和检测设备。

（1）生产设备。

生产设备经历了从机械控制到数字化控制，目前逐步向智能控制发展。复杂电子设备数字化车间常见的生产设备主要有数控机床、工业机器人、非标自动化设备及 SMT 自动化生产线等。

① 数控机床。

数控机床是数字控制机床的简称，是一种装有程序控制系统的自动化机床。一般而言，数控机床通过配置光电、热敏、力敏、磁敏等不同类别的传感器采集设备状态数据，并通过通信端口与外界通信，以数控加工程序驱动机床动作，自动地加工零件。数控机床又可分为数控车床、数控铣床、加工中心等不同用途的机床种类。

② 工业机器人。

工业机器人是面向工业领域的多关节机械手或多自由度的机器装置，是可以根据预先设计好的指令，依靠自身动力和控制能力来实现各种功能的一种工业机械。在复杂电子装配的电装车间、总装总调车间、机加工车间等不同场景均有应用。

③ 非标自动化设备。

非标自动化设备是一种定制的自动化集成设备，它以现有自动化设备为依托，根据客户工艺环节的用途需求，最终开发设计制造出新型产品。不同行业、不同领域的客户对于非标自动化设备功能、工艺要求等均存在特殊性。复杂电子设备领域常见的非标自动化设备包括自动点胶机、自动焊锡机及自动锁螺钉机。

自动点胶机是一种代替手工点胶的专业设备。自动点胶机在复杂电子设备领域中应用广泛，如在集成电路、印制电路板、电子元器件等的工业生产中。自动点胶机的应用在很大程度上提高了生产效率和产品质量。在自动化程度上实现了多轴联动的智能化作业，代替了传统的手工点胶。

自动焊锡机是一种自动化的焊锡焊接设备，通过运用机械手运动功能完成焊锡作业。自动焊锡机的核心部分是焊接系统。焊接系统主要由自动送锡机构、温控、发热体及烙铁头组成。相较于人工焊锡，自动焊锡机大大提升了工作效率，目前已广泛应用于电子元器件生产行业。

自动锁螺钉机是一种通过各类电动、气动元器件实现螺钉的自动输送、拧紧、检测等工序的典型非标自动化设备。它通过制定标准化的作业流程来简化螺钉紧固工序，提升产品一致性，减少了人工误操作带来的不良因素。自动锁螺钉机主要应用于 M1～M8 螺钉的紧固，可分为手持式锁螺钉机、多轴式自动锁螺钉机和坐标式自动锁螺钉机。由于其属于非标自动化设备，所以具有可定制的特性，涉及螺钉紧固的产品都能获得相应的解决方案，在复杂电子设备总装总调车间、微组装车间、电装车间均有广泛应用。

④ SMT 自动化生产线。

表面组装技术（Surface Mount Technology，SMT）是由混合集成电路技术发展而来的新一代电子装联技术，以采用元器件表面贴装技术和回流焊接技术为特点，成为电子产品制造中新一代的组装技术。SMT 自动化生产线作为半导体封装产业的重要组成部分，在我国复杂电子设备领域具有重要的地位。SMT 自动化生产线上的主要设备包括全自动 PCB 上/下料机、锡膏检测仪、贴片机、接驳装置、回流炉和 AOI 检测机等，如图 6-4 所示。

全自动PCB   锡膏检测仪   贴片机   接驳装置   回流炉   AOI检测机   全自动PCB
上料机   下料机

图 6-4 SMT 自动化生产线

（2）物流设备。

物流设备与数据采集系统的软硬件结合可以实现实体空间内的"物料"以及虚拟空间内的"信息"在各个工序内快速流转，是建设数字化车间的基石。复杂电子设备车间内常见的物料设备包括立体仓库、桁架机械手、自动导引车（Automated Guided Vehicle，AGV）以及移动式协作机器人（Autonomous Mobile Robot，AMR）。

① 立体仓库。

立体仓库也叫自动化立体仓储，即利用立体仓库设备实现仓库高层存储，可通过计算机、条形码、RFID 等技术实现存取的自动化、高效化。

② 桁架机械手。

桁架机械手是一种建立在 x、y、z 三坐标系统基础上，对工件进行工位调整，或者实现工件轨迹运动等功能的全自动工业设备，在汽车、航空、军工等诸多领域均有广泛应用。

③ AGV。

AGV 是指通过电磁或光学等自动引导装置沿规定的导引路径自动行进，具有安全保护以及各种移载功能的运输车，属于轮式移动机器人的范畴。AGV 具有无须铺设轨道、支座架等固定装置，不受场地、道路和空间限制的优点。现在，越来越多的 AGV 在车间得到不同程度的应用。

④ AMR。

AMR 是一种具有几何移动、协作和机器视觉等多项功能为一身的新型机器人，又被称为复合机器人。不同于依赖轨道或预定路线的 AGV，AMR 基于一组复杂的传感器、人工智能、机器学习技术来规划路径和智能避障，是一种具有理解能力并在其环境独立移动的机器人。由于其高效灵活，所以可快速部署于数字化车间，实现仓储分拣，为物料的自动搬运，物品的上下料以及物料的分拣提供自动化、柔性化的作业支持。

（3）检测设备。

检测设备是保证产品生产质量的关键，伴随着现代产品尺寸精度要求的提升以及智能传感器、人工智能、机器学习等技术的快速发展，精密化、智能化、集成化的现代检测设备成为数字化车间精密测量、质量控制的主要手段。与传统的检测设备相比，智能化的检测设备更加复杂，它融合了无线射频识别、机器视觉、在线检测、协作机器人、高精密传感器等多领域技术，并通过与车间信息管理系统集成实现了传统人工检测向全自动化智能检测的进阶。下面主要介绍数字化车间内常见的几何测量以及质量检测设备。

① 三坐标测量机。

三坐标测量机（见图 6-5）是数字化车间常见的尺寸精度检测设备，可在一个六面体的空间范围内，测量出检测物体尺寸精度、定位精度、几何精度及轮廓精度等。它广泛应用于模具装备、工装夹具、电子电器等零部件的检测，其检测数据可通过数据采集系统与其他车间信息化系统集成。

② 关节臂测量机。

关节臂测量机（见图 6-6）与三坐标测量机相比，拥有了更多的自由度，市面上常见的有 6 轴和 7 轴关节臂测量机，其使用场景也相对更加灵活。通过在机器臂末端探针增加小型光学扫描仪可实现工件的非接触式快速扫描，兼顾了接触与非接触测量方式。

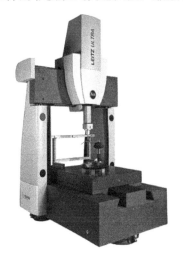

图 6-5　三坐标测量机（海克斯康）　　　　　图 6-6　关节臂测量机（API）

③ 光学三维测量仪。

光学三维测量仪（见图 6-7）是一种采用光学投影技术的非接触式测量设备，可用于严苛环境下的电子设备零部件质量检测。光学三维测量仪具有工业级高精度、高稳定性等特点，在零部件全尺寸测量、材料力学性能测试、成品性能测试、制造工艺评估等方面有广泛的应用。以集成电路封装为例，集成电路的持续微型化影响了电路板可靠性及热循环性能，进而影响了电路板电路连接的稳定性，集成电路对检验要求极其细致及严格。通过光学三维测量仪可测量及掌握集成电路的热膨胀系数，判断贴装后电路板的热循环失效位置，可以进一步掌握集成电路的稳定性和性能。

④　激光跟踪仪。

激光跟踪仪（见图 6-8）通常由激光照明器、激光探测器、信息处理系统和随动系统组成，是把激光当作测距手段的一种高精度尺寸测量仪器。它可对空间运动目标进行实时跟踪并测量目标的空间三维坐标，具有高效率、高精度、实时跟踪测量、操作简便等特点。在复杂电子装配领域，通常利用激光跟踪仪完成大尺寸工装测量与零件匹配工作。

图 6-7　光学三维测量仪（海克斯康）

图 6-8　激光跟踪仪（API）

⑤　激光干涉仪。

激光干涉仪是一种以激光干涉测量法为原理，把激光波长当作基准进行精密测量的检测仪器，它主要用于数控机床几何精度检测、位置精度检测及其自动补偿、机床动态性能评估。激光干涉仪（见图 6-9）可测得数控机床包括 x、y、z 三轴距、俯仰角、偏摆角以及滚动角 6 个参数，与传统干涉仪相比，激光干涉仪可以更加快速、准确地对数控机床的精度进行测量与评估，减少数控机床故障停机时间，提升设备利用率。

图 6-9　激光干涉仪（API）

⑥　视觉检测设备。

视觉检测设备依赖于电荷耦合器件（Charge Coupled Device，CCD）成像摄像头和检测系统，通过 CCD 成像摄像头将被检查目标转换为图像信号，检测系统通过深度学习等算法对图像信号进行有/无、合格/不合格、角度、数量、尺寸等检测。在电子制造行业中，视觉检测设备广泛应用于半导体元件表面缺陷特征监测、字符印刷残缺检测、芯片引脚封装完整检测、元件破损检测、端子引脚尺寸检测、编带机元件极性识别、键盘字符检测等。

3）料

"料"（物料）的监控管理与车间生产加工紧密关联，是生产执行过程中的关键一环。其管理流程涉及企业多个部门，产生大量物料-订单-产品的关联数据，关系错综复杂。通过 RFID、二维码识别等技术为车间中的物料绑定唯一身份标识，实现对物料的实时数据采集与状态监控，消除部门间的信息壁垒；使物料管理部门与其他部门达到信息上的同步共享以及流程上的无缝衔接，改善物料配送效率和管理质量；同时，也能够为上层管理系统提供数据支撑，实现物料管理问题的协同处理。

车间物料主要包括车间的仓储物料和车间的在制品两部分。仓储物料一般由物料配送员/设备从车间当日库配送至车间生产工位；而在制品一般与生产订单号绑定，随着生产环节在车间内有序流动。通过 RFID 技术对在制品物料进行编码和标识，实现产品从原材料、零部件、半成品到成品生产全过程的过程跟踪与监控，简化了物料出入库流程，为物料的科学管理和控制奠定了基础。

4）法

"法"是指制造产品所使用的方法，包括工艺流程的安排、工艺之间的衔接、工序加工手段的选择（如加工环境条件的选择、工艺装备配置的选择、工艺参数的选择）和工序加工指导文件的编制（如工艺卡、操作规程、作业指导书、工序质量分析表等）。工艺方法对工序质量的影响主要来自指定的加工方法，选择的工艺参数和工艺装备等的正确性和合理性。数据采集系统通过采集并监控加工设备关键工艺参数，如力矩值、焊接参数、切削参数、浓度等，来控制产品加工质量。

5）环

伴随着复杂电子行业精密化、集成化的发展趋势，微电子制造工艺已经进入了亚纳米时代，线宽在 30～180nm 之间。对高精度电子设备制造工艺精度要求越来越高的同时，也对车间生产环境提出了更高的要求，主要包括车间洁净度、光强、振动静电、温度、湿度、磁场以及气体浓度等，其中温度、湿度是车间环境控制的重点，其控制效果直接影响精密电子的生产优良率。

有关环境监测和安全管控相关要素的数据采集可参考第 8 章中的相关内容。

6）测

生产过程的质量检测是实现企业质量目标的重要保证，是指从原材料入库到形成最终产品全过程的质量监控，主要内容包括材料物资供应质量检测和产品质量检测。其中物资供应质量检测由 WMS 完成，数据采集与监控系统主要针对生产过程中半成品或成品的检测。产品质量检测以现代传感器、图像识别等先进的传感检测技术为基础，在线采集工艺过程的关键技术参数并进行分类、检测、判定等工作，全面实现在线产品检测管控以及成品检测智能化，为整个质量管控、生产工艺调优、设备运行参数优化提供大量原始数据。

2. 数据采集技术

数据采集技术从属于工业物联网架构体系中的感知层，是通过物理、化学或生物效应感受实物的状态、特征和方式的信息，按照一定的规律转换成可利用信号，用以表征目标外部特征信息的一种信息获取技术。数据采集技术是复杂电子装配车间实现各个生产要素、设备互联互通、集中管控的前提条件。典型的数据采集技术包括传感器技术、RFID 技术、条码技术、图像识别技术等。

1）传感器技术

传感器是一种能感知被测量信息，并将感知到的信息按一定的规律变换成电信号或其他所需形式信号输出的检测装置。它主要分为光电、热敏、气敏、力敏、声敏、磁敏等不同的类别。在生产车间中，先进的智能生产设备中一般均布置较多的传感节点，以离散制造领域应用广泛的数控加工为例，常见的数控机床、工业机器人、自动导引车等制造设备自带的感知装置就有位置、速度、电流、温度等物理量的测量传感器。常见生产设备传感器配置如图 6-10 所示。

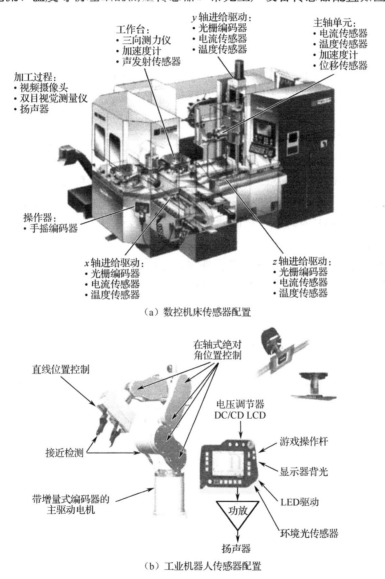

（a）数控机床传感器配置

（b）工业机器人传感器配置

图 6-10　常见生产设备传感器配置

2）RFID 技术

射频识别（Radio Frequency Identification，RFID）技术是一种应用广泛的非接触式自动识别技术，通过射频信号实现读写器和标签之间的数据通信，达到标签识别的目的。标签按照工作模式的不同可分为主动标签（Active Tag）和被动标签（Passive Tag）。工作时，RFID 读写器通过天线发送一定频率的脉冲信号，主动标签进入磁场时，主动发送某一频率的信号，阅读器对接收的信号进行解码并发送至后台主系统中进行相关处理；被动标签进入磁场时，凭借感应电流所获得的能量发出存储在芯片中的产品信息。RFID 技术解决了物品信息与网络间实现自动连接的问题，结合后续的数据挖掘工作，能发挥其强大的威力。

在离散制造车间中，RFID 标签被附加/粘贴在几乎所有的制造资源上，如操作员、工件、托盘、叉车、加工设备、刀具、工装夹具和测量设备等，这种方式被称为"资源和标签一一对应"模式。通过这种模式，生产车间内所有生产资源均可转变为拥有内置标识的"智能体"。当这种"智能体"进入 RFID 读写器信号探测范围内时，系统便可无接触地自动识别"智能体"身份信息并采集数据。

3）条码技术

条码技术是实现 POS（销售点终端）系统、电子商务、供应链管理的技术基础，也是数字化车间生产设备、物料、工件识别的重要技术手段之一。条码技术利用一组规则排列的条、空以及相应字符组成的条码来表征信息，通过光电扫描设备实现信息的自动识别和快速录入。目前常见的条码有一维码和二维码两种，一维码在水平方向上表达信息，数据容量一般为 30 个字符左右；二维码采用某种特定的正方形图案记录信息，这个图案由一定规律分布的黑白相间的小图形组成，从表面上看难以判断其规律性，对其数据内容起到了很好的保护作用。随着车间信息化程度的提升，条码技术与 SCADA、MES 等车间信息管理系统相结合，使得车间数据采集与传递更加便捷。由于条码识别操作简单、成本低廉、可靠性高、信息采集量大、灵活性高等特点，在数字化车间物料管理、生产制造管理中应用广泛。

4）图像识别技术

图像识别技术是利用计算机对图像进行处理、分析和理解以识别各种不同模式的目标的一种技术，属于人工智能的一个重要领域。在一般工业应用中，通常采用工业相机拍摄图片，然后再利用软件根据图片灰阶差做进一步识别处理。图像识别技术又包括两个重要分支：光学字符识别和数字图像处理。

光学字符识别（Optical Character Recognition，OCR）是指自动识别图像中的文字内容，属于人工智能机器视觉领域的一个重要的分支，即把文本、卡证等载体上的文字通过光学等技术手段转化为计算机认识的电子化数据。通常，图像信息通过扫描仪、照相机、电子传真软件等设备获取并存储在图像文件中，然后利用 OCR 软件读取、分析图像文件并通过字符识别提取出其中的字符串。OCR 技术发展成熟，识别准确率高，可用于识别并采集车间物料、工件、工装等身份信息。如图 6-11 所示为利用 OCR 技术识别 T/R（Transmitter and Receiver）组件地址码信息。

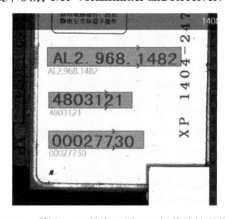

图 6-11　利用 OCR 技术识别 T/R 组件地址码信息

数字图像处理技术是指将一种图像信号转变为二进制数字信号，经过计算机对其进行图像变换、编码压缩、增强和复原，以及分割、特征提取等处理，高精准地还原到显示器的过程。数字图像处理技术在质量检测领域应用广泛，如晶振元件缺陷检测、流水线零件的自动检测识别等。如图 6-12 所示为利用数字图像处理技术识别锡膏印刷机质量信息。

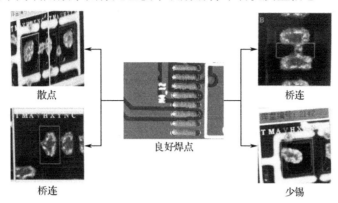

图 6-12　利用数字图像处理技术识别锡膏印刷机质量信息

6.3.2　设备互联互通

数据采集解决的是设备"聋"的问题，设备互联互通则是解决设备"哑"的问题。设备治"哑"是实现数字化车间的关键一步，通过设备互联互通，使生产车间的工业机器人、数控机床等数字化设备既能"听得到"，也能"说得出"。设备的互联互通消除了各个设备间的信息壁垒，通过统一的网络实现了车间生产设备数控程序共享、远程监视控制、智能维修维护、设备集中管理。实现了设备由以前的单机式工作模式向数字化、网络化、智能化的新型模式转型升级。

网络连接技术的发展为数字化的互联互通提供了基础设施保障和技术支撑。多种网络连接和通信技术用于实现设备与设备、设备与系统、系统与系统之间的连接问题。如图 6-13 所示，数字化车间的互联互通网络包括车间内及车间之间的通信网络。数字化车间内通信网络主要通过现场总线、工业以太网、工业无线网等连接车间的传感器、控制器、生产设备等，获取车间生产全生命周期内不同维度的数据，包括设备、原材料、人员、工艺流程和环境等工业资源状态；车间之间的通信网络通过工业以太网管理器连接各个车间的现场网络，构成环形工业以太网，并将数据传输并存储在数据库系统中。

下面分别介绍数字化车间设备互联互通方法和相关的典型技术，包括设备互联互通的有线通信、设备互联互通的无线通信和 OPC UA。

1．设备互联互通方法

数字化车间物联网旨在实现车间人员、设备、物料、产品、环境等各大生产要素间的互联互通。人员的互联互通是指通过携带具有定位、机器视觉等功能的智能终端，实现人员的定位、活动轨迹的跟踪及实时工作状态的监测；物料和产品通常通过 RFID 读卡器读取加装标签实现状态的监控；环境监测通过部署若干传感器实现。智能终端通常自带联网功能，因此人员、原料、产品和环境的互联互通相对来说比较简单。而设备的互联互通则需要依据设备联网能力的不同，具体可分为基于 HMI（人机交互）系统的设备、基于网口的设备、基于串口的设备和基于网络 I/O 采集模块的设备互联互通。下面分别介绍这 4 种类型的设备互联互通的具体实施方法。

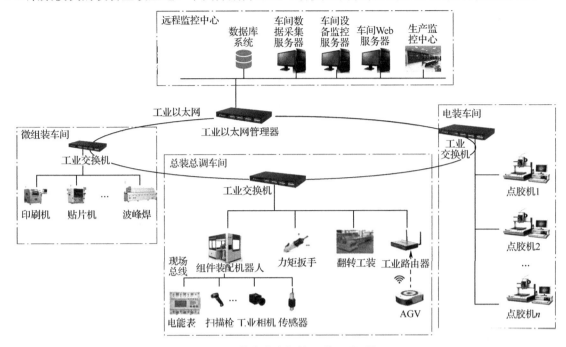

图 6-13　数字化车间的互联互通网络

1）基于 HMI 系统的设备互联互通

人机交互（Human-Machine Interaction，HMI）一般是设备自带的监控系统，这样的设备往往自动化程度和信息化程度都比较高，如高端数控机床、智能装配单元、自动化立体仓库等，其 HMI 系统往往已经对设备层的数据进行了采集、存储。因此，针对这类自带 HMI 系统的设备，我们首选的数据采集方案就是直接从 HMI 系统中获取设备的数据，而不用再去获取设备层的数据。这样就能把设备层的数据采集转换为两个信息系统的信息集成，如图 6-14 所示。HMI 系统通常将设备的数据存储到自带的数据库中，然后以开放数据库访问权限的方式或以 WebService 协议方式释放数据访问接口。

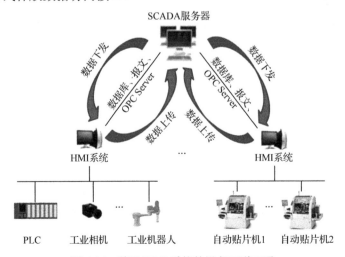

图 6-14　基于 HMI 系统的设备互联互通

利用 HMI 系统进行数据采集的重要前提条件是该 HMI 系统的数据开放性。目前工业现场有很多 HMI 系统，但是，这些系统与设备自成一体，并没有对外进行数据交互的接口，如数据库不开放等。这种现象也就构成了工业现场的"自动化孤岛"——设备的数据虽然已经采集到上位机系统中，但是无法向其他信息系统传递，仍然被"困"在生产现场。

2）基于网口的设备互联互通

基于网口的设备数据采集是指借助设备自身的通信协议和通信网口，不添加任何硬件，直接通过以太网接入到车间网络。这类设备一般采用 RJ45 接口，也就是以太网口，如图 6-15 所示。

图 6-15　RJ45 接口（以太网口）

这类设备的通信协议各异，比较常用的有西门子 PLC S7、Modbus 协议、OPC 通用协议等，也有设备厂商自行定义的私有协议。这些协议均基于 TCP/IP 协议簇，数据采集系统可通过解析不同协议以实现对异构设备的数据采集。对于 OPC UA 等通用协议，可应用如 Eclipse neoSCADA，Kepware 等开源框架或商业化组件完成上述协议的解析，并转换为 IT 领域常用的通用接口（如 RESTful API），以方便其他信息系统对接。如图 6-16 所示为通过解析西门子 PLC S7 协议、OPC 通用协议和 Modbus 协议实现设备互联互通。

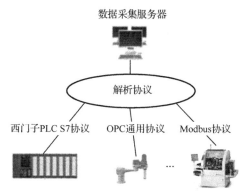

图 6-16　通过解析协议实现设备互联互通

3）基于串口的设备互联互通

串口设备的通信协议不属于 TCP/IP 协议簇，往往在硬件接口方面就与以太网不兼容，如 RS485 等。针对串口设备互联互通通常有两种方法：一种是通过现场总线技术将串口设备连接至同一 HMI 系统，再基于 HMI 系统实现设备互联互通；另一种是对串口设备增加网关，将其协议转换为 TCP/IP 协议，再接入到车间的网络中进行协议解析，这类协议比较常用的包括 Modbus-RTU、DeviceNet 等。如图 6-17 所示为应用串口转网口模块将 RS485 接口的协议转换成 UDP 协议实现串口设备互联互通。

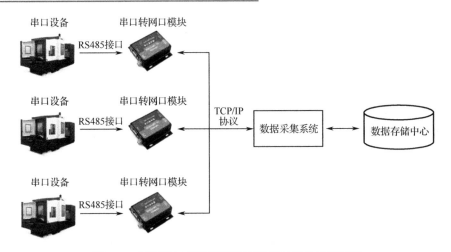

图 6-17 应用串口转网口模块实现串口设备互联互通

4）基于网络 I/O 采集模块的设备互联互通

针对不具备联网能力的设备，可通过加装网络 I/O 采集模块实现数据采集。不具备联网能力的设备是指工业领域中不支持任何通信软硬件接口的设备。工业物联网面临着数量庞大的老旧设备，这些老旧设备在互联互通时存在诸多问题，如有些设备不具备运行状态信息的采集功能，或者有些设备不支持任何通信接口，不具备基本的通信能力，此类情况需要借助智能化手段改造原有的设备。首先借助传感手段获取数据，其次通过赋予某种通信网络能力支持信息传输。如图 6-18 所示为采用网络 I/O 采集模块的设备互联互通，该采集模块支持基于 TCP/IP 的 Modbus 通信协议，数据采集系统通过 Modbus 通信协议读取网络 I/O 采集模块的数据，处理后存入数据存储中心。

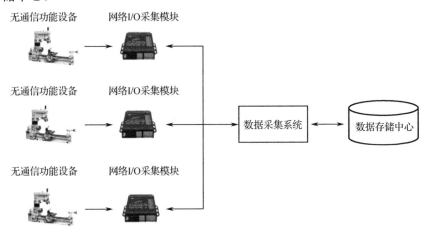

图 6-18 采用网络 I/O 采集模块的设备互通互联

目前产业界也在积极探索如何深度挖掘老旧设备的数据，如 ABB 公司在 2016 年推出了一款智能传感器，可以便捷地贴附在电机上，将电机振动、温度、负载和能耗等关键参数通过无线网关或智能手机传输到云端，一旦参数偏离标准值，它就会发出警报，从而使操作人员在电机发生故障前采取预防措施。

2. 设备互联互通的有线通信

设备互联互通的有线通信主要分为现场总线和工业以太网两大技术体系。而对于电子制造行业,多遵循由国际半导体设备与材料协会(Semiconductor Equipment and Materials International,SEMI) 负责起草的行业标准——SECS/GEN 协议。下面分别就 3 种有线通信方式进行介绍。

1) 现场总线

现场总线技术研究最早开始于 20 世纪 80 年代,原本是指现场设备之间的公用信号传输线。根据 IEC 和 ISA 的定义,现场总线是连接智能现场设备和自动化系统的数字式、双向传输、多分支结构的通信网络。现场总线具有标准化、开放化、成本低、数字化、互操作性好和控制分散等特点,通常在控制设备与生产区域之间,将现场设备作为网络节点连接起来,实现自下而上的全数字通信。这些网络节点可以与同厂商的设备相连,也可以与不同厂商的设备相连,使得控制网络的软硬件配置更加灵活。在复杂电子设备数字化车间中,车间现场的智能仪表、测试装置等通常采用总线传输,这样既消除了传统通信线路的端子和线缆的冗余,也使得车间控制系统更加简洁、稳定、高效。

到目前为止,工业现场广泛应用的有 ControlNet、ProfiBus、Interbus 等多种现场总线国际标准,在 IEC 61158 的第四版中,包括 20 种现场总线技术,应用在不同的工业领域。一直以来,由于各厂商维护自身利益等原因,没能形成一种统一的现场总线标准,这种多现场总线并存的现象依然持续着。

2) 工业以太网

工业以太网是继现场总线之后出现的一种工业网络技术。一般而言,工业以太网在技术上与商用以太网(IEEE 802.3 标准)兼容,但在产品设计、材质选用时需要满足工业现场实时性、可靠性、抗干扰性、安全性及互操作性的要求。工业以太网具有价格低廉、易于组网、通信速率高、技术成熟、开放性好、软硬件产品丰富等优点,能够解决不同厂商设备的兼容性和互操作问题,实现信息的集成与数字化管理,因而在企业的资源管理和制造等信息化系统中应用广泛。同时,得益于与以太网良好的衔接性,为构建先进的工业制造协同网络平台、实现网络化协同制造提供了良好的支撑。目前,工业以太网协议主要有 PROFINET、Ethernet/IP 等。

3) SECS/GEN 协议

设备通信标准/设备状态模型(SEMI Equipment Communication Standard/Generic Equipment Model,SECS/GEM)是由 SEMI 负责起草的行业标准。SECS/GEM 协议是一组针对晶圆制造自动化协议簇的统称,该标准的出现本来只针对半导体生产设备,但伴随着 SECS/GEN 协议的广泛使用,目前市场上的大多数微电子制造设备也通过多种扩展方式拥有了满足 SECS/GEN 协议的兼容接口。SECS/GEN 协议统一了各种生产设备之间以及生产设备与控制设备之间的通信协议,使设备可快速集成到计算机集成制造(Computer-Integrated Manufacturing,CIM)、MES 等企业管理系统中。

SECS/GEM 协议总体架构如图 6-19 所示。该协议簇主要包括 SECS-I、HSMS (High-Speed SECS Message Services)、SECS-II 和 GEM 协议,在协会的协议编号分别是 E4、E37、E5 和 E30。

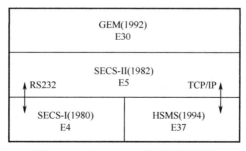

图 6-19　SECS/GEM 协议总体架构

SECS-I 和 HSMS 协议处于协议簇的底层，提供了生产设备通信的链路层规范。其中 SECS-I 协议基于 RS232 串口通信，HSMS 协议基于以太网 TCP/IP 协议，使用以太网通信介质，满足了高速链路的数据通信需求。SECS-II 协议处于中间层，定义了设备之间，以及设备和主控台之间所传送的消息格式与通信内容。其中通信内容包括设备状态、物料状态、物料控制、过程处理、配方信息、报警事件处理等。GEM 协议处于协议簇架构的顶层，它定义了通用设备功能标准，规定了各消息主控台及设备和模块应采取的生产行为。常见的 GEM 协议功能包括建立通信、事件报告、过程程序管理、错误信息推送等。

3. 设备互联互通的无线通信

设备互联互通的无线通信是目前发展迅速、最具活力的新兴技术之一，具有有线通信技术难以取代的优势。它逐步从信息采集、生产控制渗透到企业信息化等各个环节。同工业有线网络相比，工业无线网络提高了网络部署的灵活性和管理效率，满足了工业现场设备移动性的需求，并且节约了布线所需的成本，易于对传统的生产制造车间进行数字化、信息化改造升级。常见的工业无线标准有 ZigBee、Wireless HART，以及我国拥有自主知识产权的 WIA-PA 等。ZigBee 基于 IEEE 802.15 标准的低功耗局域网协议，可嵌入各种设备进行无线检测与控制，具有低成本、低功耗、高安全等技术特点，但可靠性和健壮性不能得到保证。Wireless HART、WIA-PA 和 ISA100 都是面向工业过程自动化而制定的工业无线标准，它们可以为工业系统提供实时、可靠、低能耗、安全的通信支持，已广泛应用于工业网络。从工业网络的发展趋势来看，数字化车间有线网络、无线网络将长期异构共存。

4. OPC UA

伴随着车间智能化水平的不断提升，车间设备也呈现多元化，如工业机器人、数控机床、精密电子设备、AGV 等。多元化的底层设备也给车间的数据采集与传输带来了诸多难题。首先，由于物联网底层设备种类繁多，且通信协议也各不相同，使得车间数据采集和异构设备的通信系统成本巨大；其次，对于上层的车间管理系统而言，不同协议的信息通信阻碍了系统各层次的数据统一管理，增大了车间信息系统管理的成本；最后，由于设备通信协议不能统一，设备采集与监视系统设计时只能被动集成各个厂家的通信协议，进而适配底层设备，使得系统的可扩展性差，提升了系统的开发难度，阻碍了整个数字化车间的信息化建设。

在这样的背景下，OPC UA（OLE for Process Control Unified Architecture）规范被提了出来。OPC UA 是由全世界 30 多家知名制造企业联合开发的一个开放的跨平台数据交换协议，目前已成为工业 4.0 中的通信标准。OPC UA 具有跨平台的特点，不受限于操作系统，适配绝大多数的底层设备。OPC UA 还支持各类设备复杂的数据结构通信，通过将设备的各种数据及结构节点封装为对象来对设备信息模型进行描述，以此来实现复杂数据结构的通信。同时，OPC UA 服务器可以通过将底层设备的实时数据传输给 OPC UA 客户端，并提供历史数据查询来实现设备的远程监控。

6.3.3 系统功能模块设计

SCADA 系统主要包括两个层次的基本功能：数据采集和监控。其中数据采集是实现监控功能的基础，而监控功能由远程的监控中心完成。监控中心位于 SCADA 系统的监控层，也可称为系统应用层。它主要设置在中央控制室中，可对现场生产设备、人员、物料等生产状态信息进行实时监控,同时自动生成各类数据记录报表,便于管理者实时掌握生产现场信息以及优化决策。某数字化车间监控中心如图6-20所示。

图 6-20 某数字化车间监控中心

SCADA 系统监控中心依据监控对象的不同可划分为六大功能模块,分别为生产执行监控、设备监控、物料监控、生产质量监控、人员监控和环境监控。SCADA 系统监控中心功能模块如图 6-21 所示。

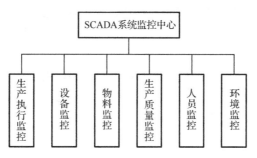

图 6-21 SCADA 系统监控中心功能模块

1. 生产执行监控

生产执行监控以企业目标、生产计划和产品质量为前提,通过设备/生产线的数据采集,自动监视和检查生产订单进度和产品质量情况,及时发现问题,提出改善措施,保证生产任务的顺利完成。在 SCADA 系统中,生产执行监控主要包括开工条件检查、生产进度监控、生产线平衡分析等功能。

1)开工条件检查

设备/班组接收上层 MOM 系统下发的生产作业计划后,生产执行模块通过订单信息关联、BOM 分解获取开工所需设备、人员、物料等关键信息,基于车间实时状态比对进行开工条件检查,具体包括开工正常、开工延期、开工异常等。开工异常主要包括设备故障、物料短缺等。

2）生产进度监控

生产进度监控主要包括两个层次，产线级的订单进度监控和工位级的设备加工/检测进度监控。产线级的订单进度监控通过 RFID 或条码识别技术实现订单跟踪和"物-机-料"的多重关联，监控平台可实时定位当前订单所处工位、设备、班组等信息。工位级的设备加工/检测进度监控基于设备互联互通网络获取设备运行状态、加工效率、订单产品数量、剩余加工数量等数据计算当前订单加工进度和预计完工时间，并对异常订单进行预警。

3）生产线平衡分析

生产线平衡分析根据采集到的生产线上全部工序的作业时间，绘制工序/工时关联图，帮助车间管理人员找出关键工序。车间管理人员可通过合并或拆分工序等方法调整工序作业时间，优化生产线生产节拍。

2. 设备监控

设备监控旨在通过设备数据采集，实时监控设备运行状态，并对设备运行、空闲、故障等时间进行统计与分析，为生产管理优化提供数据支撑，保障生产任务的顺利实施。设备监控模块包括 3 个功能：设备运行状态监控、设备数据统计与分析、设备负荷计划与产能平衡分析。

1）设备运行状态监控

基于设备物联网数据采集，可视化展示设备运行状态，包括待机、运行、暂停、故障等，清晰、直观地显示车间所有设备的运行状态，使设备管理人员可对设备的使用情况进行实时监控。

2）设备数据统计与分析

对各类设备的自动采集分析、停机时间和故障判断，通过选择相关参数判断趋势，计算设备 OEE 指标。设备故障和历史事件的记录与分析，为优化设备效率提供基础信息。与 MOM 系统集成，由 MOM 系统对维护人员进行标准指导，并对保养和维护工作进行最优化组织。

3）设备负荷计划与产能平衡分析

设备负荷计划与产能平衡分析是指根据设备生产能力，将车间作业计划合理地分配至各个生产单元，实现生产设备产能平衡，使车间均衡生产。设备负荷是指设备在某个时间段内的计划或实际运行时间，为设备标准作业时间与计划加工数量的乘积；生产设备产能是指生产设备的生产能力，为计划期内设备所能生产的产品数量。当设备产能不足时，应考虑增加作业班组、增加加工设备或调整生产计划，维持设备的适当作业率。当设备产能过剩时，应优化设备资源配置，提升利用效率。

3. 物料监控

物料监控通过实时检测物料的流动，保障物料的适时、适量、适质供应，制造人员物料高效收发，避免缺料、废料的产生。车间内的物料一般可分为原材料、在制品和产成品，原材料状态主要表现在初步加工、供应和存储方面；在制品状态表现在加工状态、消耗、暂存等方面；产成品状态表现在存储方面。物料监控主要针对以下几个方面：物料状态、在制品信息统计、物料供应和物料消耗。其中，物料状态包括物料的位置状态、加工、等待以及存储状态；在制品信息统计主要针对在制品数量、良品率等进行分析；物料供应信息帮助提升生产物料齐套率，确保计划完工率；物料消耗可为产品后续的成本核算提供数据支撑。通过物料信息的实时监控，物料管理部门可及时、有效地组织现场管理工作，发现物料流动中存在的缺料、浪费等问题，保证物料的高效流动。物料监控主要包括物料状态监控、物料供应和消耗信息跟踪、在制品生产过程监控、在制品信息统计 4 个功能。

1）物料状态监控

物料状态监控可实时获取物料基本信息、物料状态信息和物料位置信息。其中，物料基本信息包括物料名称、编号、类别等；物料状态信息包括在加工、未加工等，对于加工状态的物料，可通过关联信息查询进一步跟踪到加工人员信息、设备信息以及加工状态信息等；物料位置信息表示当前物料所处的位置，如未出库、线边库等。

2）物料供应和消耗信息跟踪

物料供应跟踪每道工序节点，系统通过对各工序物料供应情况进行实时监控，并与实际所需物料进行对比分析。一旦发现物料供应短缺或滞后现象，系统发出预警提醒。物料管理人员可及时查明原因并采取行动，保证在最短的时间内恢复物料供应；物料消耗以产品为跟踪对象，物料管理人员可实时跟踪每个产品的物料消耗情况，并通过查看物料库存情况，对处于预警或报警状态的物料及时进行生产或采购，避免停工待料的现象出现。

3）在制品生产过程监控

在制品生产过程监控可查询在制品生产状态以及所消耗物料编号、数量等信息，通过产品信息关联，也可查询到产品加工的工艺编号、设备编号、人员编号和质检信息等。这些信息为产品质量追溯、成本核算等提供了数据支撑。

4）在制品信息统计

在制品信息以车间为单位进行统计，并分别计算出在制品合格、返修和报废数量的相对比例以及在制品加工、等待、搬运和暂存时间的相对比例，若出现返修率、废品率较高或除加工时间以外的其他时间所占比例较高的情况，则需要车间管理人员立即查明原因并采取相应措施，而且要持续监控。

4．生产质量监控

生产质量监控是指产品在加工过程中对其质量进行实时监控和分析，主要包括 3 个功能：产品质量预警、产品质量异常处理和质量统计分析。

1）产品质量预警

产品质量预警以现代传感技术、光学检测技术、图像识别等智能感知技术为基础，实时采集生产线与产品质量相关的关键参数，当监控平台检测到异常数据时，随即做出预警响应。

2）产品质量异常处理

当监控平台检测到产品质量问题时，质量异常处理模块调用专家知识库找到解决方法，并推送给质量管理人员。

3）质量统计分析

质量统计分析以车间为单位，通过对产品的合格品、返修品、废品数量的统计，图形化展示其合格、返修和报废数量的相对比例。为车间质量管理人员提供决策支持。

5．人员监控

人员监控是指对车间操作人员的管控，其主要实现人员状态监控、人员行为跟溯和人员安全管控。

1）人员状态监控

人员状态信息包括在工、休息、缺勤等，人员状态监控可实时展示人员各状态相对比例，有助于管理部门及时发现人员管理问题。

2）人员行为追溯

人员行为追溯可查询工作人员在车间生产过程中所有操作行为数据，包括订单执行、设备开工、物料领取、产品质检等。将人员与订单、设备、质量、物料等信息进行绑定，便于问题的发现与追溯。

3）人员安全管控

人员安全管控基于工业摄像机图像识别技术，对危险操作区域进行实时监控，当系统识别出工作人员危险操作行为时，系统报警警示，以防止安全事故的发生。

6. 环境监控

环境监控通过基于传感器技术对车间温度、湿度、粉尘粒子、空气压差等数据进行采集并实时对环境异常情况进行报警。实现车间环境的可控可调，确保复杂电子设备车间生产过程中精密仪器的安全运行以及产品成品质量。

6.4 应用场景及案例

6.4.1 基于 Web-DNC 系统的网络化协同制造

网络化制造按照敏捷制造的思想，以数据化、柔性化和敏捷化为基本特征，其表现为结构上的快速重组、性能上的快速响应、过程中的分布式决策。DNC 系统通过云端部署集成，采用 Internet 技术建立多企业的 Web-DNC 系统，构成灵活有效的动态多企业联盟，实现企业间的高效协同和生产制造资源的有效整合，从而提升企业的市场快速反应和竞争能力。为实现面向网络化的协同制造，Web-DNC 系统在实现本企业加工设备数字化、透明化的同时，也要实现基于网络云端数据共享。一般而言，Web-DNC 系统具备以下功能。

1. NC 程序管理

Web-DNC 系统的程序档案管理中心负责 NC 程序的集中管理，并将 NC 程序与零件生产相关的工艺卡、图纸、指导书等进行关联，实现产品加工版本管理、权限管理以及全生命周期管理。Web-DNC 系统的通信功能支持 NC 程序的下载与上传，实现了多加工设备的程序共享，有效避免了手工录入的效率低下、错误率高以及 U 盘、CF 卡传输的数据安全隐患等问题。

2. 数据采集与监控

Web-DNC 系统通过软硬件数据采集技术对数控设备进行自动、实时的数据采集，包括加工零件开始/结束时间、设备开关机时间、效率统计、报警信息、刀具信息、主轴附载、操作履历等，实现生产现场可视化、透明化管理。通过生产数据的自动反馈，帮助管理人员及时发现设备故障问题，减少设备故障停机时间，极大提升设备利用率。此外，Web-DNC 系统也可通过云端共享，将采集的数据实时网络发布，促进端到端的数据集成共享。

3. 信息集成与生产任务下发

Web-DNC 系统通过 IT 技术实现与 MES、ERP 等上层管理系统在业务架构层面的集成。

Web-DNC 系统根据 MES 的生产订单下发生产任务到各个数控机床,通过 RFID 等方式将生产订单与加工的业务对象进行关联绑定。Web-DNC 系统实现对零件图、工艺路线、刀具数据、加工要素标准、机器执行数据、操作者等订单关联数据的同步采集,最后将数据订单完工数据及过程数据发送给 MES。这样实现了车间各个信息系统间下发与上传的纵向信息流贯通。

4．基于网络数据共享

Web-DNC 系统实现端对端的数据共享主要表现在两个方面:一方面数控设备可以共享来自企业联盟计算中心的加工程序代码,实现基于网络企业计算能力的外延;另一方面企业下发或接收来自联盟企业的生产订单数据,实现企业制造能力的延伸。从实现方式上,Web-DNC 系统基于 Internet/Intranet 的 WWW 服务实现制造数据共享,其网络拓扑结构如图 6-22 所示。车间工作站通过网络媒介接收总公司或其他联盟企业的外协项目,然后将项目分解的数控加工信息通过车间内部通信网络传输给数控设备,数控设备根据下发的作业计划开展生产,并将机床生产信息以及生产完工信息实时反馈给用户或盟友企业。

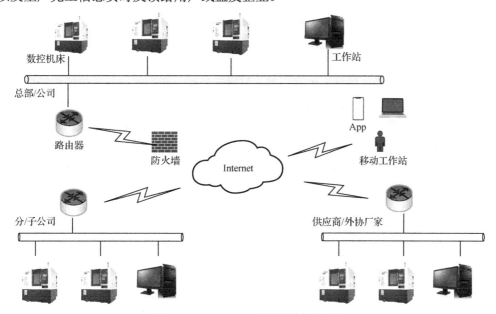

图 6-22　Web-DNC 系统网络拓扑结构

5．跨平台操作

由于 Web-DNC 系统各地用户的数控加工设备、计算机软硬件、数据库系统等具有多样性,因此要求 Web-DNC 系统具有良好的开放性和兼容性。Web-DNC 系统应提供交互性、开放、公共的界面;支持多地域、多用户的同时操作;支持信息共享平台的跨平台操作。

6.4.2　设备状态监控

随着企业装备的持续改进和智能化升级,车间设备的种类、数量越来越多。各类智能化生产设备逐渐成为车间生产中的主体。通过信息化手段监控设备运行状态提升设备生产效率是企业提升竞争力的必然选择。设备状态监控对运行中的设备的轴转速、振动、噪声、温度、相对湿度、环境压力、运行时长等状态数据进行实时采集或定期采集,并基于数理统计模型对采集的数据进行分析，实现设备的加工质量控制、加工进度监控、设备实时预警、综合效率指标分析等功能，极大提升了设备的使用寿命、生产效率、产品加工质量以及企业精益化管理水平。下面以某大型电子装备研制企业自主研发 T/R 组件装配机器人为例进行讲解，其外观如图 6-23 所示。

图 6-23　T/R 组件装配机器人外观

　　T/R 组件作为相控阵雷达的核心部件，其完好率和效能，成为雷达总体指标实现的决定性因素。T/R 组件装配作为雷达实现过程中的重要一环，其装配质量对雷达等电子设备至关重要。T/R 组件装配机器人基于机器视觉技术与柔性机械手技术，实现不同产品的智能识别、定位和装配，大大提升了装配效率。关于该设备详细的介绍见 7.3.3 节中的"T/R 组件智能插装系统"。为了进一步提升该装配机器人的使用效率以及产品装配质量，加装了压力、轴转速、扭矩等各类传感器，通过实时采集生产过程数据监控设备生产状态，实现了生产过程可测、可控、可视、可追溯。

　　（1）通过力传感器、扭矩传感器实时测量 T/R 组件装配数据，精准控制装配过程中工艺参数大小，保证了装配一致性，产品装配合格率达 99.8%。如图 6-24 所示为 SCADA 系统实时监控设备压力曲线和螺钉扭矩曲线，并通过设定压力预警值和螺钉扭矩预警值保障产品生产安全。

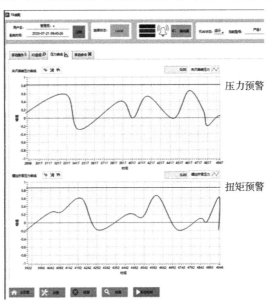

图 6-24　SCADA 系统实时监控设备压力/扭矩

（2）通过工业相机实时识别装配组件"身份 ID"，实时跟踪各个组件装配进度并可视化展示在现场终端，如图 6-25 所示为 SCADA 系统实时监测装配进度，以便于现场管理人员实时掌握生产执行情况。

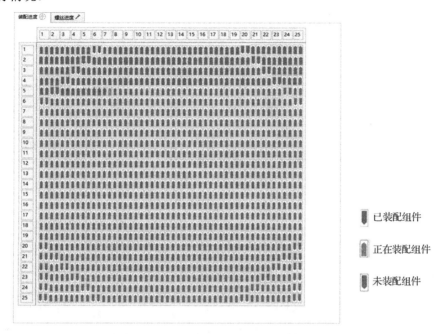

图 6-25　SCADA 系统实时监测装配进度

（3）通过选配的各类状态检测传感器，如测振、测厚、测温、测轴转速、测冲击脉冲等对 T/R 组件装配机器人进行实时健康状态监测。基于监测数据和故障诊断对设备进行在线诊断并实时预警。如图 6-26 所示为设备故障预警界面。设备的故障预警大幅度提升了设备故障响应能力，避免了定期检修和故障停机带来人力、物力和财力的浪费，同时也避免了设备损坏率和安全事故率的上升。

图 6-26　设备故障预警界面

（4）通过采集设备生产周期时间、空闲时间、建立时间、停机时间，可生成设备运行报表和图标，自动计算设备 OEE 指标。如图 6-27 所示为设备 OEE 以及设备可用率统计，为管理人员优化作业计划提供了数据支持。

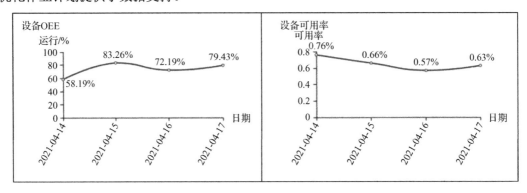

图 6-27　设备 OEE 以及设备可用率统计

6.4.3　实施案例

1．项目背景

微电子组装是复杂电子设备装配的核心组成部分。随着电子系统不断小型化、轻量化，微电子组装产品研制任务量激增，产品规格繁多、产品交付周期越来越短，质量要求越来越高。

本项目以 SMT 车间为实施对象，SMT 组装实现器件的高速贴片过程，由高速印刷机、高速贴片机、回流焊接机等组成 SMT 生产设备。数据采集与监控（SCADA）系统实施之前，SMT 车间生产效率低、质量可控性不强，离散状态的制造设备处理信息"孤岛"。本项目采用数字化、信息化和网络化技术，实现微电子组装设备智能化、生产线设备互联互通和系统集成，支撑微电子组装车间数字化转型升级。

2．项目实施

1）生产线设备互联互通与系统集成

针对 SMT 车间具有不同控制系统和结构功能的生产线设备系统集成的要求，开展了生产线不同工序设备、物料传输系统之间的物理接口、工业网络接口、产品和控制数据接口设计技术，以及与 MOM 系统的信息集成，实现异构生产线设备的互联互通，数据采集与监控系统整体架构如图 6-28 所示。

对 SMT 车间关键设备制造数据的收集、整理，是进行生产计划安排、产品历史记录维护，以及其他生产管理的基础。实现数据采集的生产和检测的关键设备如下。

（1）印刷机：PCB 印刷数量、印刷方式、刮刀压力、刮刀速度、分离速度、分离加速度等。

（2）点胶机：PCB 数量、胶点的大小、轨道宽度等。

（3）贴片机：生产数量、停机时间、工作时间、工作效率、贴装抛料数等。

（4）回流焊炉：炉温、传送速度、各温区下部设置温度、PCB 上下表面实际温度等。

SMT 车间关键设备数据采集表如表 6-2 所示。

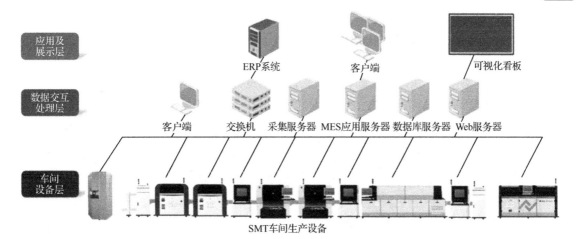

图 6-28　数据采集与监控系统整体架构

表 6-2　SMT 车间关键设备数据采集表

设 备 名 称	设 备 型 号	设 备 品 牌	采 集 内 容	采 集 方 式
湿敏器件存储柜	SMD-TOWER 513	德国 KOGNITEC 公司	温度、湿度、存储状况（物料存储位置、存取记录）、设备运行日志等	直连数据库
激光打标机	INSIGNUM2000	德国 ASYS 集团	打标内容（含产品图号、批次）、打标起止时间、打标日志等	接口通信
锡膏喷印机	MY600	MYCRONIC TECHNOLOGIES AB	产品编号、锡膏编号、喷头编号、操作人员、喷印程序（程序名称、版本、编制日期）、喷印日志（开始喷印时间、结束喷印时间、单次喷点数量）、操作人员等	接口通信
印刷机	G9	GKG	产品编号、锡膏编号、钢网编号、操作人员、印刷程序（程序名称、版本、编制日期）、印刷日志（开始时间、结束时间）等	接口通信
锡膏检查机	VP6000L-V	日本 CKD 公司	产品编号、检查程序、检查结果及图片、检测时间、二次判定信息、操作人员等	接口通信
贴片机	IINEO、XPII	法国 EUROPLACER INOUSTRIES 公司	产品编号、贴装数据（器件型号、器件批次、位号、数量、贴装结果、贴装时间、供料区、供料位、供料器、贴装头、吸头、吸嘴、抛料情况等）、操作人员、贴装程序及参数、设备运行状况等	接口通信
热风再流焊焊接炉	HOTFLOW3/20	德国 ERSA 公司	产品编号、温度曲线、焊接起止时间、焊接工艺参数、实时焊接工艺参数、实时焊接环境参数、操作人员等	接口通信
自动光学检测仪	VT-RNS2-L3	欧姆龙株式会社	产品编号、检查程序、检查结果及图片、检测时间、二次判定信息、操作人员等	直连数据库
上下板机	GLD460	苏州格林电子有限公司	轨道状态（宽度、在制品状态）	设备改造或升级

2）微系统 SMT 生产线监控平台

微系统 SMT 生产线监控平台基于设备互联互通网络获取设备运行状态数据，并通过与

MOM、WMS 等系统集成获取订单、人员、物料等相关数据，实现 SMT 生产线实时状态监控，具体监控功能如下。

（1）生产线监控。

生产线监控展示生产线设备基础状态信息，包括设备名称、当前状态、运行程序、完工件数等，如图 6-29 所示。

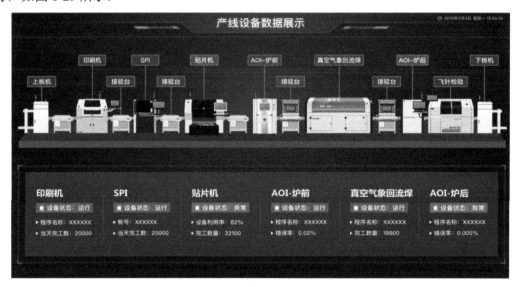

图 6-29　生产线监控

（2）设备状态监控。

设备状态监控实时检测设备运行关键参数，如焊接炉温度、印刷机前后刀压力、印刷速度、脱膜速度等，如图 6-30 所示。

（a）贴片机　　　　　　　　　　　（b）印刷机

图 6-30　设备状态监控

（3）设备预警。

监控平台基于设备关键参数的监控和专家经验的预警阈值对设备运行状态进行实时预警，如炉温超出正常设定区间范围、不良率超过设定控制线、存储物料低于最低水位等，如图 6-31 所示。设备预警加强了生产线异常响应能力，大大提升了设备生产效率。

（4）质量监控。

质量监控获取 SPI、AOI 等设备的质量检测数据和预置的各类缺陷报表分析，实现图形化展示，如图 6-32 所示。

图 6-31 设备预警

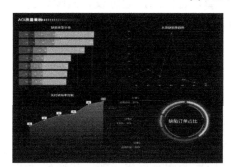

（a）AOI 质量看板

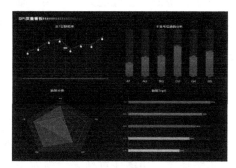

（b）SPI 质量看板

图 6-32 质量监控

（5）物料监控。

物料监控通过与 MOM 系统和 WMS 集成，分别获取生产订单信息和物料库存信息。通过计算当前订单所需物料和库存，获取物料状态，包括库存不足、库存候补、库存充足等，如图 6-33 所示。

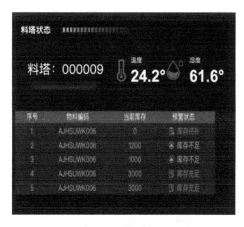

图 6-33 物料监控

3. 实施效果

项目实施以来，SMT 车间对生产管理方面和设备管理方面均取得了诸多成效。

1）生产管理方面

（1）实现了车间的网络化管理。构建了基于以太网的车间互联互通网络，改变了以前单机通信方式，实现了 SMT 生产线设备的集中管理和控制，设备由以前的信息"孤岛"转变为信息节点，实现了数字化设备的网络化管理。

（2）提高了生产状况透明化程度。车间及企业管理者可实时获取设备状态，包括开机、空闲、故障以及正在生产的产品种类及数量信息，便于企业及时、准时编制和调整生产计划。

（3）奠定了数字化车间生产管理基础。通过与 MOM、WMS 等管理系统的集成，将车间制造资源和产品设计资源有机地整合在一起，奠定了数字化车间智能化发展的良好基础。

2）设备管理方面

（1）提高了设备利用率。通过对设备的数据采集，统计分析了设备综合效率指标、时间利用率、性能利用率等数据。为设备管理者提供决策支持，大大提高了设备利用率。

（2）提升了设备故障管理能力。可实时显示故障设备信息，通过设备故障分析功能，包括故障查询、故障时间分布等，提升了企业故障管理能力。

6.5 发展趋势

在工业数字化、网络化、智能化转型需求的带动下，以泛在互联、全面感知、智能优化和安全稳固为特征的工业互联网应运而生。伴随着工业互联网技术的快速发展，数据采集与监控系统的内涵不断加深。边缘计算技术实现海量工业数据的实时采集；新一代通信技术（5G）提供了高速、高灵活、高可靠、高带宽、低时延的物联网通信网络；工业人工智能技术拓宽应用层服务的广度和深度，服务不再局限于设备的可视、可控，未来的设备服务朝着自诊断、自适应以及自学习方向发展。

1. 数据采集与 5G 技术的结合

近几年 Wi-Fi、ZigBee 和 WirelessHART 等无线通信网络技术已经在制造车间使用，但这些无线技术存在局限性，不能满足智能制造对于数据采集的灵活、可移动、高带宽、低时延和高可靠等通信要求。5G 具有更高的速率、高带宽，5G 网速将比 4G 网速提高 10 倍左右，从行业应用看，5G 具有更高的可靠性，更低的时延，支持接入网络更多、密度更大，可以为关键任务型的服务提供保障能力。它能满足工业数据采集的高带宽、低时延和高可靠性等网络通信需求，可保证工业信息实时采集和上传，从而实现对生产过程的实时监控。

2. 数据采集与边缘计算的结合

边缘计算是在靠近物或数据源头的网络边缘侧，融合网络、计算、存储、应用核心能力的分布式开放平台，就近提供边缘网络、技术、存储等服务，满足行业数字化在敏捷连接、实时业务、数据优化、应用智能、安全与隐私保护等方面的关键需求。它可以作为连接物理和数字世界的桥梁，使能智能资产、智能网关、智能系统和智能服务。其中边缘计算智能网关从工业数据采集的角度来看，该网关可起到数据路由器的作用，同时也承载了连接计算的需求与业务的执行。边缘计算可实现海量、异构数据的连接，满足业务的实时性要求，实现数据的优化，注重应用的智能性，同时保护安全与隐私。边缘计算在实时性、短周期数据、本地决策等工业数据采集场景方面有不可替代的作用。

3．设备监控与工业人工智能的结合

工业互联网将为人工智能技术提供了广阔的发展空间，其根本原因就是传感器产生的数据为人工智能技术提供了各类数据输入，并提供了丰富的应用场景。从工业数据采集角度看，人工智能技术的应用可以使各类设备升级为具备"自适应能力"，主动感知环境变化的智能设备，可以根据感知的信息调整自身的运行模式，使其处于最优状态，具体内容如下。

（1）环境的自适应：能够根据自身的工作环境（如温度、湿度、电流、电压），通过可用手段（调节转速、功率、高电压保护等）维持自身正常运转，对环境进行适应与优化。该能力表现为设备在不同环境下的工作能力。

（2）功能的自适应：指工业互联网各类具备人工智能能力的设备能够根据被控对象所处的突发状况、外部环境（如坡道、冲击、压力等），通过可控手段实现被控对象正常运转与使用，并保证其安全。该能力表现为设备在各类环境、场景中性能的差异性，如性能的高低。

第 7 章

智能生产线

　　智能生产线是数字化车间进行生产的重要载体，是数字化车间建设的物理基础。本章首先概述了生产线的发展过程及其基本概念；然后从生产对象特点分析、工艺流程设计、工位布局优化、智能化提升等方面，对复杂电子设备中三种典型对象的智能生产线建设进行了详细阐述，并对生产线上智能设备的分类、发展概况和组成进行了介绍；最后，结合当前先进程度的不断发展，介绍了未来生产线的发展趋势。

7.1　生产线概述

7.1.1　生产线的发展过程

　　生产线是指产品生产过程所经过的路线，按对象原则组织起来，完成产品工艺过程的一种生产组织形式。生产线是美国福特汽车公司创始人亨利•福特（Henry Ford）于 1913 年创立的。在生产著名的 T 型车时，福特汽车公司采取了一些改进措施，汽车不再依靠全能的技工独立组装完成，组装汽车有了分工，每个技工只负责几道固定的工序，并且设立了专门的传递工，技工不用再离开岗位去取工具和零件了。虽然这只是一点小小的改革，但使生产效率大大提高，组装汽车的速度大大加快。生产线的创立极大地提高了生产效率，是一种高效的生产组织形式。

　　生产线按照先进程度的发展主要经历了手工生产线、机械化生产线、自动化生产线和智能生产线等阶段，如图 7-1 所示。

　　20 世纪 10 年代，即生产线创立之初为手工生产线，线上作业主要以手工操作为主，工位间的产品和物料依赖人工进行传递。

　　20 世纪 20 年代至 20 世纪 70 年代，随着机械化的发展，应运而生了机械化生产线，这一阶段生产线的显著特点为机械传动带和机械生产装置。机械传动带取代传递工人，使工件处于不断的运动状态并传递给工人，工人则在固定的工位上对工件进行组装、加工，工件的传输速度对应于每道工序的工作时间。同时，工位上也配备了适量的机械生产装置用于辅助人工进行作业，生产效率进一步提高。

　　进入 20 世纪 80 年代，由于微电子技术、传感器技术、控制技术与机电一体化技术的快速发展，尤其是计算机的广泛应用，使得生产制造形式产生了质的飞跃，出现了部分工业机器人完全取代人作业的现象，同时许多企业开始普遍采用计算机进行生产控制和管理，生产线因此进入自动化生产线时代。自动化生产线即按照工艺过程，把一条生产线上的机器设备连接起来，形成包括上料、下料、装卸和产品加工等全部工序都能自动控制、自动测量和自动连续的生产线，在汽车制造、电子信息、家用电器、机械加工等行业有着广泛的应用。

　　进入 21 世纪 10 年代，世界各国兴起智能制造浪潮，并积极制定智能制造发展战略和规划。智能生产线是智能制造的核心环节，所有的智能制造规划都要依靠智能生产线落地实施。智能生产线不等同于自动化生产线，而是在自动化生产线的基础上融入了信息通信技术、人工智能技术，具备了自感知、自学习、自决策、自执行、自适应等功能，从而具备了制造柔性化、智能化和高度集成化的特点。

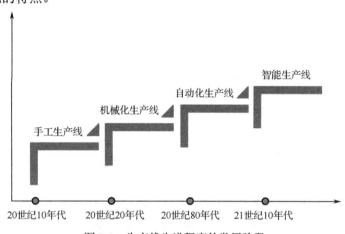

图 7-1　生产线先进程度的发展阶段

7.1.2　生产线的基本形式

　　复杂电子设备中的制件种类多、数量差异大，生产特点不一，因此生产线的形式多种多样，按照生产线的自动连续程度和自动化程度，可分为连续流水生产线、人机协同生产线和脉动生产线。

　　连续流水生产线是指生产对象移动，工人和工装设备位置固定的流水线，并且产品从投入到产出在工序间是连续进行的，没有等待和间断时间。某型汽车采用连续流水生产线的生产组织形式，如图 7-2 所示。连续流水生产线自动化、智能化程度高，在上料、下料、装卸和产品加工等全部工序都能自动控制、自动测量和自动连续，生产线建设、运维投入大，适用于复杂电子设备中高密度板级电路、T/R 组件等大批量制件生产。

　　人机协同生产线是指未完全实现自动化的生产线，基于成本和效率出发，在自动化生产和手工生产中实现最佳平衡的一种生产组织形式，主要适用于各种光电元器件、功能模块、印制板组件、电缆组件等制件生产。某型空调采用人机协同生产线的生产组织形式，如图 7-3 所示。生产线自动化主要依靠定制化专用化设备实现，自动化程度的提升意味着建设投入的加大，一条昂贵的生产线建成后若未生产一定批量的产品很难有可观的回报，或者生产线调试运行还未到最佳状态，产品已经生产完毕，从而造成投入的极大损失。尤其对于线缆等柔性产品的生产装配，如线缆经箱内过线孔安装固定等作业，熟练工人可轻松完成，但工业机器人实现自动化装配却非常困难。

图 7-2　某型汽车连续流水生产线

图 7-3　某型空调人机协同生产线

脉动生产线是指按节拍移动的一种生产线，运用精益制造思想，对生产过程进行流程优化和均衡，实现按设定节拍移动的站位式生产组织形式。某型飞机采用脉动生产线的生产组织形式，如图 7-4 所示。脉动生产线对生产节拍要求不是很高，当生产某个环节出现问题时，整个生产线可以不移动，或者留给下个站位解决，当总成工作全部完成时，生产线就脉动一次。脉动生产线最开始应用于飞机制造，第一条脉动生产线是由波音公司在 2000 年建立的，经过多年的发展，脉动生产线的应用范围越来越广，逐步在卫星、雷达等领域应用发展。脉动生产线适用于复杂电子设备中总装集成测试环节。

复杂电子设备专业系统多样，结构组成复杂，包含数十个分系统，分系统又由上万个机械、电子零部件和微系统结构组成。复杂电子设备从小到大可分为 5 个层级，分别是材料层、元器件/零件层、组件层、部件层和整机层。不同的层级有不同的生产对象，其结构工艺也不尽相同，生产线的建设应根据具体的生产对象特点选择适宜的生产线形式。

图 7-4 某型飞机脉动生产线

7.2 复杂电子设备智能生产线

如上所述,根据生产对象结构工艺特点的不同,复杂电子设备的生产线主要有 3 种形式,即连续流水生产线、人机协同生产线和脉动生产线。微组装对象具有生产工艺复杂、操作要求高、批量大且便于传送的特点,生产组织形式选择连续流水生产线较为适宜。电子装联对象具有多品种、小批量、生产工序多且涉及线缆等柔性件装配的特点,生产组织形式选择人机协同生产线较为适宜。整机总装对象具有结构组成复杂、设备规模量大、总装工序多且机电液交叉混装、装调一体化的特点,生产组织形式选择脉动生产线较为适宜。

7.2.1 微组装智能生产线

1. SMT 生产线生产对象

表面贴装技术(SMT)生产是完成电子设备关键功能部件的核心工序,经过几十年的发展,其设备自动化程度高、工艺方法逐渐成熟,生产过程的控制能力决定产品品质。SMT 生产线用于高密度板级电路的装配,可实现锡膏的涂覆、涂覆质量检测、电子元器件装配、焊接及焊接质量检测等功能,其典型组成设备及生产流程如图 7-5 所示。

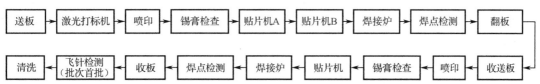

图 7-5 SMT 生产线典型组成设备及生产流程

随着电子设备系统的高速发展，电子设备向多功能、高集成、小型化和轻型化等方向发展，其电子电路系统的集成度、复杂度和组装密度越来越高（SMT 产品见图 7-6），对其核心系统的制造能力提出了更高的要求。

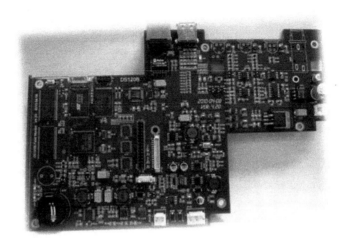

图 7-6　SMT 产品

2. SMT 生产特点分析

随着电子设备多样化、客制化、快速换代等趋势越来越明显，SMT 生产过程多品种共线、小批量订单混线生产的特点越来越突出，尤其是在国防军工、航空航天等领域。多品种变批量 SMT 自动化生产中存在的物料管控难度大、设备利用率低、持续改进速度慢等特点严重制约了自动化设备效能的发挥，并对生产过程的管控方式提出了更高的要求，需要引入更加先进的过程管控方法、质量管控方式和制造执行系统。复杂电子组件 SMT 物料流程如图 7-7 所示。

SMT 生产线主要由自动化单机设备组成，具有自动化程度高、生产速度快、效率高等特点，非常适合板级电路产品的批量式生产，可有效发挥生产设备的优势。然而在多品种变批量生产线中存在产研共线、多订单混线、产品制造周期短等业务特点。图 7-8 所示为典型的多品种变批量生产线的订单分布情况，印制板数量在 10 块以下的订单占总订单的 85%，每天的换线次数达到 8 次以上。这种生产模式给生产过程和质量管控带来了很大的难处，并且制约了生产线自动化设备效能的发挥，面临的主要问题如下。

（1）切换速度慢，设备有效利用率低：多品种变批量生产线承制的产品品种多，每日切换次数多，产品切换过程占用了大量的设备时间，导致设备的综合利用率低。

（2）物流配送和物料管控难度大：物料品种多、数量少、更新快，一般情况下产品之间的物料不能混用，对物料的管控包括对物流、质量、追踪等的管控。

（3）生产过程扰动因素多，生产节拍波动大：多品种变批量 SMT 生产过程受到计划调整、物料抛料导致的短缺、物料质量波动等因素较多，不同产品之间的差异大，生产过程复杂度高。

（4）轨道宽度兼容性差：由于产品宽度不一致，多个订单混线生产时，轨道尤其是缓冲机的宽度无法兼容多个产品，导致布置的轨道无法发挥作用。

（5）同批次产品数据量小，数据利用价值低：小批量产品以 1～5 块为主，生产过程中积累的生产数据很少，数据的利用价值低。

（6）对人的经验依赖度大：由于产品切换快，生产过程中的工艺参数、缺陷辨识如焊接温度曲线确定、SPI 检查结果判断、AOI 检测结果判断等对工艺人员和操作人员的经验要求高。

（7）产品再次生产跨期长，持续改进速度慢：小批量产品经常隔较长时间才会再次投产，多批次之间的信息对比作用有限，产品持续改进速度慢。

（8）质量问题分析及定位难度大：对于高密度复杂电路，由于产品数量少，生产过程中扰动的因素多，质量问题偶发的概率大，加大了质量问题的分析难度。

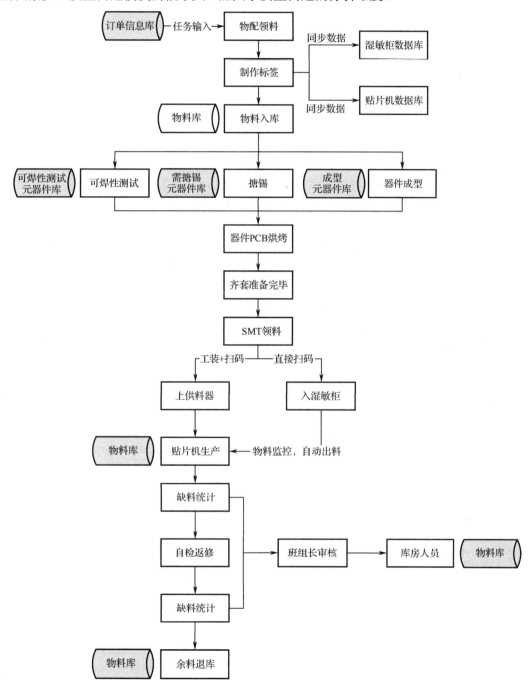

图 7-7　复杂电子组件 SMT 物料流程

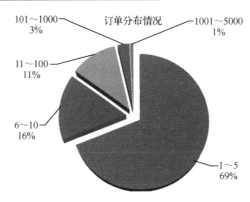

图 7-8　多品种变批量生产线的订单分布情况

3. SMT 智能生产线设计

针对多品种变批量 SMT 生产线的特点及存在的问题，结合智能制造技术的特征，应用基于信息物理系统的智能制造技术构建智能生产单元是解决上述问题的有效途径。以 SMT 自动化设备为基础，以知识自动化为核心研究对象，建立基于信息物理系统的智能制造执行系统，具备超柔性混线生产模式，工艺自适应、自调整；具备新产品实时导入、切换能力；基于信息感知、物联网、数据分析和知识学习技术，形成智能排程及调度能力、质量实时监控、故障预测等能力。SMT 智能生产线设计如图 7-9 所示。SMT 智能生产线自动化程度高，智能化推进重点放在如下几个方面。

（1）柔性生产系统的构建，包括设备选型和智能制造执行系统构建。

（2）信息感知能力实现，实现数据的采集和管理。

（3）基于数据的优化和持续改进。

（4）知识自学习能力，实现从解决问题到避免问题。

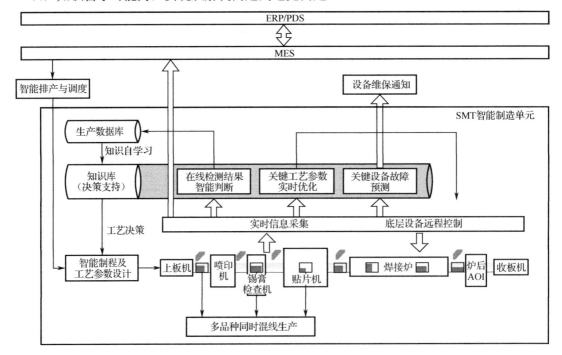

图 7-9　SMT 智能生产线设计

SMT 智能生产线框架如图 7-10 所示，包括 4 部分。

（1）智能制造单元管控模块：对单元内涉及的生产任务、物料、设备、质量等进行管控；向上与 MES 通信。

（2）数据处理：数据的处理、管理、分析；数据库和知识库的构建；决策的形成。

（3）数据采集和反馈控制：实现对底层信息的感知；实现对底层设备的控制。

（4）SMT 自动化生产线：自动化单机、自动化轨道。

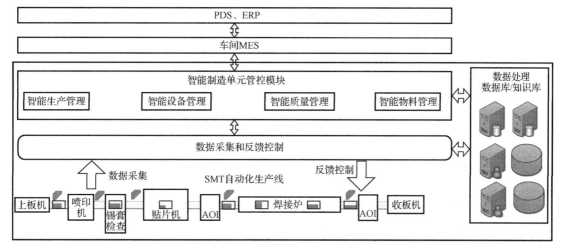

图 7-10　SMT 智能生产线框架

下面结合工作实践，从生产设备、数据采集、检测结果决策和质量管控等方面对 SMT 智能生产线设计的思路进行介绍。

1）生产设备

生产设备具有自动化程度高、程序化控制的特点，目前大多数设备还无法称之为智能设备。智能设备是具有感知、分析、推理、决策、控制功能的制造装备，是先进制造技术、信息技术和智能技术的集成和深度融合。SMT 相关设备供应商多，不同厂家的设备均有各自的特点，在设备选型或者开发时应重点考虑以下几点。

（1）开放性数据接口和控制接口。

（2）程序化控制，减少对辅助装置的依赖。

（3）多监测点、多传感器设计。

以锡膏涂覆为例，目前主要的设备为印刷机和喷印机，其中喷印机采用软件控制的非接触式锡膏涂覆，具备产品快速导入和混线产品实时切换的特点，对于小批量混线生产具有明显优势。由于该设备可以通过程序控制每个焊盘的锡膏量，通过建立工艺知识库，实现基于设计数据、检测结果、焊点质量的喷印程序编制和智能优化系统。喷印设备的工作示意图及程序优化如图 7-11 所示。

2）数据采集

微波组件生产流程复杂、工序多，其 SMT 生产线是由不同功能的自动化设备或仪表组成的流水式生产线，对该自动化生产线制造执行数据的采集主要包括生产进度信息、设备运行信息、产品质量数据、生产过程关键参数、产品测试结果等。SMT 生产线数据采集节点如图 7-12 所示。混线生产集成的一个关键支撑点就是生产数据的采集和分析，生产数据种类繁杂，高效快速地解析这些数据文件是一个迫切需要解决的问题。SMT 生产线制造执行数据具有以下特点。

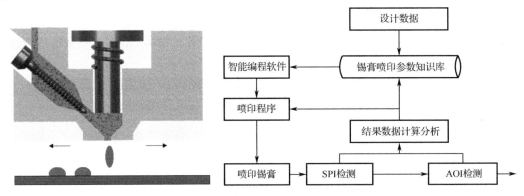

图 7-11 喷印设备的工作示意图及程序优化

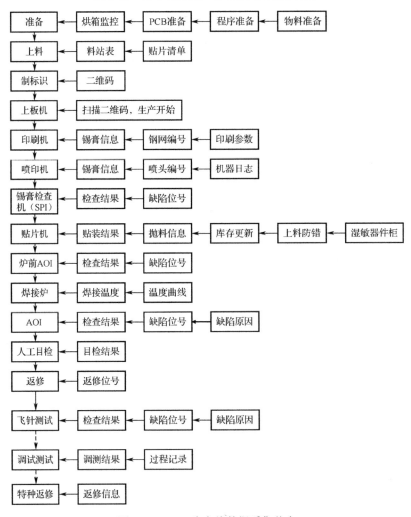

图 7-12 SMT 生产线数据采集节点

（1）生产数据量大且数据结构复杂，存在多种数据类型，不同类型的数据具有不同的表结构和驱动方式，不同类型的数据在表结构和驱动方式上有很大不同，需要将这些数据整合到一起，才能进行统一分析。

（2）数据采集方式多样，涉及二维码采集、数据库远程采集、文件解析式采集、传感器采集等。

（3）一切采集和监控要以不影响生产为前提。生产数据在生产线工作时，是不断写入的，一般情况下，文件在写入时不能进行读取操作，否则会影响机器的正常工作。另外，机器对数据文件的操作是不透明的，无法采用进程锁和数据库文件读写锁来实现读和写的有序操作，所以在进行系统设计时就需要将读操作放权给系统。

（4）采用何种方式将服务器的数据传输到客户端中。如果数据管理客户端直接通过局域网访问这些格式的文件，就会造成两个方面的问题：一个是软件的可扩展性变差；另一个是客户端程序需要通过多线程的方式来访问不同的服务器，极大地提高了客户端程序的复杂性。

（5）数据文件多且数量大，采用数据流的方式可以对这些文件进行解析，但会耗费较多的时间，严重影响系统运行效率，如有一些文件的格式是机器生产厂商自己定义的。

3）检测结果决策

SMT 自动化生产过程包括锡膏检查机（SPI）对锡膏涂覆质量的检查、自动光学检查仪（AOI）对焊点质量的检查，其处理流程如图 7-13 所示。在实际生产中，SPI 和 AOI 均会出现误报缺陷的问题，对于报出的缺陷需要进行人工判断，对操作人员的经验要求高，并且无法形成固化的数据知识。基于 SPI 的检测结果以及生产过程数据信息，包括人工判断数据库、AOI 检测数据库、焊接质量数据库等，实现对检测结果的智能判断，并且在循环过程中对判断的模式不断优化并达到闭环的效果。

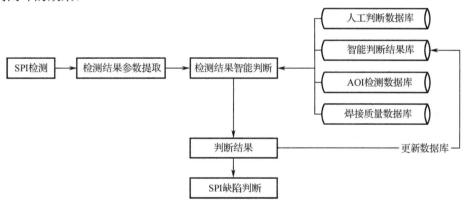

图 7-13　焊点质量检查的处理流程

4）质量管控

通过实现对基础数据以及生产过程中的动态生产信息的采集，实现产品质量的分布统计和实时 SPC 管控，结合工艺知识库，利用信息管理技术实现全过程的数据匹配，尤其是锡膏检查、贴装检查以及焊点质量检查、电性能测试之间的数据互通，通过不断积累的历史质量数据和生产数据，开展密集数据关联关系研究，建立数据之间的关联关系库，实现质量波动的定位功能。焊点缺陷位置分布图及控制图（示意）如图 7-14 所示。

4．SMT 智能生产线智能特征及应用场景

SMT 智能生产线的智能特征主要包含以下几个方面。

（1）智能工艺设计和编程。

（2）生产过程信息实时感知与处理。

（3）柔性生产，多品种可同时混线生产。

（4）知识自学习，形成知识专家库。

焊点缺陷位置分布图

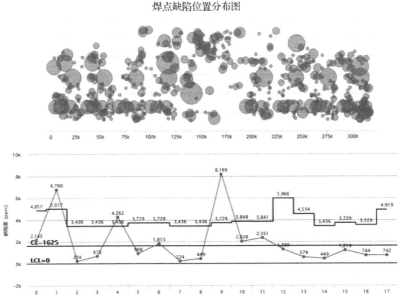

图 7-14　焊点缺陷位置分布图及控制图（示意）

（5）工艺自适应及关键参数自动调整。

（6）质量异常波动的自动诊断、决策与调整。

（7）质量问题及设备故障的预警。

（8）物料及物流智能管控。

结合工程实践，下面对应用场景进行情景和难点介绍。

1）智能制程

SMT 生产单元由自动化设备组成，其关键设备都是依靠程序驱动设备生产的，包括喷印机、锡膏检查机、贴片机、焊接炉、自动光学检查仪等关键设备。下面以喷印程序的智能编制和优化流程为例进行场景描述。目前对于设备的编码都是依靠制程工程师的经验进行编制的。其愿景是利用设计文件、产品基础数据、编程支持知识库自动形成程序文件，并在生产过程中根据对生产结果的实时监控和分析，自动优化生产程序。喷印程序的智能编制和优化流程如图 7-15 所示。其实现难点包括设计文件信息提取、编程知识库的构建和更新、程序文件的自动生成等方面。

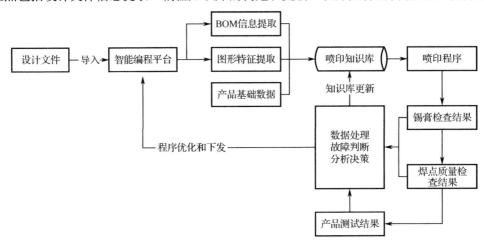

图 7-15　喷印程序的智能编制和优化流程

2）在线检测结果的智能化判定

SMT 智能生产线中的检测设备包括锡膏检查机（SPI）和自动光学检查仪（AOI）。在对焊点的自动检测过程中，形成的结果既有真正的缺陷，也有很多误报的缺陷。对初步的检测结果目前需要经过人工判断后才能继续执行生产。而由于人工判断受到操作人员能力、经验、精神状态以及注意力的影响，导致对结果的判定存在误判的可能。

通过建设智能化判断系统，在设备对产品自动检测完成后，管控模块对实时采集到的信息进行分析处理，结合知识库对当前的检测结果进行判断，对于无法判断的自动推送给若干个工艺师，最后综合若干个工艺师判断的结果，形成最终判断结果并更新知识库。其实现难点包括缺陷数字化特征的提取、缺陷判断知识库的构建、分布式判断结果的决策等。焊点缺陷的智能判断流程如图 7-16 所示。

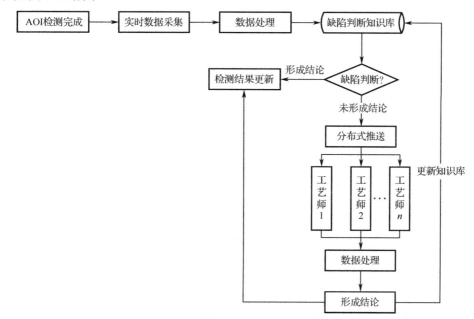

图 7-16 焊点缺陷的智能判断流程

3）工艺参数实时优化

焊点质量（焊点形态）是影响装配质量、产品性能及后续可靠性的关键因素。其中物料引线可焊性、物料编带质量、锡膏涂覆位置、锡膏量、焊接温度、吸嘴质量、贴装参数等是影响焊接质量的关键因素。目前主要依靠工艺师对产品生成数据搜集、工艺试验对比等方法对工艺参数进行改进，常存在持续改进周期长、产品批次性问题易发生、改进质量不如意等问题，同时还受限于工艺师的知识深度、质量意识和工程经验。

通过实时采集产品生产过程中的质量检测数据，对质量状态进行实时监控，形成质量波动报警，并对影响质量波动的原因进行判断，形成处理决策，通过修改程序或控制设备的方法优化工艺参数，实现质量的持续智能改进。焊接工艺参数的自动优化控制流程、焊接质量与工艺参数的相关性分析如图 7-17、图 7-18 所示。其实现难点包括不同因素对产品质量的影响的量化分析（工艺参数与质量之间的相关关系）、质量监控知识库的构建和更新、智能决策、反馈控制。

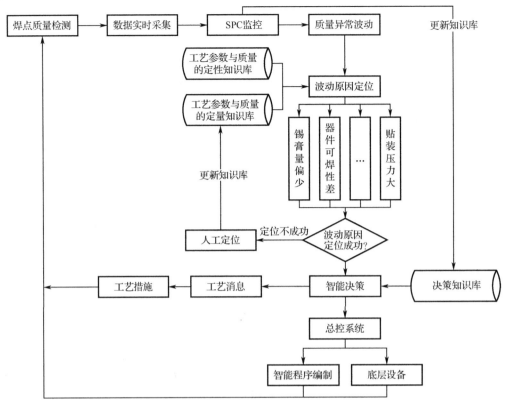

图 7-17　焊接工艺参数的自动优化控制流程

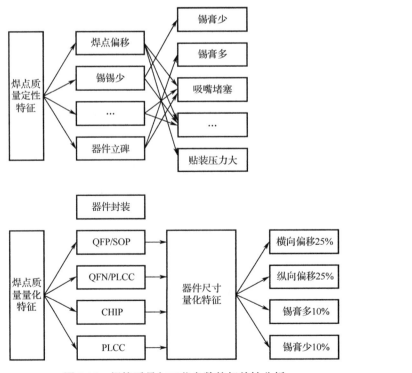

图 7-18　焊接质量与工艺参数的相关性分析

7.2.2　电子装联智能生产线

1. 复杂电子设备装联生产对象

复杂电子设备装联是通过焊接、螺接、压接、胶接等一定的连接技术手段，把构成复杂电子设备的各种光电元器件、功能模块、印制板组件、高低频电缆组件、结构件等在结构和电气上连接为一个具有特定功能和预期技术性能产品的技术，它涉及机械、控制、电子、液压、软件等多个不同学科领域，是通信、探测、导航、对抗等各类复杂电子系统的重要生产技术。复杂电子设备层级图如图 7-19 所示，形象地展示了复杂电子设备装联技术所涉及的生产对象，即整机/系统级电子设备，模块/部件级电子设备，以及支撑以上电子设备的集成电路、微波基板和电缆等基础材料。

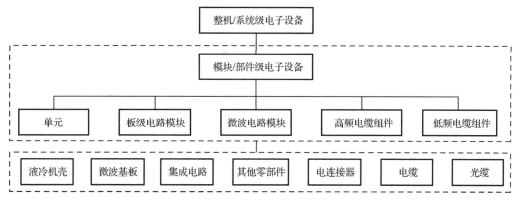

图 7-19　复杂电子设备层级图

2. 复杂电子设备装联生产线特点

复杂电子设备装联生产对象具有客户需求复杂、产品组成复杂、制造技术复杂、制造过程复杂、生产管理复杂等特点，选择合适的生产线模式是复杂电子设备装联生产首先要解决的问题。如果与传统的空调、电冰箱、洗衣机等电子设备一样采用全自动生产线，则需要投入大量的定制设备，会造成生产线过于庞大且柔性降低；如果采用纯手工作业模式，则产品装配过程的质量控制难度增大，产品生产效率较低，人工成本投入大。人机协作生产线的出现提供了一种综合效果更佳的解决方案，与传统的全自动生产线和纯手工作业相比具有更多的优势。

（1）具有较高的灵活性、柔性和可拓展性。

（2）编程和操作简单，投入产出比高。

（3）具有较高的安全性，工作中的意外伤害少。

（4）可高质量、高效地完成重复性操作，员工负担轻。

（5）可通过集成化传感系统提高生产效率和透明度。

因此，为满足复杂电子设备制造过程的高质量、低成本、高效率的需求，结合新一代信息技术和智能设备，人机协作生产线的柔性化作业模式逐渐成为一些复杂电子设备装联生产的选择。

3. 典型电子装联智能生产线建设

人机协作生产线的建设过程主要包括工艺流程分析、人机协作工位设计、生产线平衡计算、生产布局设计、产线数字化和可视化五个方面。以复杂电子设备中典型的高密度电源机柜装配为例，该电源机柜由多块电源组件、控制组件、液冷组件等部件以及高密度集成电路、电容组件、电连接器和线束等零件构成，其组成图如图 7-20 所示。为了适应上述高密度电源机柜的生产需求，采用模块化人机协作工作站、人工智能视觉检测等数字化、智能化生产手段，建设了灵活、高效的高密度电源机柜人机协作生产线，如图 7-21 所示，该生产线完成从产品上料、部件装联、整机装联、质量检测到打包入库的全过程，整个装配过程具有高效率、高精度、智能化、柔性化的特点。

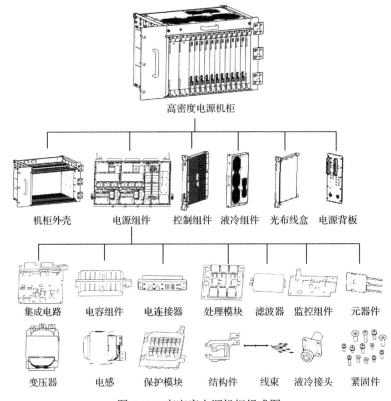

图 7-20　高密度电源机柜组成图

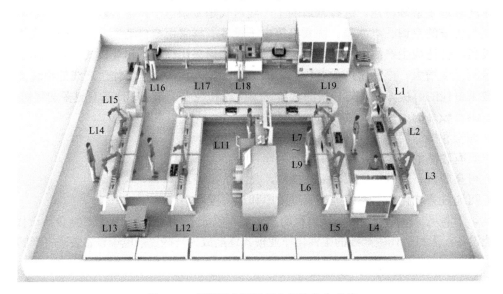

图 7-21　高密度电源机柜人机协作生产线

1）工艺流程分析

人机协作生产线工艺流程分析是按照产品技术条件和生产技术特点确定加工方法和流程的过程，同时基于技术先进、经济合理、质量稳定的原则，结合数字技术和智能化设备技术的发展，识别出工艺流程中适合采用机器人替代人工装配的动作，确定人机协作的工序，优化制定最合理的工艺方案。

高密度电源机柜的装配流程中包括元器件装配、螺接、涂胶、焊接、布线、接线、检验、调试等动作，其中螺接、涂胶、焊接、检验、物料分拣等动作适合机器完成，可在生产线上设计配置相应的螺接协作机器人、胶接协作机器人、焊接协作机器人、视觉检测设备、自动分拣设备等，由设备和人协作共同完成。对于布线、清洁等机器不擅长的操作，以及需要人类灵活性和判断力的工序则由人工完成。整个高密度电源机柜装配生产线的工艺流程（L1～L20）如图 7-22 所示。

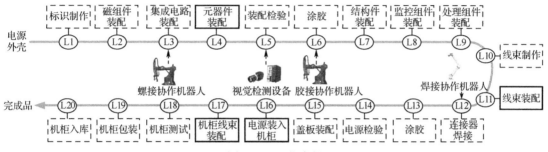

图 7-22 工艺流程

2）人机协作工位设计

在人机协作工位中，协作机器人是人的助手，在生产现场与人互补、协助，提高生产线的生产力。下面具体介绍高密度电源机柜装配生产线中的螺钉锁紧工位（对应流程 L2、L3、L7～L9、L15）、智能焊接工位（对应流程 L12）和视觉检测工位（对应流程 L5、L14）。

螺钉锁紧工位：主要包括螺接协作机器人、视觉系统、吸钉系统和取锁装置等，如图 7-23 所示。螺钉锁紧工位由人负责精密部件装配，机器人负责螺钉锁紧，极大地减轻了人的负担。首先通过人将集成电路、磁组件等精密部件装配到机壳上，位置确认后人工启动机器人开关，机器人头部配备照相识别模块，利用图像识别技术自动识别出部件的装配位置点，机器人运动到准备位置，吸钉系统将不同规格的螺钉经过不同螺钉送料器独自送料，根据视觉系统提供的各螺钉孔位置误差在线修正目标位置，凭借伺服压力控制技术确保螺钉锁紧力矩，精确、可靠地将螺钉拧进螺钉孔中。

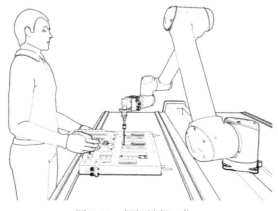

图 7-23 螺钉锁紧工位

智能焊接工位：主要包括焊接协作机器人、示教系统、视觉系统等，如图 7-24 所示。电源组件装配连接器、表面元器件都采用智能焊接方式，焊接全程关键参数可控，能满足高标准的生产节拍与质量要求。通过交互式的焊接示教系统，人工给机器人做焊接的示范操作，机器人记录人工焊接操作的起始点、结束点、焊接时间、焊接数量等信息并转换为运动参数设定。焊接时机器人将自动运动到待焊接位置，基于视觉系统对焊接位置进行检测与补偿，通过电弧传感及跟踪技术，进行自适应调整焊接工艺参数完成焊接，从而实现对同类电子元器件的焊接。同时，焊接的力度、温度、焊接时间等参数将通过传感器传递回监控平台，并针对故障焊点及时报警。

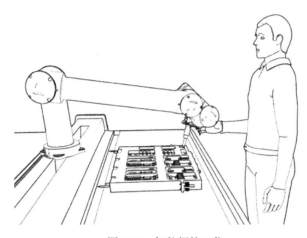

图 7-24　智能焊接工位

视觉检测工位：主要包括机械臂、3D 相机、视觉比对系统等。3D 相机拍照后通过软件生成检测模型，视觉检测系统（见图 7-25）将检测模型与标准样件比对，若装配出现缺漏装或不合格的问题，系统将标记出故障点并提醒人工处理。对于检测结果存在疑点将报告给人工判断，人工判断结果会反馈给机器，系统通过机器自学习自动修正检测程序。检测完成后检测系统将自动生成对应位置的检测记录，省去人工记录工作。

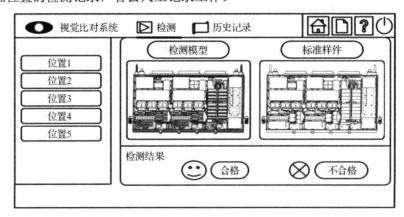

图 7-25　视觉检测系统

3）生产线平衡计算

生产线平衡计算是为了解决生产工序中的等待浪费问题，追求同速化作业，从而提升整体的效率水平。在考虑任务特性和系统成本的前提下，人机协作生产线平衡需同时兼顾各台机器的工作效率、各个工人之间的负荷平衡以及每个劳动资源的时间均衡，使工人和协作机器人都能得到充分利用，实现成本的降低和生产效率的提高。

按高密度电源机柜装配生产线工艺流程，结合生产实际，统计各工序人工操作时间和机器操作时间，得出作业总时间为 10.2h，其中工序 L10 作业时间最长，为 1.3h，为瓶颈工序，初步设定为生产节拍，计算生产线人员数量如下：

$$\lceil N \rceil = \left\lceil \frac{T_{总}}{T} \right\rceil = \left\lceil \frac{10.2}{1.3} \right\rceil = 7.85 \approx 8$$

式中，$T_{总}$ 为总作业时间；T 为生产节拍。

针对耗时长的工位采用分担转移、作业改善压缩的方法，针对耗时短的工位采用拆解去除、分担转移、作业改善后合并的方法，分配后的工位瓶颈作业时间为 1.4h，确定为分配后的实际生产节拍，平衡率计算如下：

$$\frac{T_{总}}{T \times N} \times 100\% = \frac{10.2}{1.4 \times 8} \times 100\% \approx 91.1\%$$

式中，$T_{总}$ 为总作业时间；T 为生产节拍；N 为生产线人员数量。

计算生产线的平滑性指数，平滑性指数数值越小，生产线平衡的效果越好。

$$\sqrt{\frac{\sum_{i=1}^{n}(T_{\max} - T_i)^2}{N}} = \sqrt{\frac{\sum_{i=1}^{8}(1.4 - T_i)^2}{8}} \approx 0.12$$

式中，$T_{\max}$ 为工位最大作业时间；T_i 为第 i 个工位实际作业时间；N 为生产线人员数量。

通过计算，人机协作生产线的平衡率为 91.1%，平滑性指数为 0.12，数据表明，人机协作生产线的平衡率较高，各工位作业负荷分配较合理。图 7-26 所示为生产节拍平衡计算图。

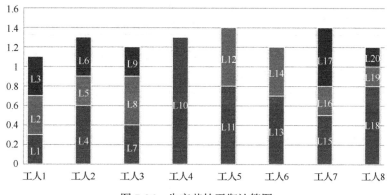

图 7-26 生产节拍平衡计算图

4）生产布局设计

生产布局设计是科学合理地确定人员、设备、物料之间的相对位置关系，以最大限度地提升人流、物流、信息流的效率。除遵循相邻原则、统一原则、最短距离原则、人流物流通畅等基本原则外，人机协作生产线生产布局还需充分考虑安全性原则，对协作机器人路径、可达性以及设备间的干涉情况进行分析，选择合适的位置与路径，避免与零件、设备、人之间发生碰撞，保证人机协同生产线整体的安全性与合理性。

高密度电源机柜装配生产线生产布局综合考虑其设计原则和人机协作生产线的特点，建设两条"一"字线，两条"U"形线。"一"字线中按物流路线直线配置，工件传输通过皮带传送。"U"形线适合人机协作工位的布置，通过一人多机，减少人工的走动距离。为保障人流物流通畅，设置专用的物料配送通道和物流中转库。其布局参考图 7-21。

5）产线数字化和可视化

产线数字化和可视化是对制造过程中产生的各类数据进行实时采集、统计、分析和展示，有助于产线管理人员及时发现问题，为管理者的决策提供科学支撑，实现生产过程透明化管理。

产线数字化和可视化包含以下功能模块。

（1）产线三维布局：以产线的三维仿真场景为基础，直观展示整条产线的鸟瞰图，通过穿透方式，逐级展示产线关键设备运行仿真动画，以及物流路径规划等场景。

（2）产线人员组织图：以照片和团队拓扑图为基础，直观展示产线人员的组织架构，以及人员职责、出勤等信息。

（3）制造过程数据采集：根据各工位的作用确定需要采集的设备运行状态、生产主数据、工艺主数据、质量主数据、报警信息等，如表 7-1 所示。所采数据用图示、表格、曲线等方式显示。

表 7-1 制造过程数据采集表

工 艺 流 程	工 位 名 称	数 据 信 息	采 集 方 法
L2、L3、L7～L9、L15	螺钉锁紧工位	锁紧力矩、旋转角度、运行状态、报警信息、工作起始时间、螺钉位置信息、缺漏装信息等	通过设备数据接口实时采集
L12	智能焊接工位	焊接温度、运行状态、报警信息、工作起始时间、焊点位置信息等	通过设备数据接口实时采集
L5、L14	视觉检测工位	检测结果、检测工件 ID、故障报警信息等	通过设备数据接口实时采集
L6、L13	自动涂胶工位	点胶压力、运行状态、报警信息、工作起始时间、点胶位置信息、缺漏装信息等	通过串口私有协议转网口实时采集

（4）安灯问题：以图表形式展现产线反馈的生产问题，以及问题处理进展情况。

（5）统计报表图：通过对产线运行数据的分析与处理，形成计划、执行、质量等多维度的报表，通过饼状分布图、折线图等不同形式直观地对外展示，产线数字化和可视化看板如图 7-27 所示。

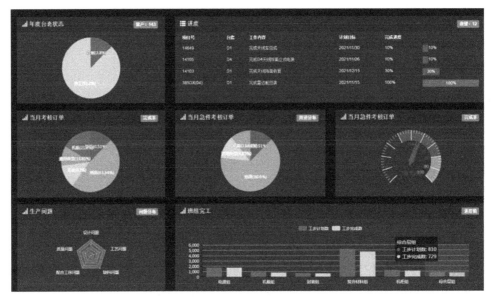

图 7-27 产线数字化和可视化看板

（6）工业视频：通过远程摄像头实时监视和记录工作现场的生产情况，包括实时监控、图像抓拍、远程回放、本地录像保存与播放等功能。

6）建设成效

建成的人机协作生产线，通过合理的人机协作工位和布局设计、科学的产能平衡计算，优化协调设备和人工的最佳比例，将工人需求由手工作业时的 20 人减少到 8 人，产线自动化水平提高 60%，生产能力提升 80%，关键生产数据 100% 自动采集，生产透明度大幅提升，产品质量水平提升 20%。

7.2.3　整机总装智能生产线

复杂电子设备整机结构组成复杂、设备规模量大，具有总装工序多、机电液交叉混装、装调一体化的生产特点，整机总装生产涉及的专业多、工种多、人员多、物料多、工装工具多，导致整机总装组织困难，生产组织形式适合采用脉动生产线。

整机总装脉动生产线的建设应以精益制造思想为基础，将总装作业标准化，以资源重组、质量提升、效能提升为导向，满足离散型制造"多品种、变批量、研产共线"的柔性生产需求，主要建设思路如下。

（1）产品聚类分析。分析梳理不同产品的结构组成及工艺特点，将产品聚类整合，分别设计不同类型的脉动生产线。生产线应具有柔性共线的特点，满足同一类型多个型号产品的总装生产。

（2）工艺流程设计。突破传统工艺流程设计思路，全生命周期分析产品总装过程，再造整机总装生产的全流程工艺。

（3）工位布局优化。精益分析整机总装全过程，兼顾物料流动、存储状态，对每个工位的作业内容进行细分、整合及优化。

（4）数字化仿真优化。建立整机总装智能生产线仿真模型，对生产线的产能及设备利用率进行仿真分析，验证、优化工艺流程及工位布局合理性。

（5）智能化提升。设计具有柔性、智能化特点的工艺装备，提升生产线的自动化和专业化水平。通过建设信息管理系统，实现生产数据的自动化采集与分析、生产运行的三维可视化、物料的准时配送和智能化管控。

1. 生产对象及生产特点分析

通过产品聚类分析，构建一款虚拟的典型结构的地面雷达，该雷达主要由天线系统和天线座系统两部分组成，其外观及结构组成如图 7-28、图 7-29 所示。

天线系统用于辐射和接收电磁波，实现目标的识别与锁定。该天线系统主要由左、中、右三块天线阵面组成，三块天线阵面通过液压驱动实现折叠与展开。每块天线阵面主要由高频箱、T/R 组件、天线单元组合、电源模块、综合网络等组成，同时包含大量的结构件、电子器件、液压器件、液压管路、电缆组件等，设备量大且集成度高。天线系统的总装作业内容多，机电液交叉混装，装配作业难度大；天线系统集成度高，线缆、油管数量多，操作空间小，需要精细化设计布线布管的工艺流程，装配作业要求高；高频箱含有大批量的水接头，装配数量大且洁净度要求高，人工作业效率低且质量一致性较差。

天线座系统用于支撑天线系统，并驱动天线阵面进行方位旋转、随动及寻位。天线座系统主要由转台、底座、驱动装置、转台插箱等组成，同时包含大量的结构件、电子器件、液压器件、液压管路、电缆组件等，设备量大且集成度高。天线座系统的方位旋转对传动精度要求高，对齿轮配合的齿隙、接触斑点和传动噪声都有严格的要求，装调精度要求高、作业难度大；转台内部操作空间小，机电液交叉混装，装配作业难度大，对作业流程要求高。

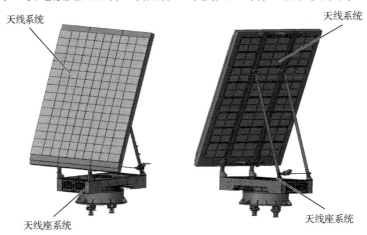

图 7-28　外观

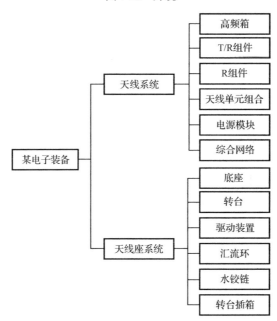

图 7-29　结构组成

2. 工艺流程设计

工艺流程是产品总装生产执行的依据，也是生产线规划、设计及建设的源头。在工艺流程设计时，应充分把握产品的结构组成、工艺特点、指标要求等，保证产品质量，缩短生产周期。

根据产品结构组成模块化的特点，进行总装工艺流程设计时，将整机分解为天线系统、天线座系统两部分并行开展，待两部分完成后进行整机的总装集成。同时，根据工艺分离面，可将天线系统分解为面板、高频箱和天线系统三个阶段，递进开展天线系统的总装工艺任务。整机总装工艺涉及的工序多，主要包括机装、涂胶、电装、液压装配、机电液混装、调试、检测和测试等，整机总装工艺流程如图 7-30 所示。

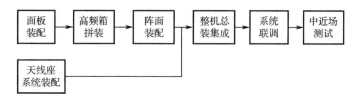

图 7-30　整机总装工艺流程

3. 工位布局优化

生产线的工位布局从物流分析的角度出发，分析产品整机总装过程，合理设置工位，对每个工位的操作内容进行整合及优化，保证人流、物流和信息流的通畅，达到提高系统整体运行效率，降低运行成本的目的。

1）生产节拍

生产节拍是指生产线上连续生产两个相同产品之间的时间间隔。工艺布局设计以实现整体产能为目标，以年设计产量为生产纲领，根据生产班制和工作小时确定年时基数，计算生产节拍。

假设该类电子设备的年产能要求为 30 套/年，全年除去节假日等休息日后有效工作时间按 300 天/年计算，由此可得该类电子设备生产线的生产节拍为 300÷30=10 天。

2）工位设计

根据生产纲领确定了生产线的生产节拍，再根据生产节拍将工艺流程中的工艺内容分解至各工位，使得各工位的工艺周期均衡化，同时保证各工位的工艺周期小于或等于生产节拍，时间上略有富裕，以补偿故障维修等突发事故的时间损失。

分析天线系统、天线座系统和整机总成系统的工艺流程及工作内容，天线系统和整机总成系统的工艺周期明显比天线座系统的长。为了满足生产节拍的要求，将天线系统作业内容拆分为 3 个工位，分别命名为面板装配工位、高频箱拼装工位、阵面装配工位；将整机总成系统作业内容拆分成 3 个工位，分别为整机总装集成工位、系统联调工位和中近场测试工位；天线座系统单独设立一个工位，命名为天线座工位。

3）工位布局

工位布局需结合车间实际情况和生产线各工位占地面积等合理规划，同时保障总装生产线流动顺畅，方便现场生产管理，为实现"人流、物流、信息流'三流合一'"提供基础条件。

生产线各工位按总装工艺流程的顺序布置，生产所需的物料、工装工具、计算机、电子看板等分类存放在生产线工位合适位置，使操作人员能够在需要的时间和地点方便取用，零部件存储库房及线边存储库也应布置于移动生产线附近。最终该整机总装脉动生产线设计 7 个工位，采用"主线+支线"的布局形式，主线为面板装配工位、高频箱拼装工位、阵面装配工位、整机总装集成工位、系统联调工位和中近场测试工位 6 个工位，支线为天线座系统装配工位。主线采用直线布局，支线采用与主线并列的布局，支线工位完成后周转至主线整机总装集成工位上进行总装集成。整机总装脉动生产线工位布局如图 7-31 所示。

生产线工位布局初步完成后，需进行数字化仿真迭代优化，提前发现空间布置、生产流程、物流流转甚至人力资源配置等方面的问题，降低物理验证成本和周期。数字化仿真布局的主要内容为：建立产品、工装设备、厂房场地、人员、可视化终端等大量三维模型；将三维模型按照工艺流程确定的装配顺序及物流需求在预定的场地进行布置；在虚拟环境下模拟生产线布局及生产线上的工艺流程、总装总调过程、物流过程、人机工程等，实现生产线综合性能最优化。

图 7-31 整机总装脉动生产线工位布局

4）生产线平衡

生产线工位的划分设置，应使各个工位具有大致相等的工艺周期，即均衡化各工位工艺周期。工位工艺周期均衡化的方法如下。

（1）多工位并行作业。

（2）拆分整合工位作业内容，将工艺周期长的工位部分内容拆分至工艺周期短的工位。

（3）梳理各装配工位机装、电装、调试内容的逻辑关系，对于工艺周期长的工位并行开展工作，对于工艺周期短的工位串行开展工作。

（4）对于工艺周期长的工位，通过配置自动化设备提升装配能力、增加人员配置、增加工作班次等方式缩短工位工艺周期。

（5）因工艺分离面导致某工位工艺周期过长，并且无法通过增加人员、提升效能等方式有效缩短工艺周期的，可增加该工位的数量。

经过工艺流程优化、工位划分和均衡工位周期，各工位周期均为 9.5 天，小于生产节拍 10 天。通过上述措施，可保证产品的装配与调试可以有节拍、按节奏地进行，使得生产各环节在移动过程中保持动态协同或同步，减少制品在生产过程中的流动不均衡。

4. 数字化仿真优化

工位布局优化和生产线平衡初步完成后，需进行生产线数字化仿真迭代优化，提前发现空间布置、生产流程、物流流转甚至人力资源配置等方面的问题，降低物理验证成本和周期。生产线仿真的主要内容如下。

（1）建立产品、工装设备、厂房场地、人员、可视化终端等大量三维模型。

（2）将三维模型按照工艺流程确定的装配顺序及物流需求在预定的场地内进行布置。

（3）在虚拟环境下模拟生产线布局及生产线工艺流程、总装总调过程、物流过程、人机工程等，实现生产线综合性能最优化。

在仿真软件 Flexsim 中建立整机总装智能生产线仿真模型，并编译运行，得到生产线产能及各工位设备利用率，仿真结果数据如表 7-2 所示。

表 7-2 仿真结果数据

仿真时钟：300 天

工 位 名 称	状 态 分 布		
	空　闲	工　作	拥　堵
面板装配	0	100%	0
高频箱拼装	4%	96%	0
阵面装配	8%	92%	0
天线座装配	0	80.5%	19.5%

续表

工 位 名 称	状 态 分 布		
	空 闲	工 作	拥 堵
整机总装集成	12.1%	87.9%	0
系统联调	16.1%	83.9%	0
中近场测试	20%	80%	0
年度产能/套			31

根据仿真结果数据可知，整机总装智能生产线年度产能 31 套，满足生产线年设计产量 30 套/年的目标；各工位设备利用率均达到或超过 80%，在生产过程中有效减少了各工位设备闲置时间，同时各工位拥堵情况较少，大幅避免了工位占用及设备空转，是较优的生产线组织方式。

5. 智能化提升

传统的生产线主要存在生产效率低、质量一致性差和生产管控能力弱等问题，主要体现为作业高度依赖人工、工艺装备配置率低、生产过程数据采集率低、数据分析应用能力弱、资源和计划调度依赖人工经验、信息化手段不足。

为有效提升生产线的生产效能和产品质量，实现生产数据的贯通互联和智能化管控，需对生产线进行智能化提升。生产线的智能化提升主要通过智能化的工艺装备和智能化的信息管理系统实现，智能化的工艺装备是基础，智能化的信息管理系统是关键。

1）智能化的工艺装备

系统梳理生产线各工位的作业内容，通过设计智能化的工艺装备代替人工作业，提高生产线的自动化程度与数据采集率。下面以三种智能化工艺装备为例进行说明。

（1）水接头自动化装配系统。

应用对象及系统要求：面板装配工位中需要将批量水接头装入综合面板上对应的孔中，并用 4 颗组合螺钉进行固定。水接头的装配范围超过 5000mm（长）×1500mm（宽），装配过程中需要控制水接头插入力以及螺钉锁紧力矩和旋入深度，同时记录这些装配参数。装配孔的位置精度为 0.08mm，圆柱装入部分与孔的侧隙为 0.08mm。

系统组成及功能：水接头自动化装配系统由六轴工业机器人（简称机器人）、第七轴运动系统、水接头供料盘、螺钉自动供钉锁固系统、水接头移栽系统、水接头备料系统等构成，如图 7-32 所示。

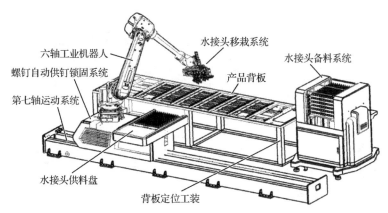

图 7-32 水接头自动化装配系统组成图

装配系统工作流程为：①机器人在水接头供料盘中抓取水接头；②机器人移动水接头到产品背板上方指定装配位置进行拍照定位；③机器人将水接头装配到背板；④螺钉自动供钉锁固系统将紧固螺钉送到电批（电动螺丝刀），电批完成螺钉的锁附。

该系统实现了水接头装配自动化，装配过程数据采集智能化，系统在实际使用中性能稳定、可靠，满足产品生产装配要求。目前装配效率为 5 个/分钟，水接头组装良率为 99.2%，螺钉锁附良率为 99.8%。该系统运行示意图如图 7-33 所示。

图 7-33 水接头自动化装配系统实物运行示意图

（2）通用安装平台。

应用对象及系统要求：通用安装平台主要用于支撑需卧式装配的对象，在面板装配工位、高频箱拼装工位、天线座装配工位中都有应用。传统卧式装配工装底部支撑采用平板、方座组合形式，该支撑高度固定，装配中间过程高度不可调。若要调整高度，则把被支撑的产品移开，通过增加或减少方座进行调节，效率低下。通用安装平台要求支撑高度可自动调节，高度调节范围为 1.2～1.9m，调节精度为 0.1mm，支撑点位置可根据产品的规格进行调整，支撑总重量不小于 8t；产品放置时有定位功能，保证一次吊装到位。

系统组成及功能：通用安装平台由底座、升降支撑装置、电机、过渡板、可调拉杆、可调垫脚、滚轮等组成，如图 7-34 所示。电机驱动升降支撑装置升降，升降支撑装置主要结构为内外套筒，内外套筒之间通过电机、蜗轮蜗杆、梯形丝杠进行传动；蜗轮蜗杆的速比较大，保证运动过程的缓慢平稳。装配平台的升降采用 PLC 控制，动作模式包含点动模式、自动模式、上升、下降、停止，既可以单个支撑升降，也可以多个支撑联动升降，以便满足产品装配过程对高度的不同要求。

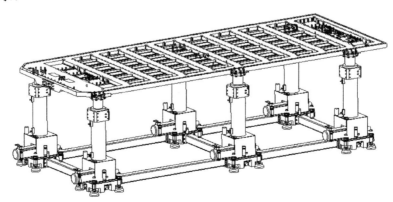

图 7-34 通用安装平台组成图

相对传统固定式卧式装配工装，采用通用安装平台使得装配效率大大提高，完成相同高频箱的装配工作，工作人员由原来的 9 人减为 6 人，工作时间由原来的 16 天缩减为 9.5 天；同时无须额外的登高梯，仅需调整升降装置的高度，即可有效覆盖高频箱的作业范围。

（3）自动调姿设备。

应用对象：自动调姿设备主要用于天线系统的总装，在阵面装配工位中使用。对于大口径天线阵面的总装，传统装配方式常常采用单独的立式工装或卧式工装进行，无论哪一种装配工装都需要配置相应的登高梯或脚手架才能覆盖整个天线阵面范围。同时，传统的天线阵面装配工装姿态固定，不便于姿态调整以适应最舒适的人机工程性，影响装配效率。自动调姿设备可根据装配对象的变化选择合适的装配姿态，匹配最佳的人机工程性和并行作业的最大化，实现装配效率的大幅提升。

系统组成及功能：自动调姿设备包含主动端和从动端两个主体部分，两者结构独立，通过与天线阵面连接形成一个整体，如图 7-35 所示。主动端包含驱动电机，电机旋转带动天线阵面转动，实现天线阵面的姿态调整。天线阵面在装配过程中可实现 360° 自动调整，以满足阵面装配对不同姿态的需求，实现天线阵面装配效率最大化。

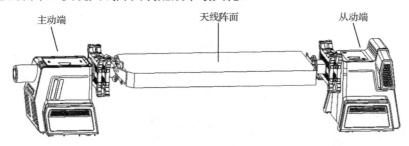

图 7-35　自动调姿设备

2）智能化的信息管理系统

对应生产线的物理系统存在一个虚拟的信息系统，它是物理系统的"灵魂"，控制和管理物理系统的生产和运作。整机总装生产线的信息管理系统在数字化车间框架下统一建设，主要包括制造运营管理（MOM）系统、仓储管理系统（WMS）、可视化系统（VDS）和数据采集与监控（SCADA）系统，四大信息管理系统的数据贯通互联、融合共享，实现了生产数据的自动化采集与分析、生产运行的三维可视化、物料的准时配送和智能化管控。各个系统的具体建设思路及方法见第 3～6 章相关内容，下面仅对整机总装生产线上信息管理系统的部分应用做简要介绍。

在整机总装生产线，MOM 系统具备生产管理、质量管理、物料管理、工艺管理、人员管理、高级计划排程等功能，通过作业计划排程与执行、跨部门跨地域物料拉动、生产全过程质量控制等信息集成管控，实现总装生产过程任务与设备、物料等资源的优化匹配。

生产线的物料预报与配送通过 WMS 实现。WMS 与其他信息系统的数据贯通，基于工位、工序任务的拉动式齐套方法，物料配送准点率达 99%以上，大幅缩短了物料等待时间，保证了总装生产的顺利进行。

生产过程产生的大量数据主要通过 SCADA 系统进行自动化采集与分析。SCADA 系统向上承接 MOM 系统工步作业计划并下发至作业系统，向下在线采集设备运行状态、工艺参数等数据反馈至 MOM、VDS 等系统，并对产品总装实施过程的关键工艺参数进行过程统计分析（SPC），实现作业"计划-物料-资源-执行"四位一体的生产数据全闭环。

7.3 设备智能化

生产线设备的智能化提升是智能生产线建设的重要手段，生产线智能设备作为智能制造的基础载体，在很大程度上影响了企业生产制造过程的智能化升级。

生产线智能设备是用于制造或作业的具有感知、分析、决策、控制功能的智能专用设备，是先进制造技术、信息技术和智能技术的集成和深度融合。与传统生产线设备相比，智能设备采用智能传感、智能控制、精密仪表仪器、人工智能等技术，具备灵敏准确地感知功能，以及合理的思维与判断功能、智能化的自学习功能和高效的执行能力。

设备智能化的重点研发方向主要包括智能数控机床、工业机器人、增材制造设备等（见图 7-36）。生产线设备的智能化作为生产线最基础的智能化改造方式之一，有效地提高产品的生产效率和生产质量、优化产品生产工艺流程、降低产品生产过程中的资源能源消耗水平。

 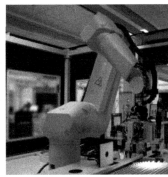 

（a）智能数控机床　　　　　　　　（b）工业机器人　　　　　　　　（c）增材制造设备

图 7-36　设备智能化的重点研发方向

7.3.1 智能设备分类及发展概况

1. 智能数控机床

数控机床作为工业母机，决定了一个国家智能制造设备的制造水平。数控机床较好地解决了复杂、精密、小批量、多品种的零件加工问题，是一种柔性、高效能的自动化机床，代表了现代机床控制技术的发展方向。

19 世纪 30 年代，电动机的发明使加工设备实现了驱动的电气化；20 世纪中叶，计算机和加工装备的良好结合，实现了机床的自动化操作和加工，但编程人员难以应付某些问题，机床的能力仅发挥 10%左右；在数控机床的基础上集成若干智能控制和软件模块，实现工艺自动优化，设备的加工质量和效率有了显著提升，本身价值提升了 30%～300%，如图 7-37 所示为智能数控机床的发展历程。

在数控机床领域，美国、德国、日本三国是当前世界数控机床生产实力最强的国家，是世界数控机床技术发展、开拓的先驱，全球高档数控机床龙头企业主要集中在这些国家。中国、日本和德国是机床的主要生产国家。智能数控机床使人有更多的精力和时间来解决机床以外的复杂问题，更能进一步发展智能数控机床和系统。通过数控系统的开发创新，智能数控机床能够收容大量信息，并对各种信息进行存储、分析、处理、判断、调节、优化、控制，实现工装夹具数据库、对话型编程、刀具路径检验、工序加工时间分析、加工负荷监视等功能。

图 7-37　智能数控机床的发展历程

2．工业机器人

工业机器人被誉为"制造业皇冠顶端的明珠"，是最具代表性的智能制造设备之一，其研发、制造、应用是衡量一个国家科技创新和高端制造业水平的重要标志。

工业机器人是集成计算机技术、制造技术、自动控制技术、传感技术及人工智能技术于一体的智能制造设备，其主体包括机器人本体、控制系统、伺服驱动系统和检测传感装置，具有拟人化、自控制、可重复编程等特点。

工业机器人主要由"四大家族"——日本发那科、日本安川、德国库卡、瑞士 ABB 占据大部分的市场（见图 7-38），全球的市场占有率为 50%左右。IFR 发布最新数据显示，受制造业自动化改造需求影响，2020 年中国、日本、美国、韩国和德国等主要国家工业机器人的年装机量合计超过全球的 72.9%。2021 年全球工业机器人销售额达 144.9 亿美元，其中亚洲销售额为 95.6 亿美元，欧洲销售额为 25.8 亿美元，北美地区销售额达到 16.7 亿美元。

图 7-38　工业机器人"四大家族"

工业机器人产业的发展需要深厚的工业基础和科技底蕴，日本、欧洲、美国先发优势明显。近几年，全球工业强国均将工业机器人作为促进经济增长和创新的重点发展领域。日本、韩国、美国都推出了工业机器人发展战略，欧盟也推出了工业机器人领域研发创新公私合作伙伴机制，以帮助欧洲企业在工业机器人领域占有一席之地。

当前，我国制造企业数字化、智能化转型建设步伐日益加快，有力推动了工业机器人市场的快速发展。企业加大研发投入，重点突破关键技术难点，陆续攻克减速机、控制器、伺服电机等核心零部件领域"卡脖子"的共性难题，核心零部件国产化率不断提高，逐步形成自主可控的全产业链生态，具有代表性的企业包括沈阳新松、南京埃斯顿、中国电科 21 所等。据 IFR

统计，2020 年全球工业机器人市场在受到疫情影响出现下滑时，我国工业机器人市场已经开始复苏，相比于 2019 年年装机量提升 18.8%。预计到 2023 年，国内市场规模将进一步扩大，预计会突破 589 亿元。

3．增材制造设备

增材制造又称 3D 打印、快速成型、迭层制造，是一种以数字模型文件为基础，将需要成型的制件通过数模技术切片分层，通过制造材料逐层打印的方式来制造实体的零件技术。例如，金属粉末定向能量沉积可扩展为四轴机床或五轴机床（见图 7-39），适用于各类大型复杂零件的快速成型，大型激光定向能量沉积零件（钛合金）如图 7-40 所示。增材制造不需要传统的刀具、夹具及多道加工工序，利用三维设计数据在一台设备上可快速而精确地制造出任意复杂形状的零件，从而实现"自由制造"，解决许多过去难以制造的复杂结构零件成型问题，并大大减少了加工工序，缩短了加工周期。而且越是复杂结构的产品，其制造的速度作用越是显著。

图 7-39　五轴机床

图 7-40　大型激光定向能量沉积零件（钛合金）

增材制造设备主要由德国和美国的老牌 3D 打印巨头引领，凭借专利优势和多年的技术积累，已经拥有较高的市场份额和客户认知度，全球排名前 4 名的 3D 打印公司（美国 3D Systems 公司、Stratasys 公司，以色列 Object 公司和德国 EOS 公司）占据全世界近 70% 的市场份额，形成了寡头垄断的市场竞争格局。国内增材制造企业随着自有技术和产品的不断开发，国内头部企业已经逐渐成长，具有了一定的市场规模。根据《金属 3D 打印行业前瞻分析报告》，在中国的市场份额中，国外品牌占 37.6%，国内联泰科技（树脂）、华曙（塑料/高分子材料及金属）、铂力特（金属）分别占 16.4%、6.6% 和 4.9%。

7.3.2　生产线智能设备的组成

生产线智能设备通常是指智能化的成套集成设备，由设备本体与智能使能技术组成，设备本体需要具备优异的性能指标，如精度、效率及可靠性，而相关的使能技术则是实现设备本体具有自感知、自适应、自诊断、自决策等智能特征的关键途径。

生产线智能设备主要由机器人、数控机床、3D 打印机等制造设备与智能传感、智能控制技术等有机结合组成的设备，用于进行某种行业产品的生产。其主要表现形式为智能传感与控制设备、智能检测与装配设备等。典型生产线智能设备的组成如图 7-41 所示，其中智能使能技术主要包括设备运行状态和环境的传感与识别、智能编程与工艺规划、智能数控与伺服驱动、性能预测和智能维护等。

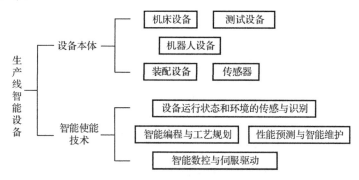

图 7-41　典型生产线智能设备的组成

在复杂电子设备的生产过程中，智能设备应用广泛。以智能机器人为例，其本体为高性能的工业机器人，具有优异的精度和可靠性。在此基础上，通过智能传感技术使得工业机器人能够自主感知加工条件的变化，如利用视觉传感器感知产品与装配孔位分布、利用位移传感器感知装配深度、利用力传感器感知装配力情况等。通过数据采集技术对设备运行过程中的数据进行实时采集与分类处理，形成设备运行大数据知识库，通过机器学习、云计算等技术实现故障自诊断并给出智能决策，最终使设备具有自适应、自诊断与自决策的特征。

7.3.3　设备智能化的典型案例

射频前端模块（见图 7-42）作为雷达装备中的一种典型零部件，位于相控阵雷达天线阵面上，主要实现射频发射信号的功率放大和小信号接收信号的线性放大功能。射频前端模块结构精密、组成复杂，有源相控雷达阵面每个通道配置一个前端模块，是数量最多的模块之一。

下面根据这一复杂电子设备典型零部件在生产线中的组装焊接、测试筛选和总体装配过程，介绍壳体基板智能组装焊接线体、射频前端智能测试站和 T/R 组件智能插装系统三种智能设备。

图 7-42　射频前端模块

1．壳体基板智能组装焊接线体

射频前端模块结构精密、组成复杂，实现模块的组装涉及复杂的工艺流程。其中，以壳体基板的组装焊接流程最为典型。

壳体是指微波电路中起着承载元器件及基板的作用，同时也承担着接地、散热、密封保护作用的外壳，通常由铝/硅、铝/碳化硅、铝合金和钛合金等材料加工而成，而基板是指低温共烧陶瓷（LTCC）基板、高温共烧陶瓷（HTCC）基板、薄膜陶瓷基板、微波多层板（热固性黏结片）等。

壳体基板组装焊接涉及的元器件体积小、结构精密，为防止装配过程出现干涉，通常采用分区作业方式。如图 7-43 所示，将整个壳体分为 A、B、C 3 部分：A 端面需要装配 8 个玻珠及其 8 个导向环，同时还兼有喷涂锡膏；B 端面需要装配 1 个玻珠及其 1 个导向环，同时还需要装配一个 37pin 连接器和喷涂锡膏；C 区域需要装配 1 片大陶瓷基板和 4 片小连接板，同时装有焊片和喷涂助焊剂。

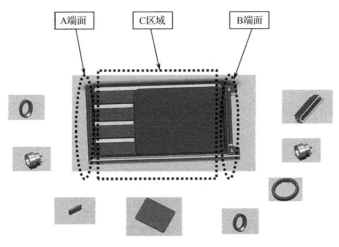

图 7-43　壳体基板组装焊接示意图

由于组装焊接的元器件具有明确的顺序要求和独立的工艺，因此针对该需求开发智能设备，采用线体式的结构形态。壳体基板智能组装焊接线体整体布局如图 7-44 所示。

图 7-44　壳体基板智能组装焊接线体整体布局

1）设备指标

壳体基板智能组装焊接线体具体指标要求如下。

（1）线体采用通用单体设备模块化设计，整体设计应符合人机工程总则（SMS012A024）。

（2）单体设备采用独立供气、供电，能独立运行。

（3）单体设备具有手动、自动、检修、检测 4 种独立运行模式。

（4）上位机与下位机采用 IPC-SMEMA-9851 标准通信。

（5）单体设备具有独立的人机交互平台（人机界面），人机界面具有智能检修判断功能。

（6）单体设备标配有独立三色报警灯、急停按钮、电路、气路保护模块。

（7）人机交互平台（人机界面）具有控制界面友好、智能检修判断功能。

（8）单体设备有独立网络接口，具有报告数据存储功能。

（9）线体配置有整线信息数据收集系统模块。

2）设备组成

壳体基板智能组装焊接线体为全自动设备，其组成如图 7-45 所示，主要由夹具移栽机构、机壳入载具设备、喷涂助焊剂与组装焊片设备、组装大陶瓷基板和小连接板设备、组装玻珠和导向环设备、组装 37pin 连接器设备、回流焊、自动拆工装设备和全自动 tray 盘收料系统组成。

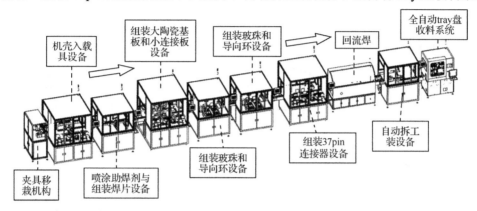

图 7-45　壳体基板智能组装焊接线体组成

3）设备原理

壳体基板智能组装焊接线体用于壳体基板高精度装配焊接，实现物料的自动上料、自动涂锡膏、自动装配、自动下料、物料管理、数据收集等功能和全过程控制管理，满足自动化生产需求。其工作原理如图 7-46 所示。

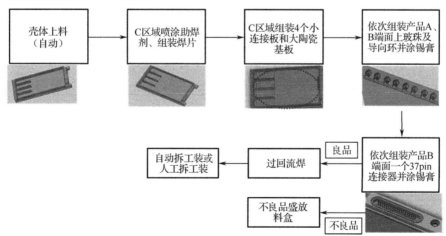

图 7-46　壳体基板智能组装焊接线体工作原理

壳体入载具设备结构示意图如图 7-47 所示。该设备采用全自动料盘机供料系统实现对壳体的供料。上料时将一叠装满壳体的料盘放在上料位，设备会自动逐一将料盘运送到取料位，并将空料盘在下料区堆叠。三轴模组用来搬送料盘里的壳体，将其组装到载具上。通过简单调整吸取机构和壳体定位机构，此设备即可用来生产不同类型的产品。扫码枪用来对料盘进行扫码，可以为后续工作提供跟踪信息。对于信息错误的载具，不良品下料位将其剔除。

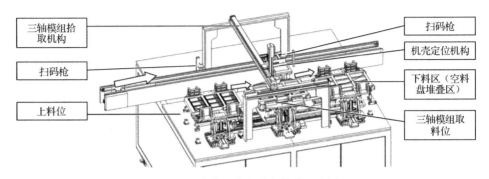

图 7-47　壳体入载具设备结构示意图

　　壳体进入线体后，首先通过喷涂助焊剂与组装焊片设备，该设备结构示意图如图 7-48 所示，进行壳体 C 区域的涂助焊剂、焊片组装操作。焊片的来料方式，采用冲切成规定形状的载带方式。壳体流到该工位被阻挡定位，三轴模组带动喷头喷涂助焊剂。喷涂过后使用风扇使其快速风干。之后流到组装焊片工位，被阻挡定位，四轴机械手组装焊片，组装过程通过 CCD 定位。

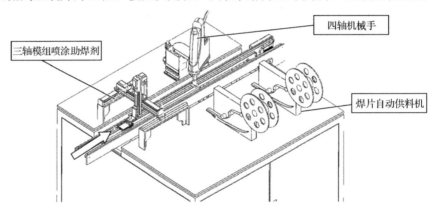

图 7-48　喷涂助焊剂与组装焊片设备结构示意图

　　完成助焊剂喷涂和焊片组装后，壳体流转至组装大陶瓷基板和小连接板设备，该设备结构示意图如图 7-49 所示。载具被阻挡定位，四轴机器人分别吸取陶瓷片和 LTCC 基板，经过定位及浸助焊剂后，将其组装到壳体上，组装过程通过工业相机定位。

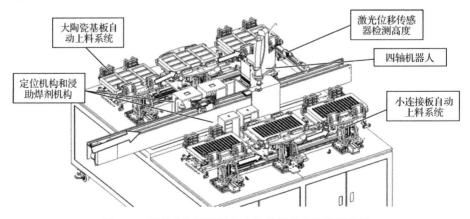

图 7-49　组装大陶瓷基板和小连接板设备结构示意图

随后壳体流转至组装玻珠和导向环设备，该设备结构示意图如图 7-50 所示。装好壳体的载具被翻转定位，使 A 端面朝上，六轴机器人依次装玻珠、涂锡膏、装锡圈，装导向环。装配完成后载具机构将装配好的 8 个导向环压住，载具再次翻转 180°，使 B 端面朝上，六轴机器人完成 B 端面的玻珠及到导向环的组装和涂锡膏/装锡圈。装配过程通过工业相机定位纠偏。

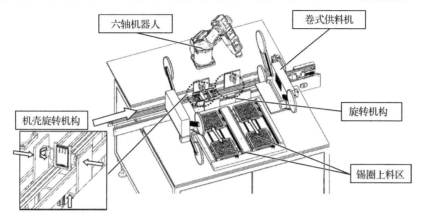

图 7-50　组装玻珠和导向环设备结构示意图

最后一步组装动作完成壳体 B 端面多 pin 连接器的装配，并且涂锡膏，如图 7-51 所示为该工位结构示意图。装好壳体 B 端面玻珠及导向环的载具流到组装 37pin 连接器设备，被翻转定位，使 B 端面朝上，六轴机器人依次装多 pin 连接器，涂锡膏，装配过程通过工业相机定位纠偏，装配完成后，载具机构将装配好的多 pin 连接器压住。如果线体前几工位有不良品产生，则统一在此工位不良品下料机构处将其剔除出去，通过扫描产品上的条码即可判定是何种不良。

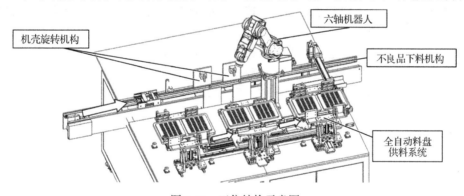

图 7-51　工位结构示意图

4）实施成效

壳体基板智能组装焊接线体应用成效显著，主要体现在以下几个方面。

（1）该线体可以自动完成射频前端产品壳体基板的全部工序组装。

（2）该线体采用柔性设计，全自动上下料，自动检测定位，自动跟踪信息，自动装配。

（3）整条线体连续工作，各工站并行，实现低人工配给，大大提高了工作效率和生产质量。

2. 射频前端智能测试站

射频前端模块人工测试劳动强度大，测试效率低，而且人员装夹测试带来的偏差影响产品电性能指标精度及测试的一致性。因此，在生产线的测试场景中迫切需要引入智能设备实现前端模块的智能测试。

针对以上需求，搭建射频前端智能测试站（见图 7-52）应用于测试生产线，实现对收发组件指标的自动测试。该智能设备可测试指标包括输出功率、带内波动、脉冲波形顶降、二次谐波、杂散、噪声系数、增益、驻波等；通过进料码垛、上料机器人取料、编码识别、性能测试、不合格品摆盘、合格品出料码垛等节拍（环节）自动完成射频前端组件的装夹、综合性能测试及产品分选等工作。

图 7-52 射频前端智能测试站

1）设备指标

射频前端智能测试站的具体指标要求如下。

（1）需要实现组件从上料到最终下料分拣全过程的自动化，包括自动上料、自动扫码、自动装夹、自动测试、自动下料、自动码垛等功能。

（2）动作节拍：可控，固定节拍小于或等于 5s（屏蔽测试）。

（3）要求操作界面可以设置相关运行参数并显示当前报警信息，可调阅历史报警信息。

（4）要求智能测试站配置有状态指示灯，显示运行（绿灯）、停止（红灯）、待料（黄灯）及蜂鸣报警信号。

（5）可以识别组件产品表面的二维码或字符串形式的编码，视觉辨识结果可传输至计算机。

（6）具备自动分拣功能，可以将指标合格品码垛，不合格品摆盘，码垛料盘大于或等于 10 层；测试工位为 2 个。

（7）通信接口：LAN 或 RS485。

2）设备组成

射频前端智能测试站为全自动设备，其整体布局如图 7-53 所示，主要由进料码垛、自动上料、编码识别、测试移载、性能测试（装夹）、自动下料、出料码垛等模块组成。

3）设备原理

射频前端智能测试站通过自动化设备完成射频前端组件的性能检测、筛选等，并且测试数据可以查询和保存，实现射频前端生产测试过程中测试工位的自动化智能测试，其工作原理图如图 7-54 所示。

工人手工将进料和出料料盘放入码垛机构后，设备会自动完成料盘周转、上料、读码、检测、不合格品摆盘去除、合格品摆盘等工作。全过程的节拍控制、机器动作控制均由 PLC 完成，同时 PLC 与计算机通信把节拍信息、射频前端编号信息等实时反馈给计算机。当到达测试节拍时，测试设备进行射频前端指标的测试。计算机读取矢量网络分析仪的测试结果并完成测试数据运算、测试数据存储、测试结果判断等工作，完成后将判断结果反馈给 PLC，PLC 控制下一步分拣的动作。测试指标合格的组件分拣在合格品料盘并进行出料码垛，测试指标不合格的组件则分拣在不合格品料盘中，这样就完成了射频前端的测试和分拣的过程。

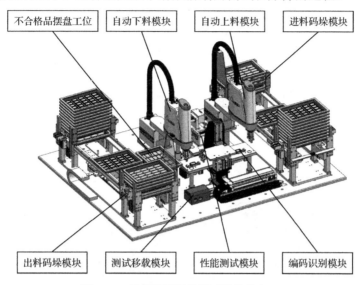

图 7-53 射频前端智能测试站整体布局

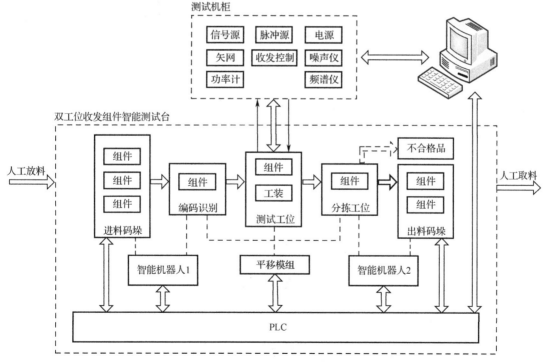

图 7-54 射频前端智能测试站工作原理图

射频前端组件摆放在料盘里通过进料码垛、上料机器人取料、编码识别、测试移载、性能测试、不合格品分选、合格品出料码垛等节拍（环节）自动完成射频前端组件综合性能测试、产品分拣移载等工作，具体工作流程如下。

（1）进料码垛。

运行测试软件设备启动，进料码垛模块将一个满料盘推送至上料位置，并通过定位装置确保该料盘位置准确，进料码垛模块（见图 7-55）由满料盘堆叠系统、取料工位、空料盘堆叠系统以及料盘移载系统组成。

满料盘堆叠系统可一次性放入 10 个料盘，工作时料盘移载系统会自动将最下层的料盘取出，输送至取料工位。上料完成的空料盘则移载至空料盘堆叠系统码放。此外，该系统设计有防呆功能，如果料盘方向错误，则无法将其放入堆叠机构，以防操作人员误操作导致工件或测试系统损伤。

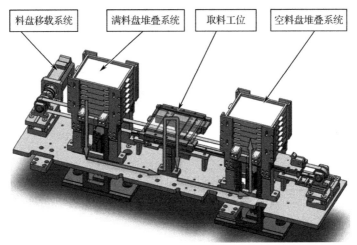

图 7-55　进料码垛模块

（2）上料机器人取料和编码识别。

上料机器人（见图 7-56）依据程序设定的位置信息运动至料盘第一个产品上方抓取产品，并将其放置扫码工位，随后上料机器人返回料盘上方，等待抓取下一个产品。扫码工位处的机械定位装置启动，将产品位置摆正，确保扫码和后续移载时产品位置准确可靠，编码识别模块识别扫码工位内产品的文字编码，并将识别结果按照顺序依次存储在 PLC 的 ROM 队列中。

上料系统主要由四轴机器人以及机器人末端的气动夹爪装置组成，负责将进料码垛模块的取料料盘中整齐摆放的产品逐个取出并准确地放置扫码工位。下料机器人与上料机器人的结构基本相同，其区别是下料系统不包含编码识别模块，并且单独设置了一个不合格品摆盘工位。

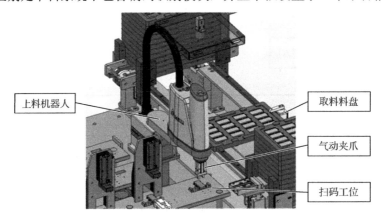

图 7-56　上料机器人

（3）测试移载。

测试移载模块将完成编码识别的产品从扫码工位抓取转移至测试工位的测试夹具内，同时将完成测试的产品从测试夹具内转移到下料工位，随后测试移载模块运动至等待位置，准备从扫码工位抓取下一个产品。

移载抓取系统（见图 7-57）由一个水平运动的直线移载模组、一个可在竖直方向上伸缩的升降气缸，以及升降气缸末端安装的三组气爪组成。升降气缸控制气爪的上下动作，实现各个工位的取料和放料，移载模组则带动升降气缸及气爪在扫码工位、两个测试工位以及下料工位之间往复运动。测试工位的工装夹具为测试专用夹具，其余两个工位的夹具则仅仅起到盛放产品并限制产品位置误差的作用。

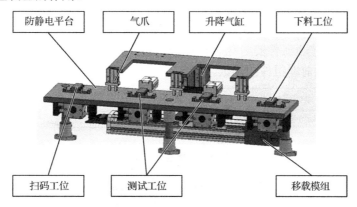

图 7-57　移载抓取系统

（4）性能测试。

进入性能测试模块后，PLC 按照编码存储 ROM 队列的存储顺序，向上位机测试软件发送该产品编码，以及测试开始信号，测试软件控制测试设备并读取测试数据，对产品性能指标进行测试。

测试工位由压紧气缸、绝缘压块、导向定位装置、测试工装、冷却风扇、高度调节平台组成，其示意图如图 7-58 所示。在测试工装和高度调节平台处均设置了冷却风扇，对被测产品、衰减器以及探头采用直流风扇风冷的散热形式。高度调节平台由高精度丝杆进给齿轮齿条结构实现，标有刻度，方便调整，可以前后、上下调节支撑测试通路里的主要测试部件，如衰减器、功率探头等，可以保证测试通路的同心度，避免因重力因素使测试通路下坠影响测试精度，造成损坏通路中器件的情况发生。

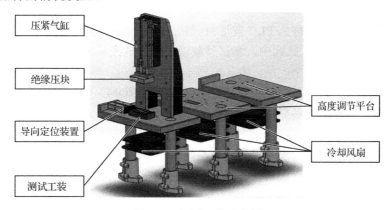

图 7-58　测试工位示意图

压紧装置针对未封盖产品的测试设计了组合压块，组合压块由压紧气缸控制。压紧气缸可以针对不同产品调节相应的压紧力。组合压块外形示意图如图 7-59 所示。

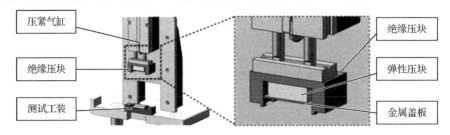

图 7-59　组合压块外形示意图

由于射频前端组件在测试时有加电源和加控制的需求，所以设备设计了插/拔装置。插/拔装置可以根据不同的射频前端组件的射频端口和控制端口设计相应的适配连接端口和快插连接器，以满足不同规格射频前端组件的测试，导向定位装置示意图如图 7-60 所示。

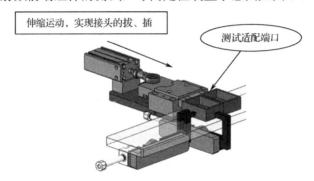

图 7-60　导向定位装置示意图

测试适配端口设计为高频、低频混装端口，高频连接器设计为快插接头，适配射频前端组件的接收端口，测试适配端口如图 7-61 所示。

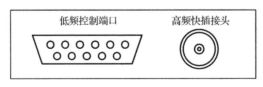

图 7-61　测试适配端口

（5）分拣移载。

性能测试结束后，测试软件向 PLC 发送测试结束信号及测试判断结果，测试判断结果按照顺序依次存储在 PLC 的 ROM 队列中。测试移载模块将测试夹具内的产品取出，摆放至下料工位，同时从扫码工位抓取下一个产品，将其转移至测试夹具内，测试移载模块运动至等待位置，下料机器人从下料工位抓取产品并根据存储在 PLC 内存（ROM）队列里的检测结果，将合格品摆盘，若是不合格品则放入准备好的不合格品料盘内。

（6）出料码垛。

合格品料盘装满后，出料码垛模块将其堆叠码放，并自动推送一个新的空料盘到下料位置，不合格品料盘装满后，机器报警提醒操作人员收料。

4）实施成效

射频前端智能测试站在测试线应用成效显著，主要体现在以下几个方面。

（1）大幅度提高了生产线的工作效率，使用自动化设备不但可以减少人力，而且机器可以连续运行提升产能，在大批量生产的条件下大幅降低射频前端的制造成本。

（2）测试精度高，通过自动化设备固定的节拍以及设备程序化的操作动作可有效提高射频前端产品测试结果的重复性和一致性，有效提升产品品质。

（3）适应智能化制造的建设规划，提升市场竞争力。在射频前端智能测试站建设的基础上通过自动化、数据化、网络化改造向智能车间升级，以适应未来智能制造的战略发展目标和布局。

3．T/R 组件智能插装系统

T/R 组件的安装是雷达装配中的重要环节，其安装质量直接影响雷达的性能和可靠性。一个阵面往往需要安装大量的 T/R 组件，手工装配不仅费时费力，而且无法实现装配过程工艺要求的一致性，同时装配过程参数记录不全，使后期产品调试过程中如果出现问题无法进行追溯，极大地增加了人工成本。

T/R 组件机器人装配系统（见图 7-62）提升了 T/R 组件安装质量和效率，降低了装配成本，通过对机器人控制、机器视觉引导、PLC 控制等技术的研究，实现了高精度机器视觉定位、机器人路径自适应优化等关键技术，完成了 T/R 组件机器人装配系统的构建开发，实现了 T/R 组件的稳定装配和数据的有效记录。

图 7-62　T/R 组件机器人装配系统

1）设备指标

设备指标具体要求如下。

（1）可以自动识别待装配组件的位置、方向等参数，自动调用相应程序进行自动化装配。

（2）装配效率比现在的手工装配提升了 100%，平均装配节拍不超过 60s。

（3）装配合格率达到 99.8%，即故障率为 1/500。

（4）系统具有高稳定性。

（5）系统能够识别并记录装配件信息（令号、批次等），并对装配过程中的参数进行实时检测和记录。

（6）系统具备良好的可兼容性和扩展性，便于在未来发展中升级换代或增加接口。

（7）整个系统具有安全防护措施，当人进入机器人工作区域或出现严重故障时应立刻停止工作。

（8）系统具备完善的故障诊断功能，详细记录系统的运行时间日志和状态日志，并具备日志数据存盘功能，供专业人员在维修或维护时解读。

（9）出现断电和其他意外故障时，系统应有延时关机和数据存储的措施。

2）设备组成

T/R 组件机器人装配系统主要由机器人及头部工装、T/R 组件上料机构、小车定位机构等组成，如图 7-63 所示。

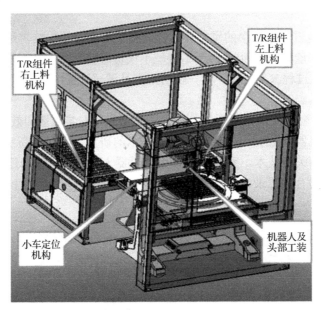

图 7-63　T/R 组件机器人装配系统组成

3）设备原理

设备通过机器人抓取 T/R 组件，通过机器视觉识别装配位置误差并修正后放入 T/R 组件，然后按照工艺要求完成 T/R 组件的压装和锁紧。

T/R 组件机器人装配系统为三层架构系统。PC 控制系统作为上位数据管理系统，在系统中具有最高操作权限。PLC+HMI 系统作为就地控制系统，直接监控和控制就地设备工作状况。执行系统是由机器人系统、小车定位机构、T/R 组件上料机构、压装机构、螺钉锁附机构、图像识别定位系统、装配信息处理系统、传感器系统和各类信号输出构成的，执行 T/R 组件装配的大部分工艺流程，同时反馈执行数据。其设计原理如下。

（1）T/R 组件上料。

人工将 1 套阵面的全部 T/R 组件放在料盘上，然后将料盘放到对应的物料平台上，如果物料平台缺少料盘，则系统会报警提示及时放料盘。

T/R 组件上料机构（见图 7-64）包含物料台板和定位料盘两部分。T/R 组件定位料盘用于对 T/R 组件进行定位和防错，左右数量共计 12 套，具有组件左右件和不同孔型防错功能。

（2）小车定位机构。

小车定位机构主要由小车前后定位机构、小车正面限位和测量机构、小车高度检测机构组成，如图 7-65 所示。

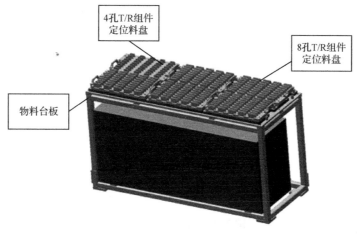

图 7-64　T/R 组件上料机构

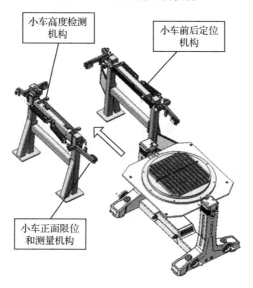

图 7-65　小车定位机构组成

人工将载阵面的小车推到小车定位处，小车左右两侧导向框下部装有初步导向，小车推到后挡臂位置后，人员退出装配区，启动小车定位系统，通过挡臂和侧向滚轮实现小车的周向定位，并进行水平调整，实现待装阵面处于水平位置。

（3）压装机构。

装配系统启动后，机器人通过头部工装抓手抓取 T/R 组件到二维码识别装置，自动识别 T/R 组件上二维码或字符，上传记录并存储，绑定对应的装配数据，随后带着抓取的 T/R 组件到阵面待装配位置上方，记录位置信息。视觉系统对阵面 T/R 组件待装配位置拍照定位，依据视觉定位数据，机器人修正位置误差后将 T/R 组件插入，插入过程中实时记录插入压力，如果压力超过预定值，则报警人工参与，如果正常，则重复插装动作直到完成全部 T/R 组件插入。

机器人采用工业六轴机器人，具有多自由度的运转能力，满足取料和插装的运转空间要求。头部工装为设备的核心执行机构，主要由 T/R 组件抓手、ATI 浮动头、侧板锁紧机构矫正抓手、视觉系统、螺钉锁紧枪和 T/R 组件压紧机构组成，如图 7-66 所示。

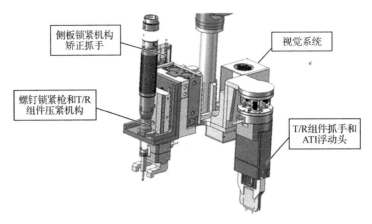

图 7-66　头部工装示意图

视觉系统采用智能相机，系统支持新脚本工具，有助于降低较大型应用的复杂度。OCR 识别装置自动识别 T/R 组件上的二维码或字符，上传记录并存储，绑定对应的装配数据。相机在不同的使用工况下可以自动切换拍照程序。

机器人抓手在 T/R 组件进入到阵面装配位置上方后松开，使 T/R 组件落入，然后合紧下压 T/R 组件到位，压入过程中压力传感器工作，实现装配压力测量与控制。

（4）螺钉锁附机构。

机器人带动视觉系统到待锁螺钉的位置拍照定位，依据视觉定位数据，机器人带动螺钉锁紧枪到对应的位置，T/R 组件压紧机构压紧待锁螺钉两侧的 T/R 组件，螺钉锁紧到预定的力矩并记录。重复锁紧动作，完成全部 T/R 组件装配。

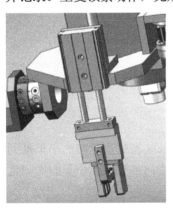

图 7-67　侧板锁紧机构矫正抓
手示意图

侧板锁紧机构实现对 T/R 组件待装配位置的锁紧机构的矫正，矫正抓手采用 SMC 气动抓手和伸缩滑台气缸。侧板锁紧机构矫正抓手示意图如图 7-67 所示，侧板锁紧机构有位置和方向不正确的概率，T/R 组件每次插入前均需要对侧板锁紧机构进行矫正。

4）实施成效

T/R 组件机器人装配系统设计充分考虑自动化、通用性和冗余性：能满足自动化的工艺尽量采用自动化设计；机械部分便捷更换工装夹具、可换执行机构等，上位机部分人工切换配方程序即可满足各种规格 T/R 产品自动化装配要求；冗余性考虑各种工艺情况，装配工艺各环节尽量做到闭环检测和控制。

针对电子组件批量装配需求，覆盖物料分拣、机器人控制、视觉校验三大建设内容，实现电子组件分拣、抓取、装配、校验等生产全过程的自动化、智能化，装配效率提升 5 倍，装配合格率达 99.8%。

7.4　发展趋势

随着数字化、虚拟现实、物联网、人工智能、大数据、云计算、计算机仿真以及网络安全等技术的不断发展，未来的生产线强调人与智能化的有机融合，充分发挥人与智能化设备的智能、柔性等特点。生产线的发展趋势主要体现在以下几个方面。

（1）虚拟现实仿真优化技术。在仿真技术上加强感官和视觉逼真度，在人机工效分析基础上对装配全过程进行优化，保证装配全过程顺利实施。其特点是可以按照人们的意愿任意变化，这种人机结合的新一代智能界面，是智能装配的一个显著特征。

（2）智能设备的设计制造技术。装配过程的自动化、智能化必须借助定制的专用智能化工艺装备来实现。首先要全面实现装配过程的机械化和自动化，在此基础上，通过嵌入式系统实现系统与设备、设备与设备、设备与人之间的互联互通，为实现智能化装配奠定基础。

（3）装配过程在线检测与监控技术。建立可覆盖装配全过程的数字化测量设备与监控网络，在现有数字化测量技术的基础上增加传感器、RFID、物联工业网络等用来实时感知、监控、分析、判断装配状态，实现装配过程的实时监测。

（4）智能装配制造执行技术。智能装配中的制造执行系统应是集智能设计、智能预测、智能调度、智能诊断和智能决策于一体的智能化应用管理体系。

Chapter **8**

第8章

数字化车间基础环境

　　良好的车间基础环境为数字化车间高效、稳定运行提供重要保障。本章围绕数字化车间环境监测和安全管控两大主题，融合车间生产全方位管理，分析数字化车间基础环境建设的现状与挑战，在业务需求分析和系统需求分析的基础上，搭建数字化车间基础环境框架，并对建设内容进行论述，同时分享了优秀企业的应用案例。最后，以聚焦数字化车间智能楼宇管理系统（IBMS）和先进技术的深入应用，提出了对未来发展趋势的思考。

8.1　现状与挑战

8.1.1　应用背景

　　生产车间良好的基础环境，是保证生产安全、产品质量和成本控制等的重要前提。

　　《中华人民共和国安全生产法》中对生产经营单位的安全生产保障提出了明确规定："第二十条　生产经营单位应当具备本法和有关法律、行政法规和国家标准或者行业标准规定的安全生产条件；不具备安全生产条件的，不得从事生产经营活动。""第二十三条　生产经营单位应当具备的安全生产条件所必需的资金投入，由生产经营单位的决策机构、主要负责人或者个人经营的投资人予以保证，并对由于安全生产所必需的资金投入不足导致的后果承担责任。"

　　2020年联合国大会上，为了积极应对气候变化和推动可持续发展，习近平主席提出了"双碳"目标下的能源转型发展，这对生产车间的能源高效使用提出了更高的要求。

　　《洁净厂房设计规范》（GB 50073—2013）中对生产车间的基础环境明确要求："洁净厂房的建筑围护结构和室内装修，应选用气密性良好，且在温度和湿度变化时变形小、污染物浓度符合现行国家有关标准规定限值的材料。""洁净室的顶棚、壁板及夹芯材料应为不燃烧体，且不得采用有机复合材料。""洁净室内的色彩宜淡雅柔和。室内顶棚和墙面表面材料的光反射系数宜为0.6~0.8，地面表面材料的光反射系数宜为0.15~0.35。""洁净室温度冬季为20~22℃，夏季为24~26℃，湿度冬季为30%~50%，夏季为50%~70%，比较适宜。""应根据空气洁净度等级的不同要求，选用不同的气流流型。""洁净厂房内的给水系统应符合生产、生活和消防等各项用水对水质、水温、水压和水量的要求，并应分别设置。"

数字化车间的基础环境建设应在充分利用先进的 IT（信息技术）、IoT（物联网技术）基础设施，如网络、云计算、数据库、中间件、信息安全等的基础上，围绕环境监测和安全管控两个方面进行深度挖掘，提升安全、质量等的水平。不同类型的车间需要区别对待，形成有针对性的解决方案。

（1）生产环境方面：厂房洁净，如光照、温湿度、粉尘等；危险点源，如高空吊车、高压配电、有毒气体等；消防安全，如通道、消防设施可用性等；节能环保，注重水、电、气等能源的高效利用等。

（2）作业人员方面：安全防护，如防护服、安全帽等；安全通道，如授权进入区域单元等；安全操作规程，如安全操作顺序等。

（3）生产设备方面：保障性，如水、电、气等；运输安全，如道路干涉等。

（4）其他：如物料存放监控、出入口管理、周界防护等；特殊原材料、在制品、成品对存放环境的要求等。

8.1.2　现状分析

在《中华人民共和国安全生产法》《洁净厂房设计规范》等严格要求，以及质量管理体系、安全管理体系、环境管理体系等各类认证的背景下，各制造企业越来越重视车间的基础环境建设。但是，管理手段依然主要靠传统的安全教育、检查指导、认证考核等，已远远不能满足复杂情况下的生产要求，主要存在以下问题。

（1）缺乏及时可靠的现场状态监测及可视化。靠传统巡查、值守等方式，对空气质量、废弃物、危险电源、安全通道、水电气、生产物资、重要边界等进行管控，缺乏技术手段进行实时监测，难以满足及时、可靠、可连续、可追溯的管理目标。

（2）缺乏及时安全隐患预测与管控及可视化。靠经验预测和判断各类监测和管控对象存在的隐患，并对存在的问题进行处置。缺乏技术手段，在及时准确监测数据的基础上，对管控对象建立相关性，达到快速、精准、全面的管控目标。

（3）缺乏基础环境与生产制造全过程的紧密融合能力。基础环境的管控与生产制造全过程管理融合不够紧密，相互之间约束和支持较为松散。虽然"不安全，不生产"已经深入人心，必要的生产准备和生产过程中的环境与安全等要求也很明确，但日常的管理相对粗放，缺乏技术手段将管理要求更好落实。

在激烈的市场竞争环境下，做好生产车间的环境监测和安全管控等基础环境建设，切实为高质量完成生产任务提供保障，已经成为越来越多企业管理者的共识。随着信息技术和物联网技术的快速发展，数字化车间的基础环境建设融合并服务于车间生产制造，将逐渐成为一个重要的管理手段。

8.1.3　业务需求分析

综合来看，生产车间基础环境管理能力提升的业务需求比较广泛，涉及管理体系、运行方式和手段建设等多个方面，本节主要从相关要素的数字化监测管控等方面进行分析。

（1）对生产车间现场环境、作业人员、生产设备、物料等要素进行全面监测，做到数字化、可视化，为快速定位和排除隐患提供支持。

（2）对水、电、气类消耗进行监视测量，作为生产成本要素进行管理，持续优化以实现环保"低碳"。

（3）将生产任务的执行与环境监测和安全管控结合起来，做到"事前、事中、事后"的系统性管理。

以上部分业务需求已在其他章节进行了表述，可参考"数据采集与监控""仓储配送管理"等相关内容。

8.2 规划与设计

8.2.1 系统需求分析

数字化车间基础环境的规划与设计，要将信息技术和物联网技术与生产车间的环境监测和安全管控深度融合，使之服务于企业的安全、高效生产。

（1）从应用视角看，需要搭建一个与生产任务管理密切相关的生产车间环境监测与安全管控集成框架，满足生产任务可视化保障需求。

（2）从管控视角看，需要搭建环境监测和安全管控的边缘计算系统，满足对生产车间各个环节对象数据采集后的管理需求。

（3）从要素视角看，需要搭建各类传感控制系统，用于感知、采集和控制各个环节对象的数据、声音、图像、视频等各类信息。

（4）从运行环境视角看，需要搭建基于物联网的互联互通网络，搭建计算、存储、安全等配套设施。

生产车间的基础环境数字化能力建设是一项系统工程，从规划、设计到分步实施、运营，需要统筹策划，为企业数字化转型提供助力。

构建数字化车间基础环境，具体需求分析如下。

（1）环境监测系统。可对空气质量，如温度、湿度、粉尘等对象进行实时监测，并通过关键参数阈值设置达成越界及时告警，通过对生产准备和生产过程约束，对设备、人员的安全关联，及时控制或提供相关隐患信息，辅助决策。可对水、电、气等供应保障进行实时监测，并通过关键参数阈值设置达成越界及时告警，通过与生产任务和生产线或设备工作过程匹配，可为生产制造的成本分析提供支持。

（2）安全管控系统。可通过视频监控和图像特征识别，对生产车间的人员防护情况进行鉴别，对违规情形及时告警，并通过联动出入控制等对后续行动进行限制。可通过视频监控和图像特征识别，对生产车间重要设备的静态和动态进行监测鉴别，对设备周边的安全隔离区域异常及时告警，并通过联动，及时处置隐患，避免危险。可通过门禁和视频监控告警联动，对生产车间的重要区域进行出入控制，对人员、设备（如 AGV）、物料（如危险品）的出入合法性及时进行鉴别，对异常情况及时告警，并通过联动，消除隐患。可通过视频监控，对生产车间的周界和主要通道进行实时管控，对异常静态目标和动态目标及时提示或告警，以便及时处置。可通过与消防系统的集成，实时监控消防系统的健康状态，并对生产车间的火警等异常状态进行关联性控制，减少企业在特殊情形下的损失。

（3）集成管控系统。与环境监测系统、安全管控系统集成，获取经过系统处理的各个环节对象的采集数据，对生产车间的基础环境进行可视化全面监控。可与生产车间 MOM 系统和 SCADA 系统集成，获取生产任务、生产设备、工艺等信息，与环境监测系统、安全管控系统的各个环节对象的控制进行联动，实现安全隐患的控制、生产成本的归结等功能。可制定环境监测系统、安全管控系统的管控指标，并与各环节对象的数据采集和控制联动，系统掌控生产车间的运行状态。

8.2.2　系统框架

数字化车间基础环境的建设，可以参考楼宇自动化系统（BAS）和智能楼宇管理系统（IBMS）的相关经验。楼宇自动化系统（BAS）是将建筑物内的空调、通风、变配电、照明、给排水、热源与热交换、冷冻与冷却以及电梯和自动扶梯等系统，以集中监视、控制和管理为目的而构成的综合系统。IBMS 通过集成报警防灾、楼宇设备监控、能耗监测、停车场车位引导、安防视频监控、人员及车辆的出入口控制、智能照明、背景音乐广播和信息发布等系统，提升楼宇整体的智能化管理水平和综合防范处置能力。

数字化车间基础环境的集成管控系统包括环境监测系统和安全管控系统，数字化车间基础环境系统框架如图 8-1 所示。

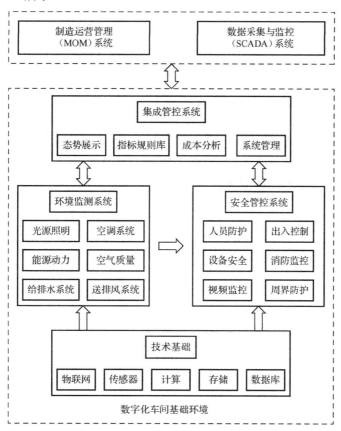

图 8-1　数字化车间基础环境系统框架

（1）环境监测系统。该系统是数字化车间基础环境的边缘管理系统之一，主要管控对象包括光源照明、能源动力、给排水系统、空调系统、空气质量和送排风系统。通过数据采集、处理，形成可用的监测信息，可为环境管控和生产成本分析提供支撑。同时，也可通过管理指标的设置，对管控对象的状态和运行参数进行控制。该系统的运行还可以触发"安全管控系统"的运行。

（2）安全管控系统。该系统是数字化车间基础环境的边缘管理系统之一，主要管控对象包括生产车间作业和管理的人员防护、设备安全、视频监控、重点区域的出入控制、消防监控、生产车间的周界防护，以及重要生产资料安全等。通过数据采集、处理，形成可用的监测信息，可为安全生产提供支撑。同时，也可通过管理指标的设置，对管控对象的状态和运行参数进行控制。该系统与"环境监测系统"联动，可被动触发安全事件的处置。

（3）集成管控系统。该系统是数字化车间基础环境的综合管理系统。通过与企业 MOM 系统集成，获取生产任务和相关信息；通过与环境监测、安全管控两个边缘管理系统集成，及时获取基础环境的全面信息；在统一管理框架下，完成指标管理、数据分析和展示。同时，完成环境监测和安全管控两个边缘管理系统与企业 MOM 系统的"上传下达"，共同形成有机整体。

（4）技术基础。这是数字化车间基础环境监控和管理的运行保障。和企业 MOM 系统、SCADA 系统一样，基于先进信息技术和物联网技术的数字化系统，均离不开物联网、传感器、计算、存储、数据库等这些技术基础条件的可靠、高效运转。

8.3 主要建设内容

8.3.1 环境监测系统

1. 能源动力

生产车间运行的能源动力包括水、电、气、光等有效供应。数字化车间通过传感器、物联网对水、电、气、光运行状态和指标进行监测和维护；与企业 MOM 系统、SCADA 系统集成，对生产线或设备的消耗情况进行精细化分析，以便有效管控，提高能源使用效率，推进节能减排。

水、电、气、光保障模块（见图 8-2）是"环境监测系统"的一个主要组成部分。其主要内容涉及对生产设备、检测设备、动力设备、物流设备等接入设备的能源消耗数据采集，智能水表、智能电表、智能气表等完成传感，并上传到监测管控"上位机"，通过指标库、算法库等管理模型，进行业务分析。与外部的 MOM 系统、SCADA 系统、安全管控系统、集成管控系统进行深度集成，完成产线消耗、班组消耗、产品消耗、指标分析等，并对能耗的精益管理提供辅助决策，推进节能减排。

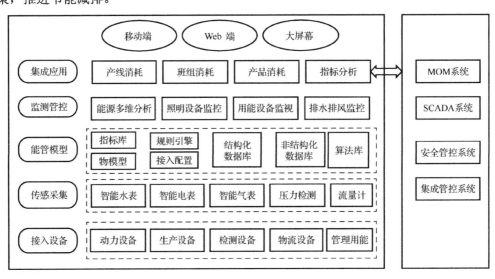

图 8-2　水、电、气、光保障模块

水、电、气、光保障模块的部分技术指标如下。

（1）高精度的水、电、气、光计量。

使用高精度、双向计量的多功能智能仪表，精确测量用户负荷和系统负荷，优化容量设计，有助于合理分配能源使用，降低使用成本。

（2）用电、用水情况监视和分析。

可对整个系统范围内的用户使用情况进行持续监视，实时监视用户水量和电流等用水和用电参数，对使用情况进行分析。

（3）能源消耗统计与分析。

系统为用户提供综合的水量、电能统计报表，包括不同费率时段的用电量，可以进行日、月、季、年的统计和记录，并且可进行显示、打印与查询。

2. 空气质量

随着工业技术的发展，车间逐步注重人的工作环境和工作质量，对人体的舒适性提出更高的要求。因此，在满足车间生产的前提下，还要考虑人的卫生学要求，同时兼顾能量损耗问题。空气质量是车间环境监测的重点，温度、湿度和空气中的粉尘对车间的设备及工人都有较大影响，应利用传感器和相关仪表对空气质量进行监测。

当前主要采用传感器对空气质量数据进行在线采集，由于空气成分比较复杂，单一传感器采集的空气质量数据不完整，只能描述空气质量的片段、部分变化特点，所以会影响后续空气质量的检测结果。采集空气质量数据后，需要引入一定的技术，建立空气质量检测模型。同时，还要采用基于多传感器融合的空气质量检测装置，采用多个传感器采集空气质量数据，并利用 BP 神经网络建立空气质量检测模型。

关于车间空气质量，常采用国际标准《车间空气质量》（ISO 16200-2-2000），如表 8-1 所示。

表 8-1　车间空气质量（ISO 16200-2-2000）

序　号	参数类别	参　数	单　位	标　准　值
1	物理性	温度	℃	22～28
2		相对湿度	%	30～80
3		空气流速	m/s	0.2～0.3
4		新风量	m^3/h	20～40
5	化学性	二氧化硫 SO_2	mg/m^3	0.5
6		二氧化氮 NO_2	mg/m^3	0.24
7		一氧化碳 CO	mg/m^3	10
8		甲醛 HCHO	mg/m^3	0.10
9		臭氧 O_3	mg/m^3	0.16
10		苯 C_6H_6	mg/m^3	0.11
11		甲苯 C_7H_8	mg/m^3	0.20
12		可吸入颗粒物	mg/m^3	0.15
13	生物性	菌落总数	cfu/m^3	2500
14	放射性	氡 ^{222}Rn	Bq/m^3	400

8.3.2 安全管控系统

1. 人员防护

人员在车间时应穿戴好相应的防护用品，如安全帽、防护服和口罩等，系统可通过视频监测和图像鉴别进行判定，及时提醒未穿戴防护用品的人员，并将信息传递到其他模块，禁止进一步行动（如进入某些受控区域）。

2. 出入控制

通过车间大门及重要区域出入口部署的摄像机和门禁等装置，对进出车间的大型车辆进行抓拍，识别车牌信息及车型、车身颜色，并与车牌库已有车牌数据进行比对，确认车辆进出权限。对于授权放行的车辆，登记车牌并录入系统白名单。当车辆访问车间时，识别出车牌后和数据库已录入的车牌进行比对，判别是否为授权车辆。如果是已登记的车辆，则自动开启门禁放行；如果是未登记的车辆，则启动相应联动机制通知保安室，保安室可调阅视频来判别是否手动开启门禁。对于进出车间及车间内重要区域的人员，通过 IC 卡或其他方式（如面部识别、指纹识别等）对权限进行识别和控制。对重要物料（如贵重物品、危险品等）的进出，通过对物料的识别，以及出入人员的绑定进行管控。

3. 设备管理

通过对重要设备周边的安全设置，如红外对射、摄像监控报警等，及时掌握设备运行安全，防止未经授权的人（防护）、物（载体、物料）进入隐患区域，影响正常生产。

4. 消防监控

消防监控模块通过与企业消防系统联网，对消防设施运行状态进行监测，对消防控制室操作员值班情况进行监控，并综合运用地理信息系统、数字视频监控等信息技术，为车间的管理者提供信息服务。消防监控模块的主要功能如下。

（1）火灾报警信息接收传输功能。

该模块能接收企业消防系统火灾报警信息。

（2）消防设施运行状态信息监测功能。

该模块能接收企业消防系统消防设施监测信息。

（3）消防控制室值班巡检查岗功能。

该模块能接收企业消防系统消防控制室值班查岗信息。

5. 周界防护

利用"有形+无形"相结合的防护模式对周界车间围墙和车间内重要区域进行多重防护。具体防护手段为设置埋地振动光缆探测（铁艺栅栏和实体墙之间）、周界红外对射探测（铁艺栅栏、实体墙）、视频安防监控智能分析软件（鱼眼全景摄像机）。防区光缆入侵信号采集报警是一种线缆式周界报警装置。该装置使用光缆作为传感单元，利用计算机对数据进行采集和控制并实现长距离、大范围周界防区的探测，每个防区的长度可达数百米甚至数千米。通过 SMART 摄像机，对重要区域采用智能分析技术，通过行为分析和智能跟踪的方式，实现安全防范监控；

周界防护主要对穿越警戒面、区域入侵、进入区域、离开区域等多种行为进行识别和触发报警。图 8-3 所示为周界防护的组成，包括终端杆、声光报警器、承力杆和合金线等。

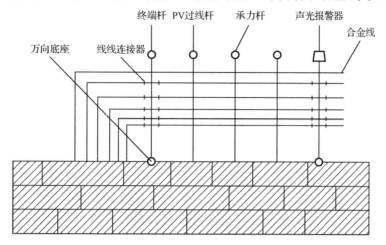

图 8-3　周界防护的组成

周界防护有以下特点。

（1）防范的严密性。

防范介质应形成具有一定高度（通常为入侵者不可跳过/跨过）的"封闭式"屏障，使得入侵者从这个屏障的任意部位穿过时，均会触发报警信号输出。

（2）地形因素的适应性。

任何周界都会有各种地形状况，最简单的情况就是周界的各种角度的转折。比较复杂的情况是周界的地面高低起伏，再者是地面有坎、坝、溪、河流等。地形因素的适应性是指入侵探测器的安装、布置能够适应上述各种地形变化，并使防范介质可以沿地形走势构成有效屏障。

（3）目标与环境因素的不相干性。

在入侵探测器探测覆盖区域内，针对目标对象所在的不同环境，应采用不同的探测方式，以减少或避免目标和环境的相干性。微波和感应线缆类探测器的探测覆盖区域是一条具有相应宽度的立体带状区域，应避免安装在行人/车道边，以免过往行人/动物或车辆成为目标因素；泄漏电缆的探测覆盖区域是一条具有相应宽度的立体带状区域，应避免防范区域内存在水/电管路，一旦水/电流量产生变化，易成为干扰的环境因素而引发误报警；主动红外线入侵探测类产品的探测覆盖区域是一条没有厚度的理想的带状区域，应避免周围有生长的植物；声波/超声波类入侵探测产品的探测覆盖区域是距离与形状均不确定的立体空间，任何声波波长、声压强度和声波波形复合成其触发条件的声源，都是其目标因素。所以，目标和环境因素的不相干性是选择入侵探测器必须考虑的因素，并在安装使用上要使外界环境因素影响最小化。

（4）景观的匹配性。

景观的匹配性是指入侵探测器的布设不被人们的视线所察觉，或者入侵探测器造型与景观协调而不成为明显的防范器具，从而不会影响在景观区域内人们观感的和谐性。

（5）施工的便利性。

施工的便利性是指入侵探测器的信号输出方式易于与各种/各类/各型号的后接控制设备连接。入侵探测器的探测原理和硬件结构不仅可以适用于各种地形环境，更要求能便于施工操作，其布线与连接简便，操作提示和产品的故障提示易于被普通施工人员掌握，具备有效的调试辅助工具和有效的培训方法。

（6）对人体无伤害性。

在常用的周界防范入侵探测器中，激光对射式入侵探测器对人眼会造成永久性伤害，主动微波入侵探测器产品长时间照射对人体也有一定的伤害。对人体无伤害性是指要考虑在人员密集活动的区域，不应使用对正常活动人体的健康与安全有害的探测介质。

（7）功能的多样性。

某些周界防范入侵探测器不仅具有入侵探测功能，还具有其他实用的功能，如红外线幕墙同时还具有照明灯具、摄像机支架甚至路牌支架等功能。

6. 视频监控

视频监控是一个共性模块，既可独立使用，也可辅助应用。前述的设备安全、周界防护等均涉及视频监控的应用。

采用高品质摄像机，具有防尘、防水、防爆、防腐蚀等功能特性。实时获得监控区域内清晰的监控图像，各种型号系统的摄像机可以满足不同区域监控点的监控需求，实现 24 小时不间断监控。同时，可以对带云台的设备进行云台操作，对视角、方位、焦距的调整，实现全方位、多视角、无盲区、全天候式监控。视频监控系统架构如图 8-4 所示，视频监控系统主要包括厂区、围墙、车间和走道的视频监控设备，视频监控设备将数据通过车间局域网传送到监控室，从而对整个车间进行视频监控。

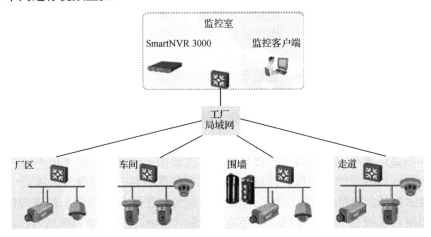

图 8-4　视频监控系统架构

视频监控系统具有以下特点。

（1）实时性：正是由于视频监控系统的实时性才显得该系统十分必要。

（2）安全性：视频监控系统具有安全防范和保密措施，防止非法侵入系统及非法操作。

（3）可扩展性：视频监控系统中的设备采用模块化结构，系统能够在监控规模、监控要求或监控对象等发生变更时方便灵活地在硬件和软件上进行扩展，即不需要改变网络的结构和主要的软硬件设备。

（4）开放性：视频监控系统遵循开放性原则，系统提供符合国际标准的软件、硬件、网络、通信、操作系统和数据库管理系统等诸方面的接口与工具，使系统具备良好的灵活性、兼容性、扩展性和可移植性。整个网络是一个开放系统，能够兼容多家监控设备厂家的产品，并支持二次开发。

（5）标准性：视频监控系统所采用的设备及技术符合国际通用标准。

（6）灵活性：视频监控系统组网方式灵活，系统功能配置灵活，能够充分利用现有视频监控子系统网络资源，系统将其他子系统都融入其中，能够满足不同监控单元的业务需求，软件功能全面，配置方便。

（7）先进性：视频监控系统是在满足可靠性和实用性的前提下尽可能先进的系统。整个系统在建成后的十年内保持先进性，系统所采用的设备与技术能适应以后的发展，并能够方便地升级。它将成为一个先进、适应未来发展、可靠性高、保密性好、网络扩展简便、连接数据处理能力强、系统运行操纵简便的安防系统。

8.3.3　集成管控系统

集成管控系统承担数字化车间基础环境的综合管理。通过集成环境监测和安全管控，对视频监控专网内和传感器监测范围内传统保障、空气质量、人员防护、出入控制、消防以及周界防护的运行状态进行统一监控，主动发现运行过程中存在的问题，及时将隐患和故障通知相应人员，解决传统运维过程中存在的"管不到、管不全、管不好"的难题。

集成管控系统更为重要的作用是将环境监测和安全管控与生产紧密集成，达成对车间生产作业的支持。通过将监测到的环境因素和安全因素反馈给车间业务系统，并利用预先规则和数据分析等，规避存在的隐患，采取必要的措施，辅助车间主管进行决策。同时，涉及各种资源的消耗，也可以为业务系统的全面管理提供数据源，开展进一步的成本分析等工作。

集成管控系统（见图 8-5）的技术指标如下。

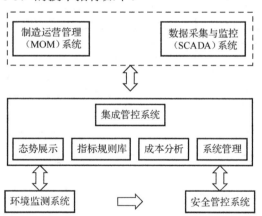

图 8-5　集成管控系统

1）态势展示

将企业 MOM 系统、SCADA 系统与环境监测系统、安全管控系统高度集成，将融合的信息进行分类展示。通过预先设定的指标阈值、持续改进的算法规则，将采集到的现场基础环境数据、生产任务数据、车间监视测量数据等，通过可视化组件和业务建模，呈现给车间的管理者，全面而系统地支持车间安全生产和成本控制。

2）指标规则库

统一管理环境监测系统和安全管控系统涉及管理对象的指标，统一管理各个管控对象之间的关联性，统一配置约束规范流程，并传递到各自系统中进行约束。指标规则库可以针对不同的对象进行不同的设计。

3）成本分析

将环境监测系统中的水、电、气数据，与企业 MOM 系统中的生产任务数据、SCADA 系统中的设备运行数据进行相关性分析，达成对生产线（设备）、班组、产品等不同的能耗数据的可视化，并且对历史数据的变化情况进行分析，为后续的管控提供支持，为节能减排目标的达成进行科学管理。

4）系统管理

将系统管理与业务部门及角色进行精准配置，对生产管理、后勤保障、安全保卫等机关职能部门的权限，按照职责规定进行设定，并开放必要的共享信息。

8.3.4　技术基础

数字化车间基础环境中广泛采用了物联网技术。物联网是指通过信息传感设备，按约定的协议，将任何物体与网络相连接，物体通过信息传播媒介进行信息交换和通信，以实现智能化识别、定位、跟踪、监管等功能。简单地讲，物联网是物与物、人与物之间的信息传递与控制。

物联网体系结构（见图 8-6）中的依存主体可以理解为一个开放式的人工系统，是由多个依存要素构成的，并且各要素间具有一定的层次性和复杂性。物联网体系结构分为 3 个层次，依次是应用层、网络层和感知层；两个体系，分别是安全及保障体系、标准及管理体系。

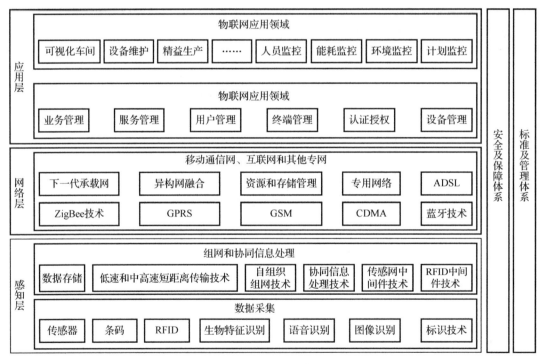

图 8-6　物联网体系结构

CCSA（中国通信标准化协会）制定的物联网标准体系（见图 8-7）包括总体标准、感知层标准、网络层标准、应用层标准和共性标准，相关技术包括数据采集、短距离传输和组网、协同信息处理服务等，同时上述物联网标准体系还包括体系结构和参考模型、承载网、业务中间件和智能计算等。

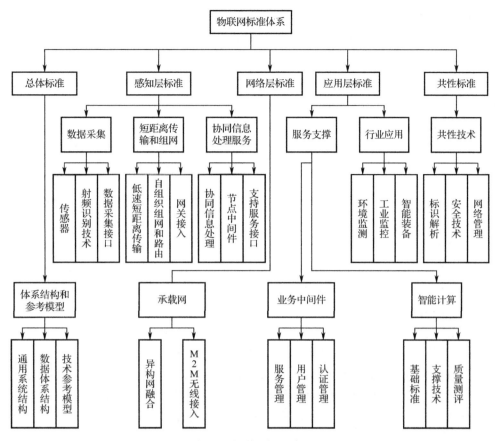

图 8-7　物联网标准体系

物联网的结构大致可以分为 3 个层次：首先是感知层，以二维码、射频识别技术（RFID）、传感器为主，实现"物"的识别；其次是网络层，通过现有的互联网、广电网络、通信网络、无线传感器网络（WSN）或者未来网络，实现数据的传输与计算；最后是应用层，即输入/输出控制终端，可基于现有的手机、PC 等终端进行。

物联网核心技术包括 WSN、红外成像、RFID、全球定位系统、Internet 与移动网络、行业业务应用软件等。在这些技术中，又以底层嵌入式设备芯片开发最为关键。物联网中数据产生的主要部分是感知层，通过感知层可以获悉物联网设备的众多信息，其中包括物体本身的 ID 信息以及相关的属性、状态、位置、能力等信息。下面针对部分技术进行简要介绍。

1. WSN 技术

无线传感器网络（WSN）是信息科学领域中一个全新的发展方向，同时也是新兴学科与传统学科进行领域间交叉的结果。其发展经历了智能传感器、无线智能传感器、无线传感器网络 3 个阶段。智能传感器将计算功能嵌入传感器中，使得传感器节点不仅具有数据采集功能，而且具有滤波和信息处理功能；无线智能传感器在智能传感器的基础上增加了无线通信功能，大大延长了传感器的感知触角，降低了传感器的工程实施成本；无线传感器网络则将网络技术引入无线智能传感器中，使得传感器不再是单个的感知单元，而是能够交换信息、协调控制的有机结合体，实现物与物的相互连接。

无线传感器网络的核心关键技术如下。

1）组网模式

在确定采用无线传感器网络技术进行应用系统设计后，首先面临的问题是采用何种组网模式。是否有基础设施支持，是否有移动终端参与，以及规划频率与时延等应用需求直接决定了组网模式。

扁平组网模式：所有节点的角色相同，通过相互协作完成数据的交流和汇聚。经典的定向扩散路由（Direct Diffusion）研究的就是这种网络结构。

基于分簇的层次型组网模式：节点分为普通传感节点和用于数据汇聚的簇头节点，传感节点将数据发送到簇头节点，然后由簇头节点汇聚到后台。簇头节点需要完成更多的工作、消耗更多的能量。如果使用相同的节点实现分簇，则要按需更换簇头，避免簇头节点因为过度消耗能量而死亡。

网状网（Mesh）模式：Mesh 模式在传感器节点形成的网络上增加一层固定无线网络，一方面用来收集传感节点数据，另一方面实现节点之间的信息通信以及网内融合处理。

2）拓扑控制

组网模式决定了网络的总体拓扑结构，但为了实现无线传感器网络的低能耗运行，还需要对节点连接关系的时变规律进行细粒度控制。目前主要的拓扑控制技术分为时间控制、空间控制和逻辑控制 3 种。

时间控制通过控制每个节点睡眠、工作的占空比，以及节点间睡眠起始时间的调度，让节点交替工作，网络拓扑在有限的拓扑结构间切换；空间控制通过控制节点发送功率改变节点的连通区域，使网络呈现不同的连通形态，从而控制能耗、提高网络容量；逻辑控制则是通过邻居表将不"理想的"节点排除在外，从而形成更稳固、可靠和强健的拓扑。

在 WSN 中，拓扑控制的目的在于实现网络连通（实时连通或机会连通）的同时保证信息的能量高效、可靠地传输。

3）移动控制模型

随着无线传感器网络组织结构从固定模式向半移动乃至全移动模式转换，节点的移动控制模型变得越来越重要，汇聚节点沿着网络边缘移动收集可以最大限度地延长网络生命周期；对于多种汇聚点移动策略，根据每轮数据汇聚情况，估算下一轮能够最大延长网络生命周期的汇聚点位置。针对事件发生频度自适应移动节点的位置，使感知节点更多地聚集在事件经常发生的地方，从而分担事件汇报任务，延长网络生命周期。

2. 红外成像技术

红外成像技术是以红外线为物理基础的。红外线是指电磁波中波长为 0.78～1000μm 的波段，有时也称"红外辐射"。黑体辐射理论证明，只要物体的温度高于绝对零度，就会源源不断地向外发出红外线。红外线的频段非常宽，根据其波长范围可以分为近红外线（0.7～2μm）、中红外线（3～5μm）和远红外线（8～14μm）。由于 3 个频段的红外线具有不同的物理特性，因此又称之为红外大气窗口。其中，中红外线和远红外线在大气中具有较好的穿透性，因此大部分红外探测器件都采用这两个波段。

典型的红外成像系统结构包括面阵 CCD、驱动电路、数字信号处理器（DSP）、可编程逻辑器件（FPGA）、模数转换器（ADC）和队列控制机制（FIFO）等功能单元。其基本电路结构如图 8-8 所示。从图 8-8 中可以看到，电路中的核心模块主要是 CCD 成像模块和 DSP+FPGA 信号处理模块。其中，CCD 成像模块的功能是进行图像数据的采集和生成电路同步信号；DSP+FPGA 信号处理模块的功能是进行图像数据的实时处理、显示和存储，具体地说，DSP 的作用是执行图像重建。

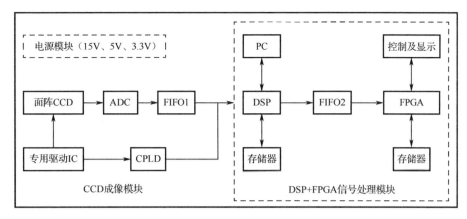

图 8-8　红外成像系统基本电路结构

到目前为止，世界上已发展起来的红外传感器件种类繁多，性能和应用场合也各有不同。但依据其工作原理，主要可以分为红外光子探测器、热探测器、红外焦平面阵列三种。红外光子探测器主要有光导、光伏、量子阱等结构。热探测器主要包括热敏电阻、温差电偶、电堆、热释电等种类。传感器阵列形式主要有 InGaAs 阵列、HgCdTe 阵列、Rsi 阵列、InSb 阵列、GaAlAs/GaAs 阵列、GeSi/Si 阵列、氧化钒阵列、非晶硅阵列等。

8.4 应用案例

8.4.1 菲尼克斯电气智能楼宇能效管理系统

菲尼克斯电气智能楼宇能效管理系统（Emalytics 系统）如图 8-9 所示，利用 IoT 最新技术（如 OPC UA 通信、MQTT 通信、室内导航、AR 增强现实、边缘计算等），形成一套智能工厂楼宇系统解决方案，优化了工厂的能源损耗，延长了机电设备的使用生命周期，降低了管控维护成本，提高了整个工厂的可用性和可靠性。

（1）Emalytics 系统中有一个专门的 Free Night Cooling（夜间系统节能）模式，在较为凉爽的夏季，根据室内外温湿度自动判定系统启动条件，可以让室外较低温度的新风冷却室内的环境，这样就可以节省制冷机系统运行的能源。

（2）Emalytics 系统中还有一个工艺功能包，将空调机组的加热单元、制冷单元、回风阀单元及热回收轮放在一个工艺功能块里连锁控制，有效降低锅炉或冷机系统的能耗。

（3）在新工厂的建筑照明系统中，室内灯光可以根据光照度和人体感应探头自动调节灯光亮度和色温，数万盏 LED 灯具的状态也可以直接监测到，大大降低了维护成本。每年通过调光节省的电能高达 24896.84kW·h。

应用 Emalytics 系统建成智能工厂后，菲尼克斯电气邀请了德国设施管理协会以及 ROTERMUND.INGENIEURE 等专业机构对其做了综合测评，包括能源消耗、技术楼宇管理（TBM）等几方面，新工厂的运营成本仅为 28.08 欧元/m²，约是德国通常标准（49.59 欧元/m²）的 56%，53440m² 的厂房每年共节省 115 万欧元，这样的成绩归因于数十年的环境监测和安全管控的经验与最新 IoT 技术的完美结合。

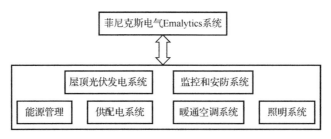

图 8-9　菲尼克斯电气 Emalytics 系统

8.4.2　三菱电机福山智能工厂的节能管理系统

三菱电机福山智能工厂通过能源测量模块（EcoMonitor）、绝缘监测模块和节能支撑软件（EcoAdviser）等硬件及软件模块（见图 8-10），构建的绿色环保节能车间基础环境的建设方案，不仅可以进行电力监测和控制，还可以根据不同的使用方法构建可视化系统，确保生产设备的稳定运行，以提高生产率。为了做到精益化、避免浪费，企业可以根据实际需求组合增减模块。

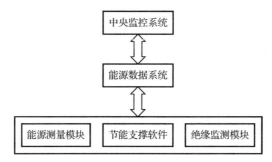

图 8-10　三菱电机福山智能工厂的节能管理系统

三菱电机福山智能工厂通过能源数据系统（EcoWebServer）采集智能电表的实时用电量，通过数据可视化发现存在问题的地方并进行改善，如午休时间自动统一熄灯；车间有显示器实时显示耗电情况；通过中央监控系统对整个工厂的空调、照明灯进行集中远程管理。通过这样的改善活动，能耗降低了 24%。

8.4.3　广东德尔智能工厂的环境监测和人员管理系统

广东德尔智能工厂实施的环境监测系统（见图 8-11），可以对水、电、热、气等各能源进行监测、预警及报警，实时监测各系统运行参数，进行各种能源质量分析，保证供能连续可靠；对水、电、热、气等能源供给与消费的全过程进行统计计量。对生产设备、空调、动力、燃气、宿舍等的分项能耗计量；支持跨系统的控制策略，对各类第三方系统集中监管；全面覆盖所属地域子公司能源情况，统一上报能耗数据；采用集中监管手段，辅助领导决策层分析。

根据计算，广东德尔智能工厂通过环境监测平台对水、电、热、气等进行能源监测，保证了各种能源的供应并降低了能源损耗，减少了故障风险，保证了用能安全。

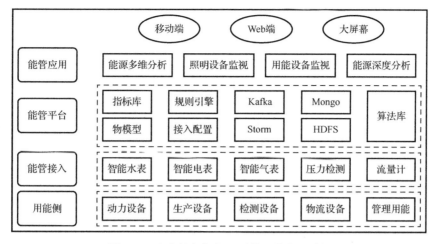

图 8-11 广东德尔智能工厂的环境监测系统

广东德尔智能工厂的人员管理网络如图 8-12 所示。该网络功能包括数据统计分析、互联网访客登记、不同人员分流、多信息核对,通过一卡通系统和人脸识别系统可以对出入工厂的人员进行有效识别和管理。

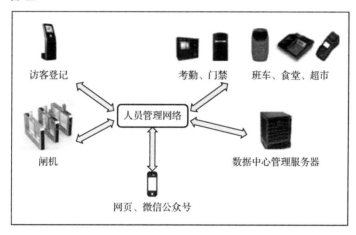

图 8-12 广东德尔智能工厂的人员管理网络

8.5 发展趋势

1. 数字化车间智能楼宇管理系统(IBMS)

智能楼宇管理系统(Intelligent Building Management System,IBMS)是在楼宇自动化系统(Building Automation System,BAS)基础上,更进一步与通信网络、信息系统结合,共同实现更高一层功能的建筑集成管理系统。IBMS 更多突出的是管理方面的功能,即如何全面实现优化控制和管理,节能降耗、高效、舒适、环境安全。

车间作为一类特殊的建筑物,其基础环境的规划设计可以在满足生产需要的基础上,与IBMS 高度融合,实现集成化管理;也可以在 IBMS 的基础上,拓展数字化车间的环境监测、安全管控及节能减排等功能,有针对性地形成一体化解决方案。

2. 数字化车间基础环境的可视化管理

通过 5G、AR/VR 等技术，把数字化车间环境监测和安全管控各个环节的过程和数据进行实时展示。5G 的低时延、高并发、大容量的特点，可以满足复杂场景下的快速安全响应；通过 AR/VR 的模型驱动，可以满足知识辅助下的巡检、维修；通过大数据分析，可以及早发现存在的隐患；通过对环境监测和安全管控各个环节对象长期采集的数据进行样本抽取和深度学习，结合人工智能算法，可以帮助管理者得到更多的决策选择。

Chapter 9

第9章
实 施 案 例

它山之石，可以攻玉。本章从电子设备整机级、部件级、模块级到零件级，按照项目背景、实施内容及实施效果三个维度，分别介绍某复杂电子设备整机制造数字化车间、南京康尼机电轨道交通门系统智能工厂、西门子成都数字化工厂及上海兰宝传感器数字化智能工厂建设案例，以期能为复杂电子设备企业建设数字化车间提供参照。

9.1 某复杂电子设备整机制造数字化车间

9.1.1 项目背景

某电子技术研究所是国内复杂电子设备研发和制造的龙头企业，在国内始终处于引领地位，产品地位突出。随着新一代电子信息设备进一步向轻薄化、一体化、高集成、高机动、高可靠性的方向发展，系统集成度和复杂度不断提高，致使生产工艺越来越复杂、装配精度和可靠性要求越来越高，而交付周期却越来越短。

传统的研制生产存在的问题越来越突出，主要表现在以下几个方面。

在制造技术方面，资源和计划调度依赖人工经验，计划排程精细化程度不够，动态响应能力不强，导致车间作业管理效能不高，无法满足高精度自动化装配、高密度高集成装配、生产过程智能化管理与控制的需求。

在产能提升方面，传统的生产作业高度依赖人工，工艺设备配置率低，自动化水平低，导致装配生产效率不高，迫切需要持续加强电子设备的生产能力建设。

在质量提升方面，传统的质量数据采集以人工记录为主，生产过程数据采集率低，信息孤岛化现象严重，质量数据集成分析能力弱，迫切需要持续提升过程质量管控的信息化、智能化水平，以适应新时代电子设备全生命周期质量管控要求。

在国家政策背景和内外部环境变化的推动下，基于以上业务痛点，该企业面向复杂电子设备多品种、小批量、变节拍的柔性生产需求，开展了"管理智能化+过程数字化+设备自动化"的智能车间建设，打造了具有现代企业特征、行业引领示范的离散型电子设备数字化车间标杆，有效地提升了产品研制效率和产品质量，助推装备制造业的高质量发展。

9.1.2 实施内容

1. 实施架构

该企业是以复杂电子设备整机研制为主的大型企业，产业生态链长，协同配套部门多。其制造过程包括了核心元器件、零部件、软件和新材料、新工艺等内容，以及设计仿真、生产调试、服务保障等环节。围绕复杂电子设备全层级组成，通过工艺布局调整、自动化工艺装备升级、工厂信息化系统建设等途径，该企业开展了数字化车间建设。

该企业构建了设备-控制-运营集成的智能车间三层次统一架构（见图 9-1），形成车间三维看板系统、制造运营管理系统、仓储管理系统、数据采集与监控系统四大信息系统，以及总装总调智能车间、电装智能车间、微组装智能车间等典型智能车间。

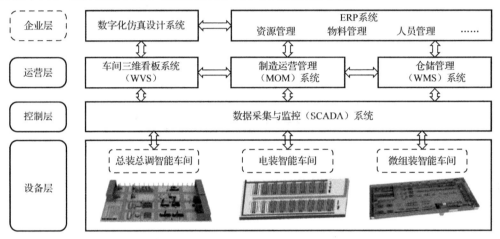

图 9-1　数字化车间统一架构

在产品全生命周期的横向端，通过制造运营管理系统对接产品三维工艺设计系统和 ERP 系统等，进行信息知识的前后贯通，以实时准确的制造加工信息支撑智能研发的设计优化、智能验证的功能实现及智能保障的数据提供。

在生产制造的纵向端，通过生产控制指令和生产过程信息的上传下达，实现"任务-订单-工单-执行"的逐层分解及自动化作业，完成智能车间生产数据的内部循环。

2. 信息系统建设情况

针对复杂电子设备车间集成化、精细化管控的要求，该企业设计了"1+4"（1 个门户+4 个大系统）的集成管控平台开发架构，包括 MOM、VDS、WMS 及 SCADA 四大工业软件系统，向上承接生产计划、产品数据，向下监控脉动生产线运行状态，实现企业级计划、车间级执行、现场级控制的全流程数据闭环。

1）智能车间集成管控平台

复杂电子设备智能车间集成管控平台（见图 9-2）采用模块化构建方法，包括自主开发的制造运营管理（MOM）系统、可视化系统（VDS）、仓储管理系统（WMS）、数据采集与监控（SCADA）系统，以及基于 B/S 架构的统一工作门户。

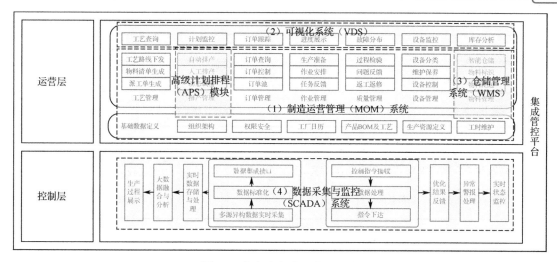

图 9-2 智能车间集成管控平台

（1）制造运营管理（MOM）系统具备工艺管理、排产管理、订单管理、作业管理、质量管理、设备管理以及基础数据定义的功能。高级计划排程（APS）模块基于制造运营管理系统开发，具备自动排产、动态调整、排产管理等功能。

（2）可视化系统（VDS）具备计划监控、订单跟踪、进度展示、故障分布、设备监控、库存分析等功能。

（3）仓储管理系统（WMS）具备智能仓储、物料标识、物料配送等功能。

（4）数据采集与监控（SCADA）系统包括数据采集、存储、处理、分析等数据采集功能，以及控制指令接收、下达、数据处理等控制功能。

智能车间集成管控平台（主界面见图 9-3）以制造运营管理（MOM）系统为运营核心，数据采集与监控（SCADA）系统为数据基础，仓储管理系统（WMS）为资源中枢，可视化系统（VDS）为决策支撑。通过统一的数据交换协议和数据接口，这四大信息系统进行数据集成和交互，实现智能车间生产过程的端到端数据贯通，如图9-4所示。

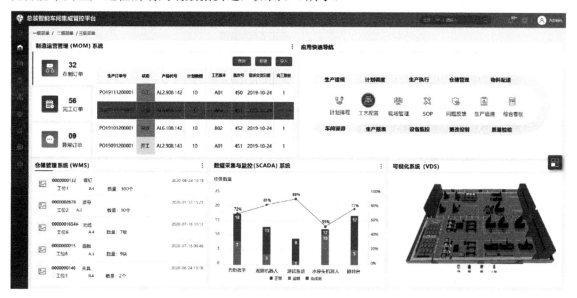

图 9-3 智能车间集成管控平台主界面

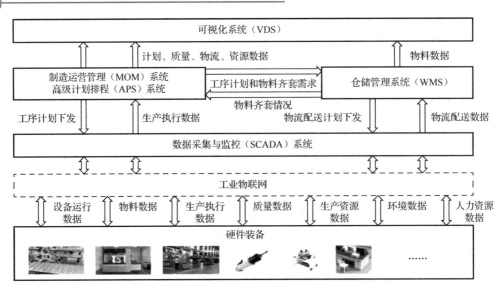

图 9-4　四大信息系统数据集成和交互

2）建立面向统一需求的 MOM 系统，提升生产过程管控能力

该企业搭建一套能适应信息材料生产、电子器件制造、互联基板制造、电子装配调试、整机装配调试等多种生产管理模式的 MOM 系统，并分类、分阶段推进 MOM 系统的建设和应用。

一是梳理复杂电子设备不同制造类型的管理需求，明确各业务类型的生产管理关注重点，建立 MOM 系统需求开发清单，为 MOM 系统的建设规划提供依据。各种电子设备 MOM 系统差异分析表如表 9-1 所示。

表 9-1　各种电子设备 MOM 系统差异分析表

业 务 类 型	业 务 特 点	MOM 系统关注重点
信息材料生产	包括晶棒成长和晶圆片制造，前者属于流程制造，后者属于典型的离散制造	✓ 设备运行状态监测 ✓ 工艺参数采集、优化、调整 ✓ 自动化检测 ✓ 在制品跟踪、物料出入库管理
电子器件制造	晶圆处理、晶圆针测、晶粒封装和电子芯片测试 4 个阶段	✓ 工艺流程管理 ✓ 在制品跟踪、物料出入库管理 ✓ 设备运行状态监测 ✓ 图形化品质数据录入、实时分析、SPC、报警
互联基板制造	有开料、钻孔、沉铜、图形转移、图形电镀、退膜、蚀刻、绿油、字符、镀金手指、镀锡板、成型、测试、终检、包装等工序	✓ 智能化计划排程 ✓ 在制品跟踪、物料出入库管理 ✓ 自动化测试、调试数据收集、分析 ✓ 图形化品质数据录入、实时分析、SPC、报警
电子装配调试	以电路板 SMT、手工插装、模块装配、成品总装、测试调试为主要过程	✓ 生产过程可视化、过程追溯精细化 ✓ 物料防错、自动化测试、调试数据收集、分析 ✓ 图形化品质数据录入、实时分析、SPC、报警 ✓ 在制品跟踪、物料出入库管理
整机装配调试	以物料齐套、机械装配、线缆插装、整机测试为主要过程	✓ 工艺流程管理 ✓ 物料齐套性检查 ✓ 在制品跟踪、物料出入库管理 ✓ 订单执行情况跟踪 ✓ 图形化品质数据录入、实时分析

二是生产管理部门牵头，信息化管理部门组织，工艺部门、制造部门、物资部门参与，全面调研梳理制造过程管理需求，指导 MOM 系统的建设。

三是基于业务需求，根据 MOM 系统的总体规划，明确 MOM 系统架构（见图 9-5）和功能组成，分步实施 MOM 系统的建设工作，保障了 MOM 系统贴合该企业多制造业务流程，最大限度地满足该企业生产管控能力提升的需求。

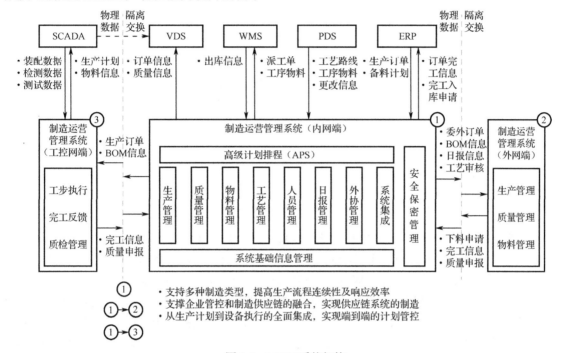

图 9-5　MOM 系统架构

基于上述思路，该企业自主开发了车间制造运营管理系统，具备生产管理、质量管理、物料管理等功能模块；覆盖产品生产完整供应链，通过对作业计划排程与执行、跨部门跨地域物料拉动、生产全过程质量控制等信息集成管控，打通总装、电装、微组装等各类车间的信息壁垒，实现复杂电子设备有序、协调、可控的混线生产组织，大幅提升装备生产管控能力，缩短生产周期。另外，通过构建智能化装配系统、自动化装置等关键设备的产能-负荷矩阵、计划任务-生产工艺-物料资源-生产执行的生产扰动约束模型，集成高级计划排程（APS）模块，实现生产任务与设备、物料等资源的优化匹配，车间计划动态调整响应时间小于 40s，计划排产准确率达 99%以上。

3）建立实时数据驱动的可视化系统，实现智能车间透明化管控

以可视化、透明化管控为目标，该企业自主设计并开发实时数据驱动的可视化系统，其界面如图 9-6 所示。它具备整体态势分析、设备运行状态监控、场地资源状态展示等功能，以生产活动为主线，实时获取 MOM、SCADA、WMS 的生产计划、过程执行、设备状态、工艺参数、物料齐套等信息，从车间-产线-单元三级实时展示产品台套研制、订单执行、齐套状态、产线运行等整体态势，全面提升智能车间的管控能力。

另外，该企业还突破车间全要素轻量化三维模型构建、智能车间模型快速构建与更换，以及数字孪生等关键技术，自主开发了智能车间模型管理平台和 CAD 模型转换工具，实现了高压缩比 1∶50 的三维数据轻量化，以及厂房-资源-产品的多层次对象三维模型的快速布局和一键式更新，解决了智能车间模型构建难度大、更新慢的问题。

图 9-6　可视化系统界面

4）建立仓储管理系统，实现物料仓储和配送的统一数字化管控

以复杂电子设备整机工艺流程为基础，分析组件、部件、元器件、辅料等各种物料组成，该企业自主研制了仓储管理系统（WMS），其界面如图 9-7 所示，具备资源管理、出入库管理、配送管理等功能。通过开展对物料编码规则、物料跟踪追溯以及物料配送模型等的研究，提出了"缓存库+线边库+智能料仓"的三级仓储模式，应用电子标签、扫码枪、二维码等物联网手段，实现该企业内部数十万种物料、上万个货位的自主编码和身份快速识别；打通 WMS 与其他系统的数据链路，建立了一种基于工位、工序任务的拉动式齐套模式，物料配送准点率达 99%以上，大幅缩短了物料等待时间，保证了电子设备按时交付。

图 9-7　仓储管理系统（WMS）界面

5）建立统一标准的数据采集系统，实现生产过程可控、质量可追溯

基于智能车间生产物联网的建立，该企业构建了车间生产现场综合数据的交换机制，车间生产数据交换流程如图 9-8 所示，设备状态、车间工况、生产数据等经过处理或者直接按需传

递至 MOM 系统、质量管理系统（QMS）、车间三维展示等系统，为虚实映射的数字化工厂提供数据基础。

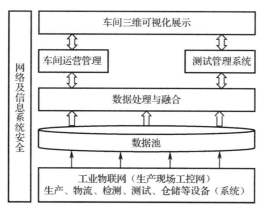

图 9-8 车间生产数据交换流程

通过梳理智能车间建设的装配过程，根据不同的产品工艺要求、质量控制要求，系统梳理了4 条装配产线、24 个工位需采集的数据，按生产执行、质量控制、物料管理、设备运行、生产资源、环境数据、人员信息七大类进行归类，明确采集内容、采集方式和数据使用。生产现场采集数据分类如表 9-2 所示。

表 9-2 生产现场采集数据分类

序 号	采集范围	采集内容	采集方式	用 途
1	生产执行	开工时间、完工时间、计划调整记录、订单数量等	扫码、MOM	生产过程管理
2	质量控制	装配尺寸、淋雨试验结果、工艺参数、测试数据等	系统集成、手工录入	质量记录和追溯、质量控制
3	物料管理	批次号、物料编码、数量、出入库等	扫码	物料管理和跟踪
4	设备运行	开关机、故障、设备参数等	系统集成	设备健康管理、生产计划排程
5	生产资源	编码、当前状态、对应的订单等	扫码	资源管理和跟踪、生产计划排程
6	环境数据	温度、湿度、场地等	系统集成	质量追溯、生产过程管理
7	人员信息	编号、名称、工种、班组等	扫码、MOM	人员管理、质量追溯

基于上述思路，该企业自主开发了基于统一数据标准的数据采集系统，具备设备任务管理、数据采集与处理、设备运行监控等功能，通过智能车间基础网络环境和统一交换协议接口，向上承接 MOM 系统工步作业计划并下发至作业系统，向下在线采集设备运行状态、工艺参数等数据反馈至 MOM、VDS 等系统，并对产品装配关键工艺参数实施过程统计分析（SPC），实现作业"计划-物料-资源-执行"四位一体的生产数据全闭环。

应用基于 MID 命令串的力矩装配系统集成技术、基于 Socket 的机器人实时通信技术、基于中间件的 PLC 集成技术等，该企业数字化车间实现装配参数、测试数据、执行数据、质量数据、设备运行状态等七大类 200 余项生产数据实时采集与管理，涉及 T/R 组件、双阴电连接器、阵面水接头、阵面模块等智能装配系统及力矩装配单元等 40 余台/套，关键生产数据采集率达 99%以上。

3．智能生产线建设情况

通过对复杂电子设备制造业务类型的分类（见图 9-9），以及产品生产对象的聚类分析，打造了微组装、电装、总装总调等核心制造业务的全层级智能车间，实现了设备装配调试过程的全覆盖。

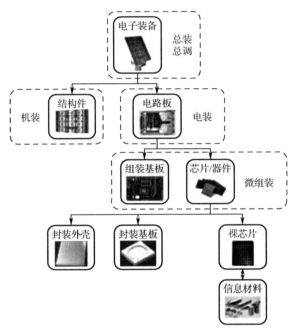

图 9-9　复杂电子设备制造业务类型的分类

1）构建变批量共线制造的微波组件生产线，实现全流程数字化、智能化管控

微波组件是复杂电子设备的基本组成单元，也是复杂电子设备中的核心模块。针对微组装车间（见图 9-10）内设备自动化程度高、产品质量追溯严等特点，该企业构建了数据采集-分析-决策-反馈的闭环控制体系，实现了微波组件全生命周期数字化、可视化管控。

图 9-10　微组装车间

在数据采集方面，基于统一格式进行归一化存储，形成"分布式"数据库，支撑车间上层管控系统的业务应用。微组装车间总计建立了装机元器件、工艺参数、质量检验、性能数据、设备状态等 7 个数据库系统，每天采集近 2000 万条数据，通过对数据的实时采集与分析，实现了数据波动实时预警、现场异常精准推送、设备参数在线下达，以及生产管理模式从结果驱动

追溯问题转变为数据驱动制造过程的实时监控。

在数据分析方面，微组装车间根据已有订单的执行情况以及生产线资源占用情况进行综合性分析，形成科学合理的订单执行计划，实时接收生产计划与任务要求信息，并且利用高级计划排程系统，根据当前车间人员、设备、物料等实时资源信息以及知识库中各资源消耗条件，分析生产需求与生产负荷的关系，实现了生产排程智能决策，提升了计划的科学性，提高了制造执行效率。

在数据决策方面，微组装车间通过大量工艺参数与质量结果的基础数据积累，利用人工智能、大数据技术建立产品质量与工艺参数之间的关联关系模型，形成基于工艺专家系统的工艺参数优化自我决策系统，将工艺参数的决策由原先的经验定性式转变为知识定量型的自我优化方式，实现了在线式的响应处理，提高了质量问题处理的速度和准确率，保障微波组件高质量稳定生产。

2）构建人机协同作业的电装生产线，实现部件敏捷化生产

电装车间作为将零散组件、零件集成为部件的主制车间，其生产离散程度、复杂程度更加突出，对人员技能的依赖性更强。该企业以效益为中心，根据不同部件产品形态的离散程度，合理设计电装部件车间智能生产线布局（见图 9-11），把人和机器作为一个整体系统，通过交互和自适应，根据装配的复杂程度、批量多少等因素合理优化人机协同配比，实现生产运营敏捷化。

图 9-11 智能生产线布局

针对大批量、规模化、工艺和流程相对单一的部件产品，该企业采用智能化自动生产线代替手工操作，通过梳理、研究装配动作，识别、提取大量简单、重复的动作，形成稳定持续的自动化装配单元。依托数据采集系统，实现装配过程中的力矩、胶量、压力、温度、湿度等关键工艺参数的实时采集、监控、记录、展示，形成集自动化与信息化相结合的智能生产线，生产效率提升 10 倍以上。

对于结构复杂、数量较少的电子设备，采用细胞单元的方式组织生产，该企业建立由核心技能人员、集成智能化工具工装、数据采集系统组成的智能装配单元（见图 9-12）。通过三维装配仿真工艺可视化指导工人操作，三维数字化工艺输出的信息是数据采集系统的基础数据，工人生产过程中实际采集的数据与之自动比对，自动进行防错检查，提升装配效率和质量。

3）构建脉动式柔性装调一体化总装生产线，实现高效、透明、优质生产

总装车间开展复杂电子设备整机装配和系统联试。针对其多品种、小批量、变节拍的柔性生产需求，按照"产品聚类分析、工艺流程再造、车间布局优化、产线装备升级"的思路，构建了不同类型的脉动式柔性装调一体化总装生产线（见图 9-13），满足多型产品的混线共线生产，大幅提升总装效率和自动化水平。

　　一是对典型产品生产进行聚类整合；二是突破传统工艺设计思路，对整机装调的工艺流程进行细化梳理，对产品装配路径、顺序进行优化，平衡工位装配节拍，将单一串行作业变为平行交叉作业，总装周期缩短 58%；三是构建多工位的脉动生产线，采用直线一字形布局，实现了脉动式装调；四是突破基于多传感数据融合的自动装配控制、基于视觉的高精度定位等技术，自主开发了螺接装配机器人、气浮拼接设备、自动翻转设备、自动升降平台、助力机械手等 20余型自动化设备，实现多型号产品不同结构天线阵面的精准拼接以及不同规格阵面模块的智能装配。

图 9-12　智能装配单元

图 9-13　脉动式柔性装调一体化总装生产线

9.1.3　实施效果

1. 企业自身效益

　　该企业建成的数字化车间实现了多种型号产品混线生产，一次装配合格率大于 99.5%，生产周期缩短 50%以上，产能翻番，大幅缩短了产品的交付周期，取得了良好的经济效益。

2. 社会效益

　　该企业打造的数字化车间新模式可复制推广，已经在航空、航天、电子、船舶等 15 个行业中进行了推广，服务超过 1000 家企业，民品产值超过 10 亿元，有效赋能大型国有企业及中小型制造企业转型升级，有力助推了国民经济高质量发展。

另外，该企业数字化车间的探索与实践产生了广泛的示范效应并带来了一系列荣誉。先后入选国家智能制造标准化总体组、专家咨询组，荣获工业和信息化部颁发的高端电子装备智能制造示范工厂、电子组件智能制造试点示范车间、智能制造系统解决方案供应商项目，被国内权威智能制造在线评估平台 e-works 评选为年度中国智能制造最佳实践奖、中国标杆智能工厂等，打造了复杂电子设备数字化车间转型的示范标杆。

9.2　南京康尼机电轨道交通门系统智能工厂

9.2.1　项目背景

南京康尼机电股份有限公司（以下简称"康尼机电"）是国家火炬计划重点高新技术企业、首批通过工业和信息化部两化融合认证的企业。康尼机电主导研发了国内 80%轨道交通车辆自动门系统新产品，主持起草《城市轨道车辆客室侧门》等国家标准和行业技术规范，是国际上少数几家掌握轨道车辆自动门系统全套核心自主技术的企业之一。

轨道交通门系统制造过程复杂，涵盖电路印制、钣金、焊接、机加、成型、粘接、抛光、表面处理涂装、装配等多个工序，具有面向订单设计、加工精度高、计划稳定性差等特点，传统手工制造难以满足轨道交通行业快速发展与透明化管理的要求。康尼机电亟须进一步借力国家战略大势、对标工业 4.0、构建智能工厂，全面提升公司的轨道交通门系统智能制造水平。

从 2009 年开始，康尼机电每年投入销售收入的 1%用于信息化建设，陆续开展应用了 ERP、PDM、HR、SRM、BPM、MDM、CAI 等系统，并从 2014 年开始大力推进数字化工厂的基础建设，大规模引入工业机器人，目前已经建成以自动化、数字化、智能化为特征的轨道交通门系统智能工厂。

9.2.2　实施内容

1. 实施架构

康尼机电构建了"决策层–管理层–感知层–物理层–IT 基础架构与信息安全"集成的 5 层次智能工厂总体构架，如图 9-14 所示。依托制造业务流程与数据流的融合贯通，纵向打通了"ERP→MES→设备监控→生产线控制"的主线，实现了生产与控制指令的下达，以及生产实时状态的采集；横向打通了"数字化设计→数字化工艺→数字化制造→数字化试验"，将数字化模型贯穿于产品各生命周期阶段。

康尼机电的智能工厂实施包括信息化平台和智能生产线两部分。信息化平台是数字化车间及智能工厂实时数据和控制指令传输的高速公路。康尼机电通过构建企业级信息网络平台，既确保了生产运行安全互联，又填平了信息鸿沟、消除信息孤岛，构造了畅通无阻的网络流通平台，提高了沟通协作效率，并降低了投资成本和运行维护费用。智能生产线部分，康尼机电针对传统车间生产线进行了改造和布局优化，建成了以多品种、小批量为特征的柔性化生产线。

2. 信息系统建设情况

康尼机电根据智能工厂 5 层次架构，先后建设了设备在线数据采集与监控（SCADA）系统、

MES（含 APS 系统、生产调度指挥中心）、虚拟仿真系统、大数据分析系统（BI）等 30 余项工业软件，通过数字系统与生产的融合，实现生产管理模式与制造模式的创新。

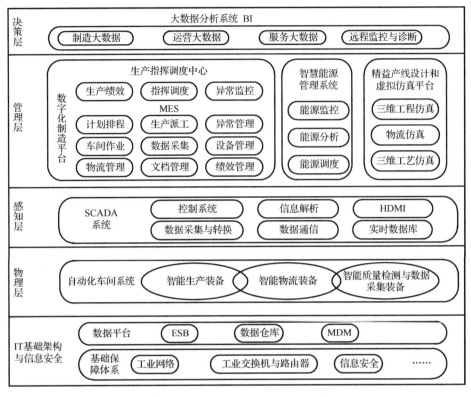

图 9-14　康尼机电智能工厂总体架构

1）SCADA 系统

通过 SCADA 系统的实施应用，康尼机电打造了一个底层的车间数据采集平台，实现了对设备、环境、能源等数据的实时采集，以及车间底层数据的规范化和集中化管理，打通了信息化与自动化之间的通路，实现了 IT 与 IoT 的融合。

康尼机电通过 SCADA 系统的建设，完成了智能车间核心设备（占比 91%）的双向互联，通过实时采集设备动态参数，包括设备运行状态、加工工艺参数、设备负荷性能参数等，提高了设备利用率、优化了生产工艺、降低了设备停机时间、实现了设备预防性维护。通过核心工艺程序、产品配方的自动上传与下载，实现了生产指令到达整个制造过程的控制点，驱动多生产线设备协调运行，实现了过程质量的实时精准控制。

SCADA 系统实施主要在设备在线监测、能耗数据监测以及质量精准追溯 3 个方面。

在设备在线监测方面，康尼机电建立设备及其备件、刀具、工装的台账，并且进行安全库存管理，规范和固化设备故障维修、点巡检、润滑等流程；通过对设备改造加装传感器，利用 SCADA 系统获取设备状态和参数信息并与 MES 集成，及时发现设备故障信息。

在能耗数据监测方面，通过 SCADA 系统对 68 台/套能源使用设备进行实时能源数据采集，实现能源的实时监控，并对采集的数据进行实时分析与判断，对于能源使用超负荷、用电电流超限等异常情况进行实时预警，避免跑冒滴漏等情况的发生，同时能及时预判能源布置的合理性。

在质量精准追溯方面，康尼机电制定了合理有效的质量控制措施，并通过条码、NCR 等管理工具，对加工中的质量问题进行实时采集与监控，为质量分析提供数据基础。通过零部件的条码标识能够快速跟踪追溯产品的质量、人员、环境、加工过程等信息，实现产品质量的全过程追溯。

2）MES

MES 包含生产排程、设备管理、物流管理、车间作业等模块，形成计划下达、物料配送、生产执行、报工反馈及过程质量追溯的闭环流程，实现生产计划精细化、车间执行均衡化、生产过程透明化。

通过整个 MES 的应用实施，康尼机电打开了车间生产的"黑匣子"，实现了生产计划、车间作业、生产进度、人员动态、物料消耗、设备状态及参数、质量检测等方面的实时监控和透明化，整个过程取消了纸张单据的传递，实现了无纸化运转。通过在 MES 中内置多样化的管理规范，如物料齐套检查、上料防错、设备点检、质量检验标准、SPC 分析等，保证了生产过程的规范化运作。

康尼机电 MES 实施中关键、核心的模块是高级计划排程（APS）系统的应用。

康尼机电实施的 APS 系统将物料库存、工艺可行性、设备可用性、订单优先级等作为约束条件，自动排程生成生产计划，直接下发到车间设备及生产线上，减少中间环节与人为干扰，提高排产效率，主要实现以下 3 个方面的功能。

（1）自动排产。改变了传统依赖人工进行计划排程及调度的现状，通过 APS 系统将人的经验释放，考虑多种因素下排出多个优化方案供选择，并在计划变更的情况下，快速响应计划变更，减少人为因素干预。

（2）高效协同。通过公司内所有的生产资源，包括人机料法环以及事业部之间生产计划的高效协同，实现所有生产资源的最大化利用，同时实现生产计划与物料计划、配送计划、设备计划等多个计划的高效协同。

（3）实时透明。能够实时监控生产计划的执行情况，实现工厂内部生产计划的透明化，并能够对生产异常进行快速响应，在透明化的基础上不断优化和提升产能，最终持续提升准时交付率。

康尼机电通过实施 APS 系统，实现了生产计划排程的自动化与高效化，有效提升了准时交付率、资源利用率，最终达成计划排产准确率提高 20%，计划工作量缩短 40%。

3）虚拟仿真系统

基于多品种小批量的生产模式，康尼机电应用虚拟化技术，构建混线仿真生产场景，最大限度仿真实际生产场景，并以此来挖掘现场改善优化点，改变传统依赖人工经验进行车间布局和产能优化的问题，主要分为虚拟车间构建、物流仿真和工艺仿真 3 部分。

（1）虚拟车间构建部分。康尼机电建立了轨道产品虚拟化车间模型，按照产品族分类，城轨、高速车干线等产品共线仿真，重点仿真产能、人力、设备等生产要素，并输出仿真结果，找到优化点，指导现场进行作业排产、布局调整、人力资源配置优化。同时，通过该虚拟模型，管理者可以直观看到物理工厂的运转状态。

（2）物流仿真部分。康尼机电应用物流仿真对工厂布局进行可视化的整体评估，识别生产线规划布局的不足，快速进行模拟布局调整，提升规划的可行性、合理性水平。

（3）工艺仿真部分。在虚拟的环境中模拟真实的加工场景，模拟现实机床、工装夹具、刀具使用过程，验证刀具轨迹和干涉状况。基于仿真结果，实际装配过程中的多级装配顺序、零件装配路径和装配工艺文档的处理将更加便利。同时，通过工艺仿真，更加便于分析装配规划中遇到的各种问题，确定最好的装配工艺，找到产品维护过程中最优的拆卸和重组顺序。

康尼机电构建的虚拟仿真系统主要为智能工厂的前期规划提供优化建议，为车间工艺布局的调整方案提供评估依据，缩短了工厂、生产线论证周期，降低了建设成本。同时，通过虚拟车间和设备的建模，利用 SCADA 系统采集车间设备状态、生产进度等实时信息，实现实时数据驱动三维虚拟车间，有助于生产管理人员从多个视角了解生产过程全貌、发现生产异常并快速处理，从而使生产管理更加透明化、实时化、可视化和协同化。

4）大数据分析系统（BI）

康尼机电通过企业级的大数据分析系统的实施，制定了统一的企业数据标准，打破了系统间的壁垒，通过 ERP、MES、CRM、SRM、PM、MDM 等信息系统集成，建立面向不同业务的数据分析模型，及时准确地反映各业务板块的运营状态。通过对数据进行深度挖掘与分析，以数据驱动业务，深度剖析业务中存在的各项问题，推动业务的精细化管理，提升管理效率和效益，实现了智能工厂决策模式的创新。

康尼机电实施的大数据分析系统主要体现在以下几个方面。

（1）建立了生产调度指挥中心，实现了生产异常的实时处置。通过大数据分析系统实施，康尼机电建立统一的生产调度指挥中心，集中展示了工厂整体生产运营情况、各业务线 KPI、各种生产预警，形成了一个包括数据采集管理中心、系统指令管理中心、数据控制管理中心、设备视频信号管理中心、设备异常报警中心为一体的监控管理工作平台。

（2）实现了物理现场与虚拟系统的虚实融合。通过大屏展示现场仿真和 3D 动态画面，通过虚拟世界和模型将现场的工艺流程、自动巡游、设备的当前状态和计划生产工单情况在大屏上实时体现，以方便管理人员对车间现场的监控、调整和调度，实现统一指挥调度下的异常问题跟踪和闭环处理。

（3）建立了以大数据为基础的"智慧康尼"。康尼机电建立了产品运行大数据、制造大数据、运营大数据等大数据中心，构建了全方位的企业知识库与业务分析模型，实现了产品运行自诊断、客户需求自匹配，按需设计与制造。

（4）实现了面向不同业务的数据挖掘。康尼机电通过实施大数据管理系统，建立面向不同业务的数据分析模型，通过对数据进行深度挖掘与分析，充分体现数据价值，实现轨道交通事业总部业务运行的透明化。以企业运行成本这一核心业务要素分析为例，基于复杂网络算法建立成本挖掘模型，实时掌控成本与毛利率的变化，对影响成本的深层次原因，如材料规格变化、材料价格变化、工艺变化等原因进行建模，利用机器学习自动判断影响成本变化的原因，解决传统人工状态下无法深度分析的问题。

（5）实现了智能产品远程监控与故障诊断。康尼机电通过在门系统产品核心部件中加装智能传感器，采集产品运行中的核心参数，并基于大数据技术构建产品专家管理系统和亚健康管理系统，实现在线故障诊断和预测，结合维保服务平台，有针对性地对客户提供主动服务，实现了产品服务模式的创新。

3. 智能生产线建设情况

康尼机电自 2015 年开始大规模地推进自动化改造，在精益生产理念的主导下，挖掘制造过程中影响产品质量、生产效率的关键工序和节点。通过关键工序的"机器换人"或采用柔性制造技术等方式，先后实现了"窗框焊接自动生产线""钣金自动加工生产线""涂胶机器人工作站""丝杆柔性制造系统"等 20 多个关键工序和节点的自动化生产，解决了产品质量不稳定、生产效率低下等问题，大大提升了设备的数控化率及智能工厂的自动化水平。同时，康尼机电引进 AGV，对主要的流水线实行自动配送作业；引进机器视觉技术，对机构的核心零部件装配、产品关键质量控制点等进行自动影像检测。

截至 2020 年，康尼机电已经实施并应用了 90 余台/套智能装备，建成的智能工厂涵盖钣金加工线、机器人焊接线、抛光生产线、粘接机器人工作站等十几条生产线和立体仓库、AGV 和在线检测设备。康尼机电柔性制造生产线如图 9-15 所示。结合 MES、SCADA 系统、条码、RFID 技术，完成不同型号、不同尺寸、不同配置的产品或零部件的混流生产，实现了生产管理模式和制造模式的创新。

图 9-15　康尼机电柔性制造生产线

9.2.3　实施效果

1．企业自身效益

康尼机电轨道交通门系统智能工厂项目的实施显著提升了企业生产效率和产品质量，降低了企业运行成本。2015—2020 年，康尼机电销售收入年均增长率为 20.2%，利润年均增长率为 36.4%，生产效率提高了 50.12%，运营成本降低了 19.24%，产品研制周期缩短了 45.71%（城轨客室门）、64.55%（干线客室门），能源利用率提高了 42.52%，产品固有可靠性（MTBF）提高了 322.53%。

2．社会效益

通过智能工厂实施，康尼机电轨道交通门装备可靠性提升了 322.53%，能源利用率提高了 42.52%，在保障轨道交通安全、服务民生、促进节能减排、践行社会责任等方面产生良好的社会效益。

2017—2020 年连续 4 年，康尼机电成为全球销量第一的轨道交通门系统企业。轨道交通装备作为"一带一路"倡议的先锋，康尼机电作为民族品牌，极大地支持了"一带一路"建设，为提升国家全球竞争力做出了应有贡献。另外，康尼机电先后累计接待参观 1120 余场，为推动整个行业智能制造贡献了一分力量，在行业内外起到了示范引领作用。

康尼机电通过轨道交通门系统智能工厂的实施，加快向智能制造新模式转型，更进一步提升了康尼机电在全球轨道交通装备制造业的形象，提高了参与国内外市场竞争的能力，创造了更高的经济效益，更利于抢占"全球轨道第一门"的市场地位。同时，通过本项目，康尼机电打造了面向轨道交通装备行业数字化、智能化制造共性解决方案的典范，具有极大的社会效益和推广价值，为壮大我国智能制造装备产业做出突出贡献。

9.3 西门子成都数字化工厂

9.3.1 项目背景

西门子工业自动化产品成都生产及研发基地（以下简称"成都数字化工厂"，见图 9-16）始建于 2011 年，是位于德国安贝格的西门子电子工厂的姊妹工厂，是西门子在德国以外建立的首家数字化工厂。

成都数字化工厂主要负责研发和生产 SIMATIC 工业自动化系统系列产品，包括 PLC（可编程逻辑控制器）、HMI（人机交互）、IPC（工业计算机）等，广泛应用于汽车、机械制造、食品饮料、制药、玻璃、水泥、冶金、电力、石油化工、地铁轨道交通等领域。

西门子基于"工业 4.0"概念创建的成都数字化工厂，在产品的设计研发、生产制造、管理调度、物流配送等过程中，都实现了数字化操作，"一切都是数字化的"。数字化技术的应用也让成都数字化工厂的产品信息可共享、生产过程可控制、物料可追溯，大幅降低了企业的生产成本，提高了生产效率，缩短了新产品上市时间。

图 9-16　成都数字化工厂

9.3.2 实施内容

1. 实施架构

西门子参照工业 4.0 企业框架，构建了数字化工厂的实施架构，如图 9-17 所示，西门子数字化工厂可以细分为企业层、管理层、操作层、控制层和现场层 5 个层级。企业层对产品研发和制造准备进行统一管控，并与 ERP 系统进行集成，建立统一的顶层研发制造体系。管理层、操作层、控制层、现场层又可以组合为集成自动化系统，通过工业网络（现场总线、工业以太网等）进行组网，实现从生产管理到工业网底层的网络连接，实现管理生产过程、监控生产现场执行、采集现场生产设备和物料数据的业务要求。

西门子数字化工厂横向实现了研发、生产、供应链数据价值链贯通，纵向实现了 PLM、MES、

DCS、PLC、现场设备无缝集成，以及产品全生命周期端到端的数字化集成。

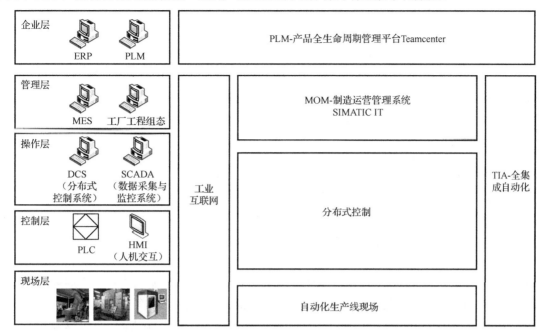

图 9-17　西门子数字化工厂的实施架构

2．信息系统建设情况

信息系统为成都数字化工厂的运行提供了强有力的支撑，其建设架构如图 9-18 所示，成都数字化工厂信息系统建设包括 PLM-Teamcenter、ERP-SAP、MOM-MES/SIMATIC IT、WMS 及 TIA 五类软件，其紧密集成是成都数字化工厂的核心。在这五类软件中，除 ERP 为采购外，西门子自主开发了其余四类软件。

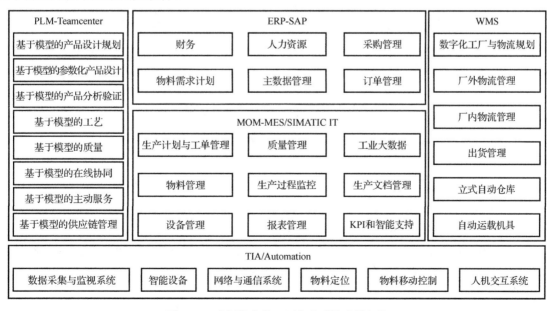

图 9-18　成都数字化工厂信息系统建设架构

1）PLM-Teamcenter

西门子自主开发了基于 Teamcenter+NX 集成一体化平台的解决方案，实现了基于统一数据模型的产品设计、产品仿真、产品制造的全生命周期管理。

产品设计部分，基于 NX 软件对产品进行虚拟设计和组装，实现虚拟设计与现实装配的虚实融合。成都数字化工厂应用实施的交互式系统 NX 软件，集成了 CAD、CAM 和 CAE 功能，能够高效地实现结构、运动、热学和流体等应用领域的多学科仿真，实现"所见即所得"，大大缩短了产品从设计到分析的周期。研发人员利用该软件进行概念设计、三维建模及模拟组装，从而将对产品的构想完整地投射到数字化世界中，并且通过将 APS 系统与仿真软件连接，验证不同订单组合配置的可行性和合理性。

产品仿真部分，利用 NX 软件在 MBD 相关标准的规范下完成产品三维数字化数据定义，利用 Teamcenter 软件实现 MBD 数据的共享控制。基于产品三维数字化数据，在虚拟系统中建立与物理产品 1∶1 还原的虚拟产品，根据虚拟产品尺寸、规格、性能等变化对生产系统的重组和运行进行仿真，分析其可靠性、经济性、质量、工期等，为生产制造过程中的流程优化和大规模网络制造提供支撑。

产品制造部分，在生产投产之前从构想、设计、测试、仿真、流水线到厂房规划等环节，可以虚拟和判断出生产或规划中可能出现的矛盾、缺陷、不匹配。所有情况都可以用这种方式进行事先仿真，缩短大量现场真实操作时间。成都数字化工厂的产品制造仿真可以分为过程工艺仿真和生产仿真两方面。其中，过程工艺仿真包括生产车间布局、工位建模仿真、工艺验证仿真，车间内的设备根据该软件的仿真结果可以灵活移动，保证生产线与工艺间始终维持良好的适配度，从而不断提高制造精度和效率。生产仿真需要建立三维虚拟模型，包括厂房模型、产线模型、设备模型、物流模型以及人员模型等，并与虚拟的 PLC 控制系统连接，通过仿真工人的工作时间、产线运行时间等测试产线布局是否合理、订单排产是否合理等。西门子数字化工厂建立的虚拟工厂与物理工厂对比如图 9-19 所示。

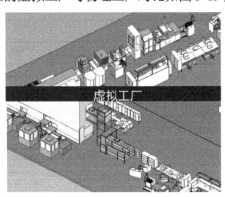

图 9-19　西门子数字化工厂建立的虚拟工厂与物理工厂对比

2）MOM-MES/SIMATIC IT

西门子自主开发的制造执行系统平台是"SIMATIC IT"，这是一套优秀的工厂生产运行系统，它提供了"模块化"的理念，整个功能体系都是依照功能以模块和组件的协同工作来执行的。SIMATIC IT 是一个系列产品，包含了几乎整个制造的各个方面和相关系统，其行业库更是覆盖了从离散到流程的全行业。

SIMATIC IT 对传统 MES 进行了进一步扩展，不仅涵盖了基于传统国际标准 ISA-95 MES 中关注的产品定义、资源计划、生产计划、生产性能等生产核心要素，同时包含了对制造运营过程中的设备全面管控、物料流转、高级计划排程、能源管理、工厂/集团智能运营分析等模块。

第 3 章已经详细介绍过 MOM 系统的架构及功能模块,这里重点介绍 SIMATIC IT 区别于其他 MOM 系统的关键功能:数字化的质量检测。

SIMATIC IT 的数字化质量检测采用了增强现实技术。增强现实(Augmented Reality,AR),是在虚拟现实的基础上发展起来的新技术,也被称为混合现实。它是通过计算机系统提供的信息增加用户对现实世界感知的技术,将虚拟的信息应用到真实世界,并将计算机生成的虚拟物体、场景或系统提示信息叠加到真实场景中,从而实现对现实的增强。在数字化质量检测过程中,相机将拍下装配过程的实时产品图像,基于增强现实技术与 Teamcenter 数据平台中的正确图像进行比对,快速、直观地展示装配错误,最大限度地减少人为检查的错误,大幅提升质检效率和质量。基于增强现实技术的质量检验如图 9-20 所示。

图 9-20 基于增强现实技术的质量检验

3)WMS

在成都数字化工厂中,物料仓储与配送也全部实现了信息化。这主要体现在物料出入库和半成品成品回库两个阶段。

在物料出入库阶段,通过 SIMATIC IT 生产订单驱动,由 WMS 指挥 AGV 或链条输送线自动到仓库取货和补货。基于 APS 和 WMS 系统联动,物料全部自动化准时运送到所需的生产线和工位上。在半成品和成品阶段,装配好的产品会被自动化流水线上的传感器扫描产品的条码信息,WMS 记录工位数据,并以该数据作为判断依据,对产品的行进路线进行规划,指挥 AGV 去往下一个目的地。当产品到达指定位置时,RFID 对产品条码进行自动识别,产品的所有路线和经过的工序会实时上传并记录到 WMS 中。以完善的数字化 WMS 为基础,成都数字化工厂实现了整个生产过程的数字化,通过标准化、模块化实现了混流生产,极大地提高了产品的生产效率。

4)TIA

TIA 的概念起源于 PLC 系统的集成,以工业以太网(或工业总线)为基础,集成工厂的生产管理系统、人机控制、自动化控制软件、自动化设备、数控机床,形成工厂的物理网络,实时采集生产过程数据,分析生产过程的关键影响因素,监控生产物流的稳定性和生产设备的实时状态,以实现智能控制整个工厂的生产资源、生产过程,达到智能化、数字化生产的目的。通过集成自动化系统与 SIMATIC IT 和企业 PLM/ERP 的链接实现在整个企业层级自上而下的数字化驱动。全集成自动化系统示意图如图 9-21 所示。

图 9-21　全集成自动化系统示意图

3．智能生产线建设情况

成都数字化工厂是以数据自动化为核心的制造工厂，自动化的生产也是为数据运行服务的。成都数字化工厂的自动化包括生产自动化和物流自动化两部分。

1）生产自动化

成都数字化工厂已经高度实现了自动化的"混线生产"，几乎每条生产线上都能够实现不同的工艺或生产、装配不同的产品，部分 SMT-THT-ICT 生产线的产能已经达到了 600 万件。

成都数字化工厂是自动化的。车间内部整洁，机器布局紧凑，几乎一两个工人就能负责一整条生产线的运行，其内部景象如图 9-22 所示。通过自动化的高精尖设备和自动化的立体中转库，完成产品的装配、包装和运输。操作人员只需在各个关键工序通过电子看板即可监控设备运行、处理生产异常以及进行产品的复检等。

图 9-22　成都数字化工厂车间内部景象

成都数字化工厂是柔性化的。这得益于生产资源的有效配置和防呆系统的清晰指令。MOM 系统自动根据生产工艺拣取对应的产品和原料进行工序加工，每一道工序的末端还会有机器视觉设备对产品进行光学检测，通过与后台数据、图像进行比较，对贴片位置、焊接精度等质量信息做出准确判断，以此引导产品进入下一个步骤。而在经过大约 20 个质量控制点后，产品将会搭载 AGV 通过集成轨道到达包装工站，该工站会扫描确认产品是否通过所有检测，并根据相应结果做出"开始自动包装"或"停止任务"的判断。这些生产线实现高度柔性的同时也遵循着严格的质量标准，过去 5 年内工厂的产品合格率高达 99.999%，及时交货率也保证在 99% 以上。

成都数字化工厂是无纸化的。MOM 系统自动将生产工艺推送到生产现场，操作人员通过现场显示屏可以实时查看工艺图纸、路线等。另外，在生产线旁边还专门设置了电子显示屏展示成都数字化工厂的数字化研发、数字化生产、数字化物流和数字化质量管理体系。

2）物流自动化

西门子认为，自动化的物流是实现自动化柔性生产的基础。成都数字化工厂每天生产超过 38000 片产品，产品类型多达 800 种，每天使用超过 5800 种原材料和 1000 万个元器件。基于西门子自主开发的 WMS，成都数字化工厂所有物料的卸货、重包装、入库、回库、检验、传输等所有环节实现自动一体化，只需要一个简单的指令就能够实现整个物流的传输与存取。成都数字化工厂从发出需求到物料在手，全过程在 30min 内，基本做到了及时精准配送。在整个过程中，发挥决定作用的是存放物料的自动化立体仓库以及自动化中转仓。

成都数字化工厂物料的存放处，是两个高达 18m 的自动化立体仓库（见图 9-23），采购的所有物料经过质量检验后都会存储在这里，并通过两座升降梯与车间相连。自动化立体仓库有近 4 万箱货位，物料的存取并不用叉车搬运，而是通过"堆取料机"用数字定位的模式进行抓取，不必考虑叉车通过的距离，大幅节约了仓库的空间。由生产订单驱动，堆取料机到仓库自动取货和补货，依靠数字定位迅速地抽出对应的物料，并通过自动传输轴，马上传送到生产车间，运动控制精度高，相应的存取速度达到每小时 120 箱，实现了物流管理的自动化和敏捷化，出错率几乎为零。

除存放物料的主体仓库外，成都数字化工厂还在分车间内设立了 3 个高度自动化的中转仓，用于中间品或物料的传输与暂存。中转仓可以通过左右、上下的多向移动，实现物料在生产线与车间之间的转送，加工好的电路板和其他零部件会在进入装配线之前先行在这里存放一小段时间，等待装配线配置产能，实现了生产周期的有效衔接和过渡。自动化中转仓及输送线如图 9-24 所示。

图 9-23 存放物料的自动化立体仓库

图 9-24 自动化中转仓及输送线

以完善的仓储系统为基础，成都数字化工厂实现了整个生产过程的数字化，通过标准化、模块化实现了混流生产，极大地提高了产品的生产效率。

9.3.3 实施效果

1．企业自身效益

成都数字化工厂是自动化生产和数字化管理的有机结合，从 2011 年规划建设、2013 年开始投产，到 2019 年完全建成实现量产。2019 年建成后，成都数字化工厂实现了每 3～5s 下线一件产品的生产率和 0.00061% 的不良率，平均每天能加工 1000 万个元器件，生产将近 4 万件产品，全年设备意外性停机不超过 40h，系统有效性达到了 95% 以上。对比投产之初的 2013 年，产量实现了年均翻番。同时，在人工成本方面，研发人员的数量伴随着 PLC 市场进入迭代周期实现极速增加，而随着人均生产率的不断提高，车间工人的需求开始趋稳趋缓，车间工人数量呈逐年下降趋势。

另外，为了降低能耗和成本，成都数字化工厂在设计之初就采用了节能泵、气候控制系统和高能效照明系统等智能楼宇技术，大约每年节省电费 12 万欧元，耗水量和二氧化碳排放量相对类似建筑物分别降低了 2500t、820t 左右，是成都首个获得能源和环境设计先锋（LEED）金牌认证的工厂。

2．社会效益

西门子是工业 4.0 联合发起人之一，拥有业界最接近工业 4.0 的西门子安贝格数字化工厂。从 2001 年开始，西门子相继收购了 MES 厂商、UGS 公司、Mentor Graphics 公司等软件企业（其收购历程见图 9-25），形成了完整的智慧制造整体解决方案，集成了目前全球最先进的生产管理系统以及生产过程软件和硬件。

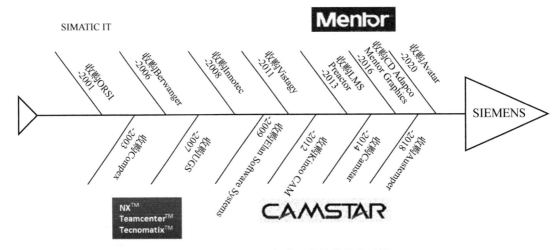

图 9-25　西门子近年来工业软件收购历程

西门子是目前世界上唯一一家能够覆盖从产品设计到生产整个产品全生命周期价值链的供应商，在中国已经服务了电子、电力、机械等多个行业的数百家大型企业。成都数字化工厂是西门子在德国以外建立的首家数字化工厂，成为西门子智慧制造整体解决方案对外推广应用的最好典范。每年都会有成千上万名来自全球不同地域相关企业的研发、制造人员慕名或应邀参观考察，为西门子带来巨额业务的同时，也为成都经济发展创造了机会。

成都数字化工厂建设模板被国内制造企业广泛采纳，国内外复杂电子设备智能制造水平在西门子的带动下飞速前进。例如，为贵州航天电器建设的基于云平台的智能制造样板间在电子行业获得重要反响，于 2016 年荣获工业和信息化部智能制造综合标准化新模式应用项目、贵州省首批智能制造示范项目等。

9.4 上海兰宝传感器数字化智能工厂

9.4.1 项目背景

上海兰宝传感科技股份有限公司（以下简称"上海兰宝"）是国内传感科技研发的重要力量，提供从传感器产品到工业测控解决方案的一站式服务。

上海兰宝是典型的以多品种、小批量为特征的离散型传感器制造企业，为客户提供超价值的服务是它的核心品牌理念。兰宝传感器产品规格多，按照敏感原理、组装方式、结构形式等维度进行排列组合，可达 8000 多种。仅依靠研发环节还不能解决个性化定制的根本问题，必须采用数字化、智能化的方法来解决上述难题。

上海兰宝以精益制造理念为指导，打造兰宝传感器数字化智能工厂（见图 9-26），横向通过制造系统在各设备间整合，实现设备间的无缝通信；纵向将企业信息管理系统与 FA（Factory Automation）系统通过 MES 接口实现数据共享，大大降低企业的综合运行成本。

图 9-26　兰宝传感器数字化智能工厂

9.4.2 实施内容

1. 实施架构

兰宝传感器数字化智能工厂体系架构如图 9-27 所示，围绕 3 条自动化传感器生产线、3 条模块化精密产品生产线、25 组 U 形手工线，应用 Unity3D 虚拟现实仿真技术对工厂布局和车间生产线进行了 1 : 1 场景建模，按实际生产节拍设计了生产仿真系统，利用边缘计算模型重新构建了虚拟的传感器车间，打通和整合了现场数字资源，确保了物理车间提质增产降耗，取得了良好的经济效益。

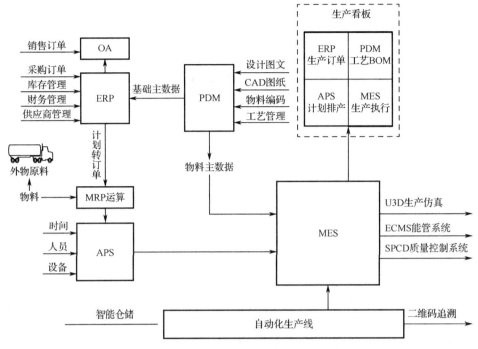

图 9-27　兰宝传感器数字化智能工厂体系架构

2. 信息系统建设情况

上海兰宝自主研发了智能制造数字化基础平台（见图 9-28），该平台自下而上分为智能设备层、工业物联网、信息交换中心、业务服务中心和应用层。其中 OPC UA 服务器作为信息交换中心的枢纽，解决了智能制造底层设备和信息化系统之间的数据鸿沟，使得生产现场所有设备

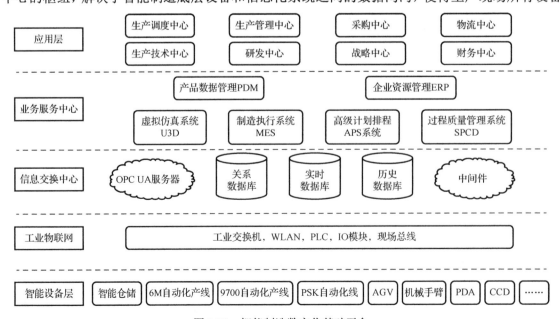

图 9-28　智能制造数字化基础平台

数据无障碍采集至 OPC UA 服务器，并实时发送给 ERP、MES、APS、SPCD 等系统，为数字化工厂成功实施奠定坚实的基础。

基于数字化车间基础平台贯穿研发、生产和维护全流程的数据利用能力，上海兰宝形成了以制造执行系统（MES）为核心的数字化车间生产运营管控体系，通过生产数据采集、传输、分析、反馈来提高运营效率，让工厂运营实现可视化、可分析、可改善。

1）数字化仿真管理

上海兰宝自主开发的 3D 虚拟仿真平台（见图 9-29），解决了数字化车间生产线布局设计、生产业务流程沙盘推演、生产实时监控等问题。通过对生产线设计和改造进行 3D 建模，对业务流程优化进行沙盘推演，充分发挥虚拟现实技术在数字化工厂升级改造中的作用，减少生产线改造现场试验次数，减少自动化物流系统业务测试部署次数，尽最大可能减少车间改造对生产任务的影响，提高数字化工厂项目升级改造一次通过率；在新产品开发中，通过平台对新产品生产工艺流程进行详细仿真，为工艺设计和优化提供精准化的依据。

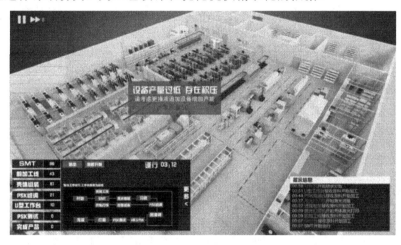

图 9-29　3D 虚拟仿真平台

2）数字化生产管理

MES 是兰宝传感器数字化智能工厂的核心，其功能模块组成如图 9-30 所示。MES 从 ERP 接收生产订单，APS 将排产计划下发到 MES，再由 MES 进行备料拉料以及生产过程控制，并及时地将生产过程各项数据（产成实绩、物料消耗实绩）等情况反馈给 ERP 及 APS 系统，实现生产动态实时更新与监控。

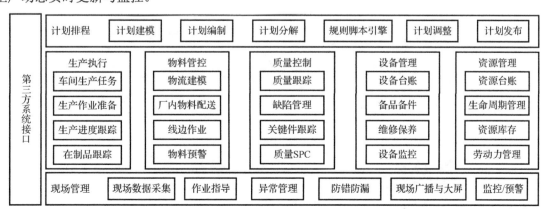

图 9-30　MES 功能模块组成

3）数字化质量管理

上海兰宝基于六西格玛质量管理理论搭建了 SPCD 生产过程质量管控系统,如图 9-31 所示,通过设备质量和工艺数据数字化，实现从 SMT、组装调试到灌封测试、高低温老化测试的质量检测监控；通过在工厂控制中心完成现场生产质量监控和反馈，定期生成质量报表，实现生产质量和工艺持续改进。

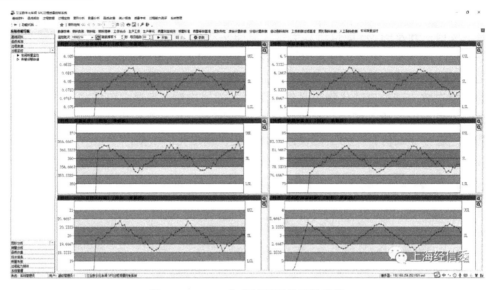

图 9-31　SPCD 生产过程质量管控系统

3. 智能生产线建设情况

上海兰宝运用精益制造理论结合智能制造技术，设计了数字化工厂智能生产线。围绕"人机协同"的生产理念，立足数字化车间生产现场，充分利用人、机器和信息系统协同的柔性生产，发挥人的主导性作用，完成传感器制造工厂整体改造评估、产线布局设计优化、设备与人员管理优化、质量追溯管理设计、自动化工位识别、产线信息化规划等，建成了 3 条自动化传感器生产线、3 条模块化精密产品生产线以及 25 组 U 形手工线等人机协同生产线，如图 9-32 所示。另外，通过将传统手工焊接线缆改为接插件形式以适用机械手自动组装，部分封灌工艺改为在线注塑平衡工序间的节拍等，建成了数十个人机协同智能化工作站，如图 9-33 所示。人

图 9-32　人机协同生产线

图 9-33　人机协同智能化工作站

机协同生产线和工作站生产全过程的关键数据进行可视化采集与展示，并反馈给管理人员进行改进，减少了贯穿全供应链、工程链的总成本，推动了上海兰宝数字化工厂智能化进程。

9.4.3　实施效果

1. 企业自身效益

上海兰宝数字化工厂实施后，车间运行顺畅，不仅节省了人工、减少了浪费、提高了生产效率，更是提升了产品品质、升级了业务模式，实现了难以估量的综合收益。兰宝传感器数字化智能工厂满足上百个规格同时流畅生产、单件产品平均工时缩短 23%、产品研制平均周期缩短 37.5%、综合能耗降低 12%。

2. 社会效益

兰宝传感器数字化智能工厂项目有效解决了离散制造业"多品种小批量"生产模式问题，完成企业标准 3 项、软件著作权 6 项、发明专利 6 项、智能装备 6 种，生产模式成果、核心装备成果具有行业可推广性。

上海兰宝也基于自身优秀的实践探索出了两种数字化工厂复制推广的盈利模式：一种是单品的大规模生产；另一种是高附加值的特殊品生产以及"传感+系统"模式。目前电力电子行业数字化工厂建设的难点在于现场数据的实时采集和有效利用，上海兰宝具有设备层数据采集能力的优势，同时提供开放式平台为客户提取和分析数据，帮助客户以最小投入实现智能制造改造升级，在设备数量多、老旧设备占比多的工厂中，这一成本优势将更为显著。目前，上海兰宝数字化工厂已经在电力、能源等某些特定行业获得应用。

第10章

未来展望

面向制造业高质量发展的新需求，未来将深度融合应用新一代信息技术，充分依托和发挥国家智能制造新模式、试点示范工程的创建优势，探索培育建设电子设备制造业新型智能制造数字化车间/智能工厂，打造智能制造新模式、新标杆，示范引领我国制造业数字化、网络化、智能化转型发展。本章通过介绍四类数字化车间，希望能为后续该领域数字化车间新技术、新应用、新模式布局提供一些思路。

10.1　概述

新型智能制造数字化车间/智能工厂将广泛应用 5G、物联网、大数据、人工智能、工业互联网、数字孪生等技术，实现网络化生产、协同化制造、数字孪生应用、绿色化制造的现代化车间。其具备的基本要素如下。

（1）网络化生产。利用 5G 等新一代通信技术建立工厂网络系统，运用物联网、人工智能等技术，广泛应用智能生产设备、检测设备、物流设备，依托车间数据采集与监控（SCADA）系统、高级计划排程（APS）系统、制造执行系统（MES）、仓储管理系统（WMS）等信息化系统，实现物资采购计划调度、生产作业、仓储配送的数据自动采集、在线分析和优化执行，提高生产计划的准确性和生产过程的可控性，工厂或车间实现少人化、无人化。

（2）协同制造。鼓励龙头企业依托工业互联网平台，实现人员、设备、数据等信息要素共享，打通企业间的物流、资金流、信息流等，实现设计、供应、制造和服务资源的在线共享和优化配置。鼓励整合行业内中小企业产供销资源，打造云上产业链，突破工厂物理界限，实现制造资源的动态分析和柔性配置。结合市场需求开展个性化定制，实现产品设计、计划排产、柔性制造、物流配送和售后服务的整体集成和协同优化。

（3）数字孪生应用。综合应用三维建模、计算机仿真、虚拟现实（VR）/增强现实（AR）和物联网等技术，构建产品、设备和生产线的数字孪生模型，实现产品设计、物理设备和生产过程的实时可视化展示和迭代优化。

（4）绿色化制造。建立能源综合管理监测系统，对主要耗能设备实现实时监测与管理；建立产耗预测模型，实现能源的优化调度、平衡预测和节能管理；建立环保监测系统，实现从清洁生产到末端治理的全过程环保数据采集、实时监控及报警，开展可视化分析。

10.2　"5G+工业互联网"赋能数字化车间

10.2.1　技术发展背景

近年来，5G 与工业互联网快速成长，成为我国制造业高质量发展的重要动力。工业互联网是第四次工业革命的关键支撑，5G 是新一代信息通信技术演进升级的重要方向，二者都是实现经济社会数字化转型的重要驱动力量。

2017 年以来，我国深入实施工业互联网创新发展战略，网络、平台、数据、安全四大体系稳步推进，工业互联网标识解析加快发展，平台化设计、智能化制造、网络化协同、个性化定制、服务化延伸、数字化管理等创新模式不断涌现。

2019 年 6 月 6 日，工业和信息化部向中国电信、中国移动、中国联通、中国广电 4 家基础电信企业发放了 5G 商用牌照。我国 5G 商用稳步推进，已建成覆盖全国所有地级以上城市的 5G 网络；工业、能源、交通、医疗等多个实体经济行业 5G 应用蓬勃发展，为"5G+工业互联网"融合创新奠定了坚实的产业基础。

2019 年 11 月 19 日，工业和信息化部印发了《"5G+工业互联网" 512 工程推进方案》，明确了工业互联网作为未来 5G 技术落地的重要应用场景之一，在 5G 通信产业和应用场景爆发的初期更要做好夯实基础、探索路径和完善环境三大工作，进一步推进"5G+工业互联网"融合创新发展。

"5G+工业互联网"是指利用以 5G 为代表的新一代信息通信技术，构建与工业经济深度融合的新型基础设施、应用模式和工业生态。通过 5G 技术对人、机、物、系统等的全面连接，构建起覆盖全产业链、全价值链的全新制造和服务体系，为工业乃至产业数字化、网络化、智能化发展提供了新的实现途径，助力企业实现降本、提质、增效、绿色、安全发展。

10.2.2　典型应用场景

"5G+工业互联网" 512 工程实施以来，行业应用水平不断提升，从生产外围环节逐步延伸至研发设计、生产制造、质量检测、故障运维、物流运输、安全管理等核心环节，培育形成设备远程控制、设备协同作业、柔性生产制造、现场辅助装配、机器视觉质检、设备故障诊断、厂区智能物流、无人智能巡检、生产现场监测、生产过程溯源等应用场景，如图 10-1 所示，助力企业降本提质和安全生产。

（1）设备远程控制。通过在工业设备、摄像头、传感器等数据采集终端上内置 5G 模块，实时获得生产现场全景高清视频画面及各类终端数据，并通过设备操控系统实现对现场工业设备的实时精准操控，有效保证控制指令快速、准确、可靠执行。

（2）设备协同作业。在生产现场的工业设备和终端上内置 5G 模块，实时采集生产现场的设备运行轨迹、工序完成情况等相关数据，对生产现场设备间协同工作方式进行优化，实现多个设备的分工合作，提高设备利用效率，降低生产能耗。

（3）柔性生产制造。在数控机床和其他自动化工艺设备、物料自动储运设备中内置 5G 模块，通过与多接入边缘计算（MEC）系统结合，支持生产线根据生产要求进行快速重构，实现同一条生产线根据市场对不同产品的需求进行快速配置优化。

图 10-1 "5G+工业互联网"应用场景

（4）现场辅助装配。通过部署 5G 模块，实现 AR/VR 眼镜、智能手机、平板电脑等智能终端的 5G 网络接入，采集现场图像、视频、声音等数据，实时传输至现场辅助装配系统，系统对数据进行分析处理，生成生产辅助信息，帮助现场人员进行复杂设备或精细化设备的装配。

（5）机器视觉质检。在工业相机或激光器扫描仪等质检终端内嵌 5G 模块，实时拍摄产品质量的高清图像，传输至部署在 MEC 上的专家系统进行实时分析，判断是否合格，实现缺陷实时检测与自动报警，并有效记录瑕疵信息，为质量溯源提供数据基础。

（6）设备故障诊断。在现场设备上加装功率传感器、振动传感器和高清摄像头等，通过内置 5G 模块，实时采集设备数据，传输到设备故障诊断系统进行全生命周期监测，对发生故障的设备进行诊断和定位，对设备运行趋势进行动态智能分析预测。

（7）厂区智能物流。通过内置 5G 模块实现厂区内自动导引车（AGV）、移动式协作机器人（AMR）、叉车、机械臂和无人仓视觉系统的 5G 网络接入，部署智能物流调度系统，可以实现物流终端控制、商品入库存储、搬运、分拣等作业全流程自动化、智能化。

（8）无人智能巡检。通过内置 5G 模块，实现巡检机器人或无人机等移动化、智能化安防设备的 5G 网络接入，替代巡检人员进行巡逻值守，采集现场视频、语音、图片等各项数据，自动完成检测、巡航以及记录数据、远程告警确认等工作。

（9）生产现场监测。通过内置 5G 模块，各类传感器、摄像头和数据监测终端设备接入 5G 网络，采集车间环境、人员动作、设备运行等监测数据，对生产活动进行高精度识别、自定义报警和区域监控，实时提醒异常状态，实现对生产现场的全方位智能化监测和管理。

（10）生产过程溯源。通过 5G 网络，将生产过程每个工序的物料编码、作业人员、生产设备状态等信息实时传输到云平台，运用区块链、标识等技术，实现产品关键要素和生产过程追溯。

10.2.3 行业应用探索

电子设备制造业自动化水平高，数字化、网络化基础好，产品迭代速度快，存在满足降低劳动力成本、减少物料库存、严控产品质量、快速响应客户差异化要求等迫切需求，发展智能化制造、个性化定制、数字化管理等模式潜力大。华为、海尔、格力、中兴等利用 5G 技术积极实践，显著提高了生产制造效率、降低了生产成本、提升了系统柔性，为电子设备制造行业实现数字化转型进行了有益探索。

1. 华为松山湖工厂

华为与中国移动合作，在广东省松山湖工厂利用 5G 技术实现了柔性生产制造场景的应用。华为松山湖工厂原有手机生产车间需要布线 9 万米，每条生产线平均拥有 186 台设备，生产线每半年就会因新手机机型的更新需要进行升级和调整，物料变更、工序增减等要求车间所有网线的重新布放，每次调整需要停工 2 周，以每 28 秒一部手机计算，停工一天影响产值达 1000 多万元。通过 5G 与工业互联网的融合应用，华为松山湖工厂把生产线现有的 108 台贴片机、回流炉、点胶机通过 5G 网络实现无线化连接，完成"剪辫子"改造，每次生产线调整时间从 2 周缩短为 2 天。同时，在手机组装过程中的点隔热胶、打螺钉、手机贴膜、打包封箱等工位部署视觉检测相机，通过 5G 网络连接，把图片或视频发送到部署在 MEC 上的 AI（人工智能）模块中进行训练，一方面多线共享样本后缩短了模型训练周期，另一方面实现了从"多步一检"到"一步一检"模式的改变，及时发现产品质量问题。

2. 中兴南京滨江制造基地

中兴与中国电信合作，在江苏省利用 5G 技术实现了厂区智能物流场景的应用。中兴在南京滨江制造基地建设 5G 网络，自研集成 5G 模组的 AGV 载重平台，在下沉至园区的 MEC 端部署 AGV 调度管理系统，与企业既有的数字化生产和物流管理系统业务融合，实现近 40 台 AGV 的自动化调度，以及多车联动、调度指令、实时位置、任务完成等信息的稳定可靠下达。同时，利用 5G 网络的大上行改造，在部分 AGV 上使用了基于 MEC 视频云化的 AI 障碍物分析技术，实现智慧避障，在控制 AGV 硬件成本的前提下弹性扩展了 AGV 的功能。通过 5G 厂区智能物流应用，中兴南京滨江制造基地一方面解决了既有 WiFi 连接信号不稳定的问题，使得热点切换区域掉线率降低了 80%以上，另一方面实现了制造基地物料周转的完全无人化，厂区内货物周转效率提升了 15%。

10.3 面向网络化协同制造的数字化车间

10.3.1 技术发展背景

近年来，为推动互联网由消费领域向生产领域拓展，加速提升产业发展水平，增强各行业创新能力，构筑经济社会发展新优势和新动能，我国政府先后出台了多项互联网与制造业融合发展的指导性文件。

2015 年，国务院发布了《关于积极推进"互联网+"行动的指导意见》，提出包括创业创新、协同制造、现代农业、智慧能源、普惠金融等在内的 11 项重点行动。其中"互联网+"协同制造行动旨在推动互联网与制造业融合，提升制造业数字化、网络化、智能化水平，加强产业链协作，发展基于互联网的协同制造新模式，在重点领域推进智能制造、大规模个性化定制、网络化协同制造和服务型制造，打造一批网络化协同制造公共服务平台，加快形成制造业网络化产业生态体系。

2017 年，国务院发布了《关于深化"互联网+先进制造业"发展工业互联网的指导意见》，部署以工业互联网为抓手加快发展先进制造业，提出要落实新发展理念，坚持质量第一、效益优先，深入推进"互联网+先进制造业"。该意见提出了包括夯实产业基础、打造平台体系、加强产业支持、促进融合应用、完善生态体系、强化安全保障和推动开发合作 7 项主要任务。特别提出鼓励企业通过工业互联网平台整合资源，构建设计、生产与供应链资源有效组织的协同制造体系，开展用户个性需求与产品设计、生产制造精准对接的规模化定制，推动面向质量追溯、设备健康管理、产品增值服务的服务化转型。

2021 年，工业和信息化部等八部门发布了《"十四五"智能制造发展规划》，提出四项重点任务：一是加快系统创新；二是深化推广应用；三是加强自主供给；四是夯实基础支撑。其中第二项明确要求开展多场景、全链条、多层次应用示范，培育推广智能化设计、网络协同制造、大规模定制、共享制造、智能运维服务等新模式新业态，建设智能制造示范工厂。

网络协同制造是充分利用以 Internet 技术为特征的网络技术、信息技术，实现供应链内及跨供应链间的企业产品设计、制造、管理和商务等的合作，达到资源最大利用目的的一种现代制造模式。庞国锋等总结出网络协同制造有以下 5 个方面的作用。

（1）降低企业的原料或物料的库存成本，基于销售订单拉动从最终产品到各个部件的生产成为可能。

（2）可以有效地在企业内各个工厂、仓库之间调配物料、人员及生产等，提高订单交付周期，更灵活地实现整个企业的制造敏捷性。

（3）实现对整个企业各个工厂的物流可见性、生产可见性、计划可见性等，更好地监视和控制企业的制造过程。

（4）实现企业的流程管理，从设计、配置、测试、使用、改善到整个制造流程，并不断改善和集中管理，大大节约实施成本，节约流程维护和改善流程的成本。

（5）实现企业系统维护资源的降低。

10.3.2　网络协同制造系统组成

网络协同制造是一个多种复杂活动的过程，因此需要从全局角度对产品设计制造中的各种活动、资源进行统筹安排，从而使整个过程能够在规定时间内高质量和低成本地完成。

一般网络协同制造系统主要由协同工作管理、协同应用、决策支持、协同工具、安全控制以及分布式数据管理等不同的功能模块组成，如图 10-2 所示。

协同工作管理模块负责对协同制造过程进行管理，统筹安排开发中的各种活动、资源。分布式数据管理模块是系统的重要支撑工具，负责对所有的产品数据信息、系统资源及知识信息进行组织和管理，这些信息主要包括用户信息、产品数据、会议信息、决策信息、密钥信息、知识库及方法库等。安全控制模块是系统的重要保障，负责对进入系统的用户、协同过程中的数据访问和传输进行安全控制，主要包括安全认证、保密传输以及访问控制等，以保证整个系统的数据安全。协同应用模块提供系统的核心功能，协同制造人员在数据库的支撑下，利用该模块进行协同应用，包括协同 CAD、CAPP、CAM、虚拟制造仿真以及 DNC 远程控制等。决策支持模块为协同制造提供决策支持工具，包括约束管理和群决策支持等。协同工具模块为协同制造提供通信工具，包括视频会议、文件传输以及邮件发送。随着信息技术的不断发展，上述功能越来越多地迁移到云平台上进行，设计和实现协同制造云平台成为网络协同制造能否成功的关键。

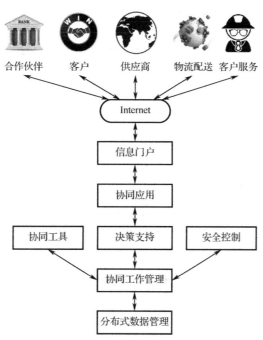

图 10-2　网络协同制造系统组成

10.3.3　行业应用探索

1．家电行业网络协同制造案例

传统的家电制造模式需要转型升级，以适应智慧家居产品换型速度快、大规模个性化的特点。在此形势下，美的公布了"M-Smart 智慧家居"战略，深入开展了智慧家居产品的数字化工厂建设。

围绕数字化工厂的建设目标，按照从上至下的思想构建工厂的智能化管理决策平台，整合工厂 ERP、PLM、SCM、CRM 等核心应用系统，构建工厂的智能化核心支撑平台；在建设 QMS、WMS、MES 等的基础上，进一步提高与其他系统的整合及协同建设。根据工厂的不同生产车间生产线的建设情况，通过综合运用核心智能制造装备对生产线进行改造，以及利用完善信息网络建设等手段，提高各车间的互联互通和数字化建设。通过实施本项目，力争将美的建设成为家电行业领先的具有示范作用的数字化工厂，并推动中国家电行业的数字化转型升级，带动相关智能软硬件核心装备供应商的发展。

智慧空调数字化工厂总体建设框架（解决方案）如图 10-3 所示。该项目主要内容包括：大量采用智慧家电智能制造核心装备用于外机、内机、两器、电子等车间的建设，完善信息驱动的智能物流与仓储系统建设，完善基于生产过程的实时数据采集与可视化管理系统，综合集成智能化核心软件支撑平台，建设供应商协作云，建立数据驱动的智能管理与决策平台。综合以上内容，完成美的从车间到工厂的数字化建设，建成具有示范作用的智慧空调数字化工厂。

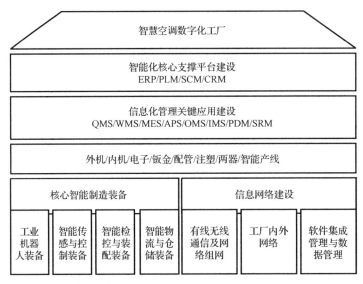

图 10-3　智慧空调数字化工厂总体建设框架

美的现有 3000 多家材料供应商，20000 多家非材料供应商，产品从小家电到大家电，覆盖范围广，品类多，给整个集团的供应链管理带来了非常大的挑战。通过"632"计划，美的将原有的 100 多个 IT 系统整合成六大系统、三大平台、两大门户，提出了"智能产品+智能制造"的"双智"战略，强调要做全价值链的数字化经营，实现互联网化、移动化、智能化。具体思路是用数字供应链来支撑全价值链运营，从计划物流、采购执行到供方协同，再到生产出货，通过数字供应链的支撑，从传统大规模的制造，向 C2M 小规模小批量生产转变。因此，美的搭建了供应商协作云平台，实现了与供应商的高效协同，整个价值链从订单开始就与供应商进行协同，在排产、采购、物流、绩效考评、品质、财务等方面打通信息。

在供应商管理方面，通过流程固化，"以品类划分为基础，以绩效评价为核心"的供应链管理模式，通过 SRM 系统的实施应用，提升了供应链管理的"规范化、透明化、去人为化"程度。为了实现数字化的供应商管理，美的建立了供应商绩效综合评估模型，实现了供应商先分类再排名，按标准应用，公平公正，优胜劣汰；建立了供货比例制定模型，实现了约束权限、自动计算、监控过程；建立了料费分离价格模型，规范定价、核价过程，对无法实施料费分离定价及联动调价的物料进行整体定价，SRM 系统对整体定价的物料自动计算升降率、价差率、最低价等支撑信息，全面实现价格把控。

为了与供应商在业务方面顺畅协作，美的建立了公有云平台，美的把生产计划、采购订单发到公有云平台中，供应商在该云平台上收到信息后进行排产。此外，美的还建立了协作云门户，实现送货通知、物流轨迹、车辆入场、卸货管理、物流详情等协作信息的透明化，基于供应商云平台的协作流程如图 10-4 所示。

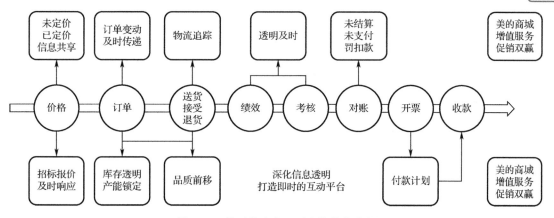

图 10-4 基于供应商云平台的协作流程

智能制造实施前后成效对比如表 10-1 所示。

表 10-1 智能制造实施前后成效对比

序 号	成效评价项目	实 施 前	实 施 后	变 化 情 况
1	运营成本	186 元/套	173 元/套	-7%
2	生产效率	1400 套/（人·年）	1650 套/（人·年）	+1%
3	产品研制周期	10 个月	7 个月	+30%
4	产品不良率	0.3%	0.28%	-6%
5	能源利用率	10.38 元/套	9.56 元/套	-7.8%

2. 航天网络协同制造案例

中国航天科工集团公司（简称航天科工集团）拥有专业门类配套齐全的科研生产体系，在装备制造与信息技术领域拥有尖端的产业技术优势，具备发展工业互联网的基础和能力。航天科工集团李伯虎院士于 2009 年率先在国际上创新提出云制造的技术理念，基于航天高端装备制造系统工程，开始了云制造的研究与实践，为中国制造业转型升级进行实践探索。随着近几年云计算、大数据、嵌入式仿真、移动互联网、高性能计算、3D 打印等技术的快速发展，为加强云制造的智慧化提供了技术支撑。

针对航天科工集团自身装备制造转型升级战略的需求，依托航天科工集团在智慧云制造模式理念及关键技术方面的优势，建设航天科工智慧云制造公共服务平台，实现集团型企业产业链全业务环节的业务协作，覆盖产业链的整个环节，从工厂（企业）、生产线到制造单元/设备多个层面开展智慧云制造的试点示范。

面向航天复杂产品的云制造服务平台（航天科工专有云制造平台）的总体架构（解决方案）如图 10-5 所示。它是资源层、平台层和应用层三层体系架构，通过整合分散在各主体单位中的数百万亿次的高性能计算资源（以峰值计算能力计），数百 TB 的存储资源，数十种、数百套机械、电子、控制等多学科大型设计分析软件及其许可证资源，总装联调厂等多个厂所的高端数控加工设备及企业单元制造系统等，提供航天复杂产品制造过程各阶段的专业能力，如多学科虚拟样机设计优化能力，以及多专业、系统和体系仿真分析能力、高端半实物仿真试验能力等。

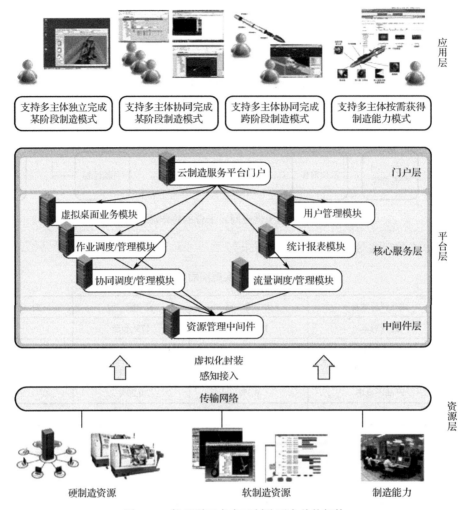

图 10-5　航天科工专有云制造平台总体架构

　　航天复杂产品的研制过程需要经过多重研制回路（包括控制系统闭合、指控系统闭合等），每个回路的过程总体上可以分为研发和生产两大阶段，智慧云制造为整个复杂产品协同制造过程带来了新的模式和新的手段。其中，新的模式包括：基于云制造的资源共享模式、基于云制造的协同设计仿真模式、基于云制造的设计生产一体化模式以及面向制造能力的生产策划模式四种；新的手段包括：批作业服务、虚拟交互服务、并发互操作服务、基于共享模型的协同服务及云排产服务五种。

　　航天科工专有云制造平台自上线应用以来，集团内各企业设计师、工艺师等能通过网络按需动态获得制造资源及能力。在云制造研发模式下，由研发总承企业、设计师联盟、生产企业（包括 3D 打印企业）、原材料/零部件供应商及物流企业等快速组成"虚拟企业"，由数百个（不限制人数）经过认证的设计师共享平台提供的资源，异地在线开展并行设计、自由沟通，改变了传统独立、串行研发模式，大大缩短了设计周期。在云制造研发模式下，提高了接入资源的使用效率 5%，避免了重复购置和资源浪费，节省了企业成本（以目前管理的近 300 套专业设计分析软件为例，按每套软件 100 万元，约节省 300 套×100 万元/套×5%=1500 万元）。例如，数控机床、大型工程软件等硬件和软件资源从"购买"变为"按需在线租用"，如 3D 打印设备的租用及材料费就有数万元。

10.4 基于数字孪生的数字化车间

近年来，随着对信息物理世界虚实融合的强烈需求，数字孪生逐渐成为工业领域的研究热点之一，数字孪生也发展成为未来数字化车间运行的重要支撑。本节将介绍基于数字孪生的数字化车间发展现状，提出复杂电子设备基于数字孪生的数字化车间（数字孪生车间）架构，从数字孪生模型构建、孪生数据采集，到孪生数据驱动的智能装配等方面详细介绍基于数字孪生的数字化车间实施方法，最后对基于数字孪生的数字化车间的支撑关键技术进行展望。

10.4.1 基于数字孪生的数字化车间的概念与特点

数字孪生（Digital Twin）的概念最早出现于 2003 年，由 Grieves 教授在美国密歇根大学的产品全生命周期管理课程上提出。后来，美国国防部将数字孪生的概念引入到航天飞行器的健康维护等问题中，并将其定义为一个集成了多物理量、多尺度、多概率的仿真过程，基于飞行器的物理模型构建其完整映射的虚拟模型，利用历史数据以及传感器实时更新的数据，刻画和反映物理对象的全生命周期过程。

当前数字孪生的理念已经在部分领域得到了应用和验证。具有代表性的如 Grieves 等将物理系统与其等效的虚拟系统相结合，研究了基于数字孪生的复杂系统故障预测与消除方法，并在 NASA 相关系统中开展应用验证。此外，西门子公司提出了"数字化双胞胎"的概念，致力于帮助制造企业在信息空间从产品设计到制造执行的全过程数字化。针对复杂产品用户交互需求，利用用户反馈不断改进信息世界的产品设计模型，从而优化物理世界实体，并以飞机雷达为例进行了验证。

在中国机械工业联合会发布的基于数字孪生的数字化车间车间标准《数字孪生车间 第 1 部分：通用要求》意见稿中，对基于数字孪生的数字化车间有明确的定义。基于数字孪生的数字化车间是在新一代信息技术和制造技术驱动下，通过物理车间与虚拟车间的双向真实映射与实时交互，实现物理车间、虚拟车间、车间服务系统的全要素、全流程、全业务数据的集成和融合，在车间孪生数据的驱动下，实现车间生产要素管理、生产活动计划、生产过程控制等在物理车间、虚拟车间、车间服务系统间迭代运行，从而在满足特定目标和约束前提下，达到车间生产和管控最优的一种车间运行新模式。

从以上应用分析可知，数字孪生是实现物理与信息融合的一种有效手段。而车间的物理世界与信息世界的交互与融合是实现工业 4.0、制造强国、工业互联网、基于 CPS 的制造等瓶颈之一。制造企业应结合自身特点和实际需求，找到数字孪生应用的突破口，进而开展车间数字孪生应用探索。本书尝试站在复杂电子设备制造的角度，提出并探讨基于数字孪生的数字化车间的概念。

10.4.2 基于数字孪生的数字化车间架构

基于数字孪生的数字化车间是在新一代信息技术和制造技术驱动下，通过物理车间与虚拟车间的双向真实映射与实时交互，实现物理车间、虚拟车间、车间服务系统的全要素、全流程、全业务数据的集成和融合，在车间孪生数据的驱动下，实现车间生产要素管理、生产活动计划、生产过程控制等在物理车间、虚拟车间、车间服务系统间的迭代运行，从而在满足特定目标和约束的前提下，达到车间生产和管控最优的一种车间运行新模式。

基于数字孪生的数字化车间分为 3 层：基础层、数据层和应用层，如图 10-6 所示。

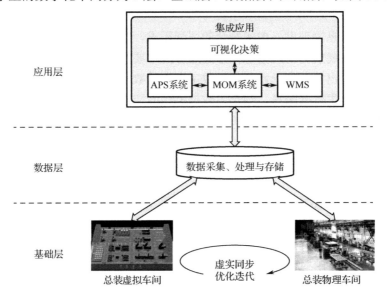

图 10-6　基于数字孪生的数字化车间架构

（1）基础层：包括总装物理车间和总装虚拟车间，基础层主要提供上述两类车间的运行环境。

（2）数据层：负责数据的采集、处理与存储，以及生产指令的下达。

（3）应用层：包括车间集成应用与服务，提供包括制造运营管理（MOM）系统以及仓储管理系统（WMS）等应用，实现运行可视、生产预测以及车间管控等服务。

10.4.3　基于数字孪生的数字化车间实施步骤

构建基于数字孪生的数字化车间主要包括建立数字孪生模型、孪生数据采集、孪生数据生产过程仿真以及孪生数据驱动的智能装配 4 个步骤。

1. 建立数字孪生模型

建立数字孪生模型是数字化车间的基础。面向复杂电子设备的数字孪生模型包括多维模型和多领域模型两大类。

（1）多维模型是指"几何-物理-行为-规则"多维数字孪生模型，具有更加全面刻画物理对象的特征，针对设备各个关键部件，通常会开展下述研究。

① 依据产品设计几何特征参数等信息，研究覆盖设备异构要素的可扩展几何模型构建方法。

② 针对物理维度，分析设备的材料属性、物理参数等物理特性，研究物理模型构建方法。

③ 针对行为维度，分析各个部件之间的行为耦合关系，研究刻画设备行为顺序性、并发性、联动性等特征的行为及响应模型构建方法。

④ 针对规则维度，基于 XML 语言研究遵循和反映设备运行及演化规律的评估、优化、预测、溯源等规则及逻辑模型构建方法。

（2）多领域模型是指构建的机/电/液多领域基础模型。基于生产系统全要素实体精准建模理论与方法，在明确生产全要素定义与内涵的基础上，为了保证虚拟实体能真实反映物理生产过程实体，一般从智能生产线设备、工位、产线多层级，采用基于 Modelica（多领域统一建模语言）的机/电/液多领域的元模型数学方程化描述方法，形成面向机/电/液多领域的组件、场景、工艺、过程模型库，进而可基于各模块接口实现多领域模型间的耦合。

2. 孪生数据采集

针对复杂电子设备生产过程问题，对全方位覆盖车间环境、生产制造装备、生产过程的制造现场数据感知传感网络进行分析，基于振动传感器、温湿度传感器、视觉传感器、条形码/二维码、装备联网、人机交互（HMI）等对装备制造现场人、机、料、法、环、测六大要素数据进行全面动态感知，在数据挖掘的基础上，以提升产品计划准确率、产品良率以及装备监测与维护为目标，在精细生产计划排程与动态调整、质量控制与智能决策以及基于生产线运行监测 3 个方面建立科学决策机制，为复杂电子设备生产优化提供决策支持。

复杂电子设备制造系统是一个信息不断产生、不断变化的动态系统，其装配现场数据具有多源、实时、海量、异构等特性。装备制造现场数据大致可分为产品数据、生产过程数据、设备数据。生产过程数据主要包括任务数据、质量数据、人员数据、物料数据、环境数据和异常数据等；设备数据主要是指设备状态数据、运行数据等。孪生数据分类如图 10-7 所示。

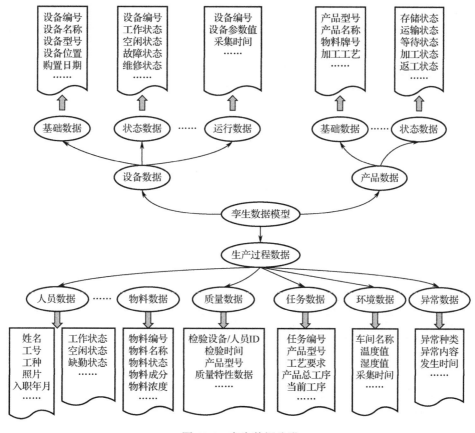

图 10-7　孪生数据分类

根据对装配过程数据的分析与分类，结合数据采集模型，以现代传感器以及相应的智能终端为主要采集方式，并且结合工业互联网技术建立起车间物联网环境，使用统一、高效的数据交换协议与数据接口，实现复杂电子设备制造现场多源异构数据的实时、准确、可靠采集与传输。

3．孪生数据生产过程仿真

孪生数据生产过程仿真首先要实现模型的三维可视化，使得虚拟场景以 3D 动态的方式呈现于用户面前，为了让用户在系统上有良好的人机交互操作，需要开发友好的人机交互界面；采用数字孪生系统虚实同步和交互技术，对物理层采集的数据进行实时接收，保持虚拟层与物理层动态同步，并且虚拟层可以对物理层发送命令进行控制；还需要开发仿真系统，提供工艺数据命令接口，根据文件进行动态仿真，添加相关约束规则，对仿真过程进行智能检测以及通过不断修改文件从而实现仿真优化。

1）生产过程仿真服务

基于虚实映射数据流处理技术，实现对复杂电子设备生产过程的仿真服务。该系统模块基于离线工艺文件对生产方案进行仿真，对方案优化提供指导。离线仿真流程如图 10-8 所示，具体步骤如下。

步骤 1：将在工艺设计系统生成的工艺文件导入到生产仿真模块中。

步骤 2：系统开始对文件进行预读取，对文件中的数据格式进行检查，若出现问题则修改后重新导入。

步骤 3：格式检查完毕后，系统根据厂房条件进行工艺布局和产品流向设计。

步骤 4：生产仿真系统根据工艺文件中的数据进行节拍、产能、物流等关键要素的仿真与优化，若仿真过程不合理出现报警、错误等提示，则对该仿真错误类别进行判别，并给出相应的解决方案。

步骤 5：继续读取离线文件中的数据并仿真，直至仿真完毕。

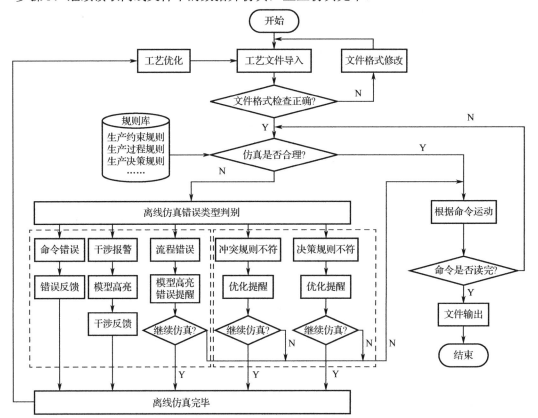

图 10-8　离线仿真流程

2）数据统计与分析服务

为了实现对柔性装配线实时的生产状态进行监控，需要对现场传输的实时数据进行统计分析，人机交互界面再根据统计分析的数据以图表等方式将数据绘制出来。在柔性装配线中需要监控的数据有设备和物料产品状态数据、任务的进度数据和各种时间数据等。

对于设备的状态数据主要是通过对各个设备的实时状态数据进行采集，将反馈的结果展示于人机交互界面中。对于物料产品的状态要根据其工艺约束规则等进行判断，主要信息为物料的 ID、当前装配工艺、当前状态、装配后的状态。

对于柔性装配线的任务进度数据包括总体任务数据和单元任务数据。总体任务数据是基于生产订单，以及当前装配完成的数量进行计算得出的进度数据。单元任务数据是指当前某产品已生产时间与完成该产品的预测时间进行计算得出的。系统时间的计算方法如图 10-9 所示。在系统运行过程中，通过对 Web 系统的时间获取方法函数 new Data()，根据定义的开始结束方式完成对生产过程中各种时间数据的统计分析。

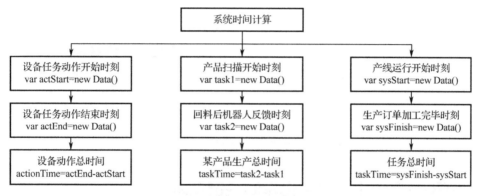

图 10-9　系统时间的计算方法

在柔性装配生产线中还有其他数据进行分析计算，如柔性装配生产线的利用率、各个设备的利用率等。将这些数据建立相关数学模型进行计算，经过计算分析的这些数据都可以给装配方案的优化提供指导。

4. 孪生数据驱动的智能装配

建立基于数字孪生的产品拟实物模型是实现产品装配物理过程与信息融合的关键。因此，为实现产品虚拟装配与物理装配过程的信息物理深度融合，拟实物模型可作为联系实际装配物理过程、虚拟装配信息过程以及装配工艺设计与模拟仿真三者之间的纽带，通过数据的交互与实时的驱动，实现产品装配过程的智能闭环控制，孪生数据驱动的智能装配架构如图 10-10 所示。

复杂电子设备生产现场的智能化装配工艺装备为实现产品装配物理过程与装配信息融合提供了基础，通过解决现场装配过程中实测数据信息源的问题，可实现面向实测信息的产品装配模型修正与更新，利用三维装配工艺可视化模型的建立、分析和仿真优化，可实现复杂结构产品虚拟装配与物理装配过程的信息物理深度融合，用于高保真地指导现场装配活动。

根据基于全三维模型的装配工艺设计与模拟仿真模块，借助基于实测数据的产品拟实物模型进行面向实际装配物理过程的工艺流程创建与模拟仿真，其基本方法是遍历装配工艺模型结构树，找出相对应的零件，并依据实测模型数据对原模型的基本属性信息进行修正，通过基于模型驱动的方法重新更新装配工艺模型，同时依靠装配尺寸链自动生成与计算模块，对基于实测数据的数字孪生拟实物模型进行后续的可装配性分析以及装配精度预测等，指导现场装配工人对装配零部件进行调整，以及针对现场作业发出控制指令，辅助并协同现场工人装配，以获得最优的装配位姿精度。

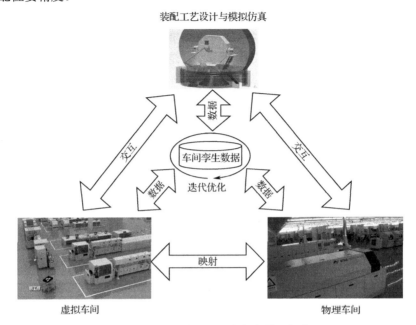

图 10-10　孪生数据驱动的智能装配架构

10.4.4　基于数字孪生的数字化车间关键技术

1. 生产多源异构数据融合与分析技术

以结合人工智能的大数据分析方法为主要工具，以数据融合、数据特征提取、数据挖掘、可视化等技术为支撑，对复杂电子设备制造数据进行分析处理，为装备生产过程业务的智能决策提供数据支持，具体实现方式如下。

1）多源异构制造大数据融合

构建的装备制造数据仓库采用关系型数据库、分布式文件系统 HDFS 以及非关系型数据库的存储方式，结构化数据存储于关系型/非关系型数据库的不同表格/列、大型的非结构化数据存储于分布式文件系统，半结构化的数据通过可扩展标记语言 XML 存储到结构化数据库，突破大数据的存储、管理和高效访问技术。

针对装备制造过程中的业务内容，基于关联规则、相关系数等数据相关性分析方法，根据覆盖率、相关性等量化指标，在多源异构数据的统一描述基础上提取与业务强关联的过程数据，对原始数据进行数据清洗、集成、归约、变换等预处理操作，获得一致、准确的高质量数据，构建面向主题的装备制造数据仓库，为装备制造过程动态优化提供可靠、可复用的数据资源。

2）多源异构制造大数据处理与分析

多源异构制造大数据处理与分析架构如图 10-11 所示，该架构通过小波变换、傅里叶变换、主成分分析、数理统计等方法提取业务特征数据，简化业务数据模型，便于后续的数据分析处

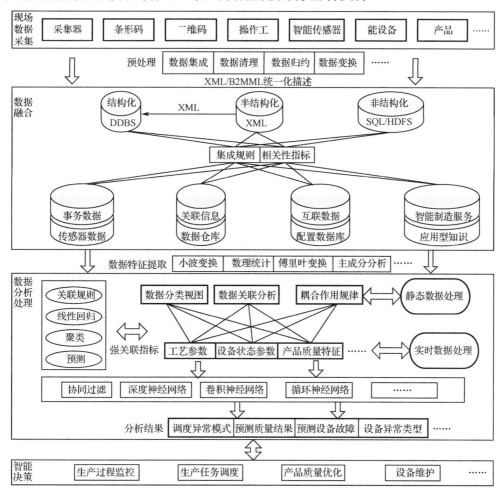

理。然后在面向主题数据仓库的基础上，采用实时流处理与静态批处理结合的混合并行计算框架，通过面向大数据的行为分析、语义分析、统计分析，结合关联规则、线性回归、聚类、预测等数据挖掘方法，实现对工艺参数、设备状态参数等制造数据的关联分析。根据制造数据间的耦合机理将业务的强关联数据及其相关度等作为基于大数据技术的深度神经网络、卷积神经网络等智能技术的输入，实现生产调度、质量控制、故障预测等业务的异常模式识别、结果预测、车间演化规律知识获取等作业，最终为智能决策提供服务支持。

图 10-11 多源异构数据处理与分析架构

2. 孪生数据驱动的智能调度技术

围绕复杂电子设备多型号混线生产作业中存在的手动作业计划粒度不够精细、多生产阶段作业安排关联性差、多类型资源并发需求下协调难度大、动态扰动响应速度慢等问题，迫切需要开展基于孪生数据的服务化制造资源动态配置及决策响应技术研究。孪生数据驱动的智能调度技术架构如图 10-12 所示。

孪生数据驱动的智能调度技术思路主要体现在如下几个方面。

（1）生产流程分析与调度约束和目标建模：通过对生产流程的分析，获得调度目标、工艺约束、资源约束、工序周转约束和加工批量约束等信息，建立调度目标模型和各类约束模型。

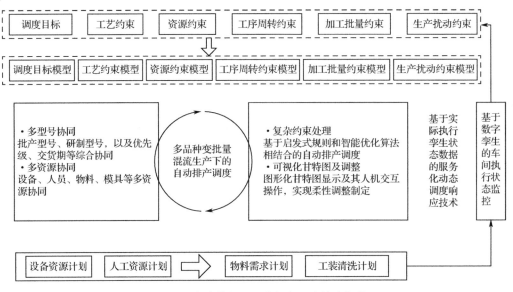

图 10-12　孪生数据驱动的智能调度技术架构

（2）多品种变批量混流生产下的自动排产调度：综合考虑多型号协同和多资源协同求解要求，采用基于启发式规则和智能优化算法结合方式，实现作业排产方案的快速制定，提供基于可视化甘特图显示及其人机交互操作，实现作业排产方案的快速柔性调整制定。

（3）基于实际执行孪生状态数据的服务化动态调度响应技术：通过与基于数字孪生的车间执行状态监控系统的集成，提取实际执行状态并建立生产扰动约束模型，利用动态排产调度技术实现作业排产方案的快速响应调整。

（4）作业计划牵引的关联计划集成运行：基于所生成的作业排产计划，综合牵引形成设备、人工、物料、模具工装等计划，通过与车间 MOM 等执行系统的集成，实现精益协同的集成运行效果。

3．孪生数据驱动的智能物流技术

以工艺流程为基础，结合智能生产线各种自动化设备，分析组装单元各种物料（组件、元器件、辅料等），对物料进行分类研究并建立数字孪生仿真物流模型，设计物料自动配送系统，在此基础上设计和集成物料自适应配置数据接口，制定不同物料的自适应配置策略，构建物料采集和管理系统，实现物料信息与组件产品、设备、加工计划的自动关联与追溯、自适应和动态配置，形成物料配置数据库。孪生数据驱动的智能物流架构如图 10-13 所示。

1）物料自动配送数字孪生模型设计

根据组装物料种类和特点、组装工艺等，将组装过程中的物料分为工件物料流、组装物料流、辅料流等。根据各种物料组装单元上配置的特点，以及单元总体布局规划分析物料自动配送关联关系并以此为基础多领域多层次构建物料配送仿真模型（工件物流模型、组装物流模型、辅料物流模型等），为实现物料自适应配置、物料的 JIT（Just In Time）配送提供软硬件基础。

2）物料自适应配置方法

面向数字孪生多领域、多层次建模技术以及数字孪生驱动模型组装与数据融合技术，根据工艺、任务计划及设备储料情况，研究不同物料的自适应配置方法，制定工件（夹具）物料和组装物料配置方案和配送计划；根据设备辅料消耗情况和工具损耗情况，制定辅料配送计划；

在此基础上，对 AGV 进行路径规划，以物料自适应配置结果为依据，利用物料自动配送系统完成不同物料到工位、设备等的动态、自适应配置。

3）物料信息实时采集与管理

利用编码规则对待组装产品、辅料、组装物料、载具、柔性工装夹具等进行信息编码；构建物料信息实时采集与管理系统，通过在智能生产线的上线点、工序点和下线点等设置物料信息采集点，以条码/RFID 传感数据接口、设备数据接口等集成技术手段对所有物料进行识别和信息获取并构建数据模型，实时将生产线上的各种物料信息反馈到物料配送系统；根据物料实时信息反馈，实现物料配送计划的动态调整；同时，利用数据库全程记录装配单元各类物料消耗信息及相关产品、工艺、设备等的关联信息，为物料信息追溯和智能配送提供数据支持。

4）基于数字孪生的产线物流管理

针对配送物料时的物流信息模型，可构建相应的数字孪生模型，实现虚拟和物理物流模型的双向映射。通过虚实模型之间的信息交互，可以实现对物理仓储布局更新优化，提高空间利用效率。针对孪生模型之间的实时反馈和物料信息管控，可以获得物料配送目标位置，通过基于知识库的配送路径自规划模块，可以实现物料最佳路径的自判断功能，并且去型号化的统一物资管理模式，简化物料准备流程，实现物料的自动化配送。

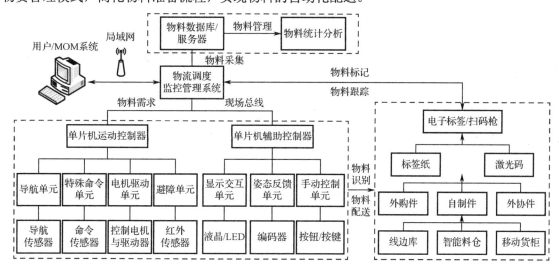

图 10-13　孪生数据驱动的智能物流架构

最后我们通过车间各应用平台的综合信息集成，实现全流程的业务协同和信息实时共享，在物理孪生车间、基于数字孪生的数字化车间、制造执行系统与智能运营平台之间建立良好的协同机制，实现各系统之间、信息系统与物理设备之间的无缝集成，达到产品生产过程全跟踪和控制，通过各种系统的综合集成实现全车间数据源统一、保证各种数据（计划数据、工艺数据、物料数据、生产执行数据、设备参数数据等）的相互透明化，总体上达到高效、可靠、可控的生产目的。

基于数字孪生的数字化车间作为一种未来车间运行新模式，对解决制造物理世界和信息世界之间的交互与共融这一难题具有巨大的推动作用，当然还需要更多的研究机构、高等院校、制造企业等深入研究基于数字孪生的数字化车间落地应用的基础理论、关键技术、运行机制，真正地在各行各业实现数字孪生下的智能生产。

10.5　智能绿色工厂

10.5.1　绿色工厂和绿色制造内涵

中国气象局气候变化中心发布的《中国气候变化蓝皮书（2019）》显示，1901 年到 2018 年，中国地表年平均气温呈显著上升趋势，近 20 年是 20 世纪初以来的最暖时期。1951 年到 2018 年，中国年平均气温每 10 年升高 0.24℃，升温率明显高于同期全球平均水平。气候变化对自然生态环境产生重大影响 ，对人类经济社会发展构成重大威胁。

从 1990 年开始，国际社会在联合国框架下开始关于应对气候变化国际制度安排的谈判，1992 年达成《联合国气候变化框架公约》，1997 年达成《京都议定书》，2015 年达成《巴黎协定》，其成为各国携手应对气候变化的政治和法律基础。2020 年 9 月 22 日，习近平主席在第七十五届联合国大会一般性辩论上向世界宣布了中国的碳排放达峰目标（见图 10-14）与碳中和愿景（见图 10-15）。中国将提高国家自主贡献力度，采取更加有力的政策和措施，二氧化碳排放力争于 2030 年前达到峰值，努力争取 2060 年前实现碳中和。同时，习近平主席呼吁各国要树立创新、协调、绿色、开放、共享的新发展理念，抓住新一轮科技革命和产业变革的历史性机遇，推动疫情后世界经济"绿色复苏"，汇聚起可持续发展的强大合力。

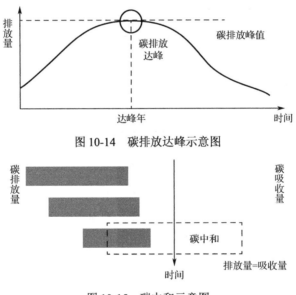

图 10-14　碳排放达峰示意图

图 10-15　碳中和示意图

2021 年 1 月 11 日，生态环境部印发《关于统筹和加强应对气候变化与生态环境保护相关工作的指导意见》（环综合〔2021〕4 号），充分体现我国低碳发展的决心和信心，彰显大国担当，受到国际社会广泛认可与高度赞誉。截至目前，已有 127 个国家承诺碳中和，这些国家的温室气体排放量占全球排放的 50%，经济总量在全球的占比超过 40%。欧盟、英国、日本、韩国等纷纷提出"绿色新政"，美国将气候变化置于内外政策的优先位置，更多发展中国家明确低碳转型目标。

绿色制造助推节能减碳的技术变革，正成为全球新一轮工业革命和科技竞争的重要新兴领域。美国制造工程师学会（ASME）于 1996 年发布了绿色制造蓝皮书 *Green Manufacturing*，明确给出绿色制造的内涵：绿色制造又称清洁制造，其目标是使产品从设计、生产、运输到报废处理的全过程对环境的负面影响达到最小。绿色制造是多领域、多学科的集成，涉及制造、环境、资源三大领域，是绿色科技创新与制造业转型发展深度融合而形成的新技术、新业态、新模式，正成为全球新一轮工业革命和科技竞争的重要新兴领域。

在此背景下，数字化工厂要向智能绿色工厂发展转变，谁先实现转型，谁就能在未来竞争中占据主动。本章提及的绿色工厂是指在全生命周期内，节约资源、保护环境、减少污染，为人们提供健康、适用、高效的使用空间，最大限度地实现人与自然和谐共生的高质量建筑，实现了用地集约化、原料无害化、生产洁净化、废物资源化、能源低碳化的工厂。

10.5.2　各国绿色制造实践

绿色制造具有系统性、长期性、战略性特点，美国提出了《先进制造伙伴计划》（AMP2.0），欧洲推行了《欧盟"地平线 2020"计划》，英国政府制定了 2013—2050 年的可持续制造发展路线图，我国高度重视绿色制造的发展，提出了"全面推行绿色制造"，实施"绿色制造工程"。

美国能源部提出，到 2020 年铸造产品单位能耗降低 20%；热处理减少能源消耗 80%，实现热处理过程零排放；10 年内将产品在生产过程和产品全生命周期内的能耗降低 50%；美国在《先进制造伙伴计划》（AMP2.0）中将"可持续制造"列为 11 项振兴制造业的关键技术之一。

欧洲推行了《欧盟"地平线 2020"计划》，在卓越科学、工业领先和社会挑战研究领域分别投资 244.41 亿欧元、170.16 亿欧元、296.79 亿欧元，其中 30.18 亿欧元用于与绿色制造紧密相关的社会挑战研究领域中对气候行动、环境、资源效率和稀有材料等的研究。英国政府在《未来制造》报告中预测：到 2050 年全球人口将从目前的 70 亿增加到 90 亿，对相应工业产品的需求量将翻一番，进而材料需求翻一番、能源需求翻三番。为应对未来环境、资源的挑战，英国政府将可持续制造（绿色制造）定义为下一代制造，并制定了 2013—2050 年的可持续制造发展路线图。德国政府在《资源效率生产计划》（2011 年）中提出，到 2020 年能源效率比 1990 年提高一倍，原材料效率比 1994 年提高一倍，并将"资源效率（含环境影响）"列为工业 4.0 的八大关键领域之一。"资源效率"指出未来德国工业目标：使经济增长与资源利用脱钩，减少环境的负担，加强德国经济的可持续性和竞争力。

根据国家碳中和目标，各国重要企业纷纷制定碳中和目标，如图 10-16 所示。互联网、零售、金融等现代服务业，甚至制造业，碳中和目标年份普遍早于国家的碳中和目标年份。能源行业企业（电力油气），其承诺的碳中和目标年份相对较晚，但一般都不晚于 2050 年。

我国高度重视绿色制造的发展。2006 年 2 月，国务院发布了《国家中长期科学和技术发展规划纲要（2006—2010 年）》，将绿色制造列为制造业科技发展的三大方向之一。2011 年 7 月，科技部发布了《国家"十二五"科学和技术发展规划》，明确提出了重点发展先进绿色制造技术与产品，突破制造业绿色产品设计、环保材料、节能环保工艺、绿色回收处理等关键技术。2015 年 5 月，我国政府提出了"全面推行绿色制造"，实施"绿色制造工程"，明确了"加大先进节能环保技术、工艺和装备的研发力度，加快制造业绿色改造升级；积极推行低碳化、循环化和集约化，提高制造业资源利用效率；强化产品全生命周期绿色管理，努力构建高效、清洁、低碳、循环的绿色制造体系"的总体发展思路。

| 2025—2030 | 拜尔 | 苹果 | 西门子 | 施耐德电气 | 通用电气 | 埃森哲 | 宜家 |

图 10-16 各国重要企业碳中和时间列表

我国在"碳达峰""碳中和"双碳目标的大背景下，越来越多的企业以"数字能源"赋能企业节能减碳，双碳目标的实现属于系统性工程，涉及多个领域。碳达峰与碳中和实现路径如表 10-2 所示，包括能源供给侧、工业企业、建筑领域、交通领域及增加碳汇和 CCUS。

表 10-2　碳达峰与碳中和实现路径

领域分类	具体措施	
能源供给侧（燃煤电厂）	煤炭压减，严控新增	
	效率提升	
	能源替代	天然气利用、生物质能源利用
		可再生能源发电、氢能利用
工业企业（绿色制造）	延伸产业链条，提高产品附加值	
	提高效能	技术节能
		管理节能
建筑领域	公共建筑节能	
	可再生能源应用	
交通领域	公共、公务、景区用车电动化	
	推广绿色出行	
增加碳汇和 CCUS	提升生态系统碳汇能力	
	发展 CCUS 技术，推广 CCUS 应用	

工业制造领域是与能源、建筑、交通同等重要的四大减排重点行业，工业企业实现碳达峰与碳中和目标的关键路径就是推进绿色制造，因此"双碳"背景下的数字化车间建设就显得尤为重要。

10.5.3　绿色工厂实施途径

推广绿色制造和智能绿色工厂建设要高度重视规划和目标导向，针对制造集群进行系统规划，围绕产业链制定技术路线图和运行规范，设定阶段性量化指标，通过产业结构调整升级与能源体系转型，实现碳达峰，辅以"负碳"手段最终实现碳中和。

加快标准、法规的制定和评价决策工具的开发与推广，发达国家目前已形成比较系统的绿色制造标准和法规体系、产品全生命周期评价与设计软件工具，以及基础数据库，如 ISO 14040 产品全生命周期评价、ISO 50001 能源管理体系，欧盟立法制定的强制性标准《关于限制在电子电器设备中使用某些有害成分的指令》《能源相关产品》《报废的电子电气设备指令》等，从而掌握了绿色制造国际话语主动权。复杂电子设备制造业要在产品绿色评价、绿色设计、绿色制造工艺及资源化与再制造等方面制定系列标准，助力绿色制造举措和技术推广应用有据可循、有法可依、高效实施。

目前复杂电子设备制造业在材料和制造工艺技术等方面尚无法完全满足节能、低排放、无害化和相关标准要求，必须加快下一代环保材料和绿色工艺技术创新。据报道，目前我国综合能源效率比发达国家低近 10%，循环经济制造业废旧产品回收率低下、拆解处理成本高以及循环再利用附加值低，需要加大技术研发投入将循环经济制造业培育成为重大新兴产业。

推进能源管理智能化，打破设备管理信息孤岛，多措并举，采用技术上可行、经济上合理、环境和社会可接受的综合措施提高能源资源的利用效率，主要包括以下节能途径。

1．建筑节能

优秀的建筑空间布局是绿色建筑设计的基础，使建筑物能够趋利避害，有利于微气候形成。通过处理人、建筑空间和自然环境的关系，提升微环境的质量，创造宜人的环境。如通过设置不同朝向的架空空间，达到优良的自然通风效果，减少了空调的使用；办公区采用大片玻璃幕墙，最大限度地改善建筑室内空间光环境，减少白天室内空间的照明消耗。此外，还可以采取墙体、楼顶保温、屋顶自动喷水降温系统等措施。

2．公共设施节能

公共设施合理选型，节能效果明显。暖通系统应用地源热泵机组节能高效，运行费用经济，运行稳定，使用寿命周期长，低碳环保。冷水机组余热回收用于空调箱再热，解决了 AHU 除湿再热的热源问题。采取厂区光伏发电系统节省了峰值电费支出，保护了环境，有利于节能减排。

3．能源管理

能源管理智能化，融合物联网、大数据、云计算、人工智能等技术，建立能源管理关键数据的采、传、存、管体系，打破设备管理"信息孤岛"，实现能源信息的实时互通，通过可视化管理平台及远端中央监控等技术，整合水/电/热/气、消防、安全、环保等厂务系统，挖掘潜藏节能空间，主要具有以下功能。

能源监测：水/电/热/气等各能源监测，预警及报警，减少故障风险，保证用能安全。实时监测各系统运行参数，进行各种能源质量分析，保证供能连续可靠。

能源计量：对水/电/热/气等能源供给与消费的全过程进行统计计量。对生产设备/空调/动力/燃气/宿舍等的分项能耗计量。

诊断分析：用能多维统计分析，重点用能设备能效全面监测、典型问题分析、能效关键指标综合评价和分析。

优化控制：采用智能调控/智能供热/智能供气等多种节能控制措施，支持跨系统的控制策略，对各类第三方系统集中监管，削峰降费，引导用户进行限额管理。

决策管理：全面覆盖所属地域子公司能源情况，统一上报能耗数据采用集中监管手段，辅助领导决策层分析。

　　工业制造业实现"碳达峰""碳中和"是一场持久战，需要国家、政府以及企业的共同努力。"双碳"背景下加速向绿色制造、绿色工厂转变，在保证产品功能、质量及生产过程中人的职业健康安全的前提下，引入生命周期思想，优先选用绿色原料、工艺、技术和设备，满足基础设施、能源与资源投入、产品、环境排放等综合要求，并持续完善改进。这是驱动我国经济高质量发展的利器，也是全球制造业的共识。

附录 A
REACH 睿知自主工业软件介绍

A.1 REACH 睿知发展理念

通过多年的实践与发展，南京国睿信维股份软件有限公司（以下简称"国睿信维"）确立了以成功的信息化工程实践作为基础，充分借鉴国外工业软件能力，平台与应用分离，异步化研发等发展理念，保证产品的持续演进优化。国睿信维打造了自主工业软件"REACH 睿知"的发展体系"1-2-3-4-*N*-E"，如图 A-1 所示。即：打造"1"套底座平台、承载"2"类先进理念、融入"3"项先进信息技术、满足产品"4"性要求、实现"*N*"类系列化工业应用、构建软硬件生态体系"E"。

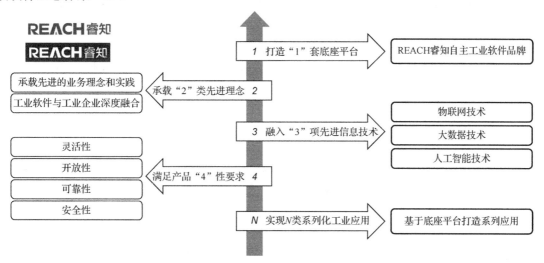

图 A-1 自主工业软件"REACH 睿知"的发展体系

1. 打造"1"套底座平台

基础技术开发框架平台（REACH.Foundation）是国睿信维从多年的工业软件研制过程中提炼出设计模型、模板、开发工具、应用开发框架、中间件、基础技术类库及研发模式等成果，以可视化和集成化的开发模式，提供完整的覆盖软件全生命周期的开发、部署、监控、管理等功能于一体的软件开发基础技术平台，其总体架构如图 A-2 所示。该平台全面拥抱微服务架构，支持分布式架构，为企业内部软件生态化转型提供有力支撑，全面支持 Spring Boot 应用开发，采用标准 Spring Cloud 技术体系，平台更加开放，是公司所有自主工业软件的"底座"。

REACH.Foundation 平台作为应用软件的基础，具备以下核心能力。

（1）统一应用门户管理。

具备风格统一、灵活可配置的统一门户应用管理能力，满足面向不同角色的人员个性化需求，提升用户与系统的黏合度，打造场景化的用户体验环境。其核心包含灵活的基于角色的配置环境，基于服务编排、业务编排等能力，基于角色的业务流程、知识和数据的自动推送。

（2）低代码开发。

基于可视化和模型驱动的思想，利用"拖、拉、拽"开发组件的低代码开发能力，实现企业应用程序快速构建，降低企业应用程序的开发门槛，缩短应用程序的构建周期，满足企业多变业务需求。其核心包含可视化的在线建模设计器及在线页面设计环境、在线可视化的权限设计环境，以及通用的、开放的数据接入适配器。

（3）共性基础服务。

基于服务化的思想，构建可独立运行、部署的共性基础服务，包括流程管理、权限管理、类型属性管理、全生命周期管理、统一搜索等。各个共性基础服务提供可视化的配置管理能力，同时，对外暴露统一的 API，为企业各个应用系统构建或者企业用户提供快速调用与界面化的即插拔即用能力，高效支持企业应用软件快速构建。

（4）服务治理中心。

构建完整的服务治理能力，采用轻量级通信机制，通过去中心化的管理机制与能力构建，实现企业应用服务精细化治理。其核心包含服务注册、服务发现、服务监控、服务跟踪等。

（5）持续构建。

基于 DevOps 自动化构建及部署流程，打造应用系统软件研发全生命周期过程延续化部署，实现应用系统从创建到删除的全生命周期管理，从而为企业化软件提供持续集成、持续交付、持续部署与持续运维能力。

（6）运维监控管理。

构建可视的、实时的运维监控管理能力，实现从各个维度实时的监控系统的健康状况，减轻系统维护人员压力、提升系统运行效率；同时，提供在线的运维管理手段支持，保证系统的相关参数及时调整，提高系统的稳定性和可靠性，实现事前及时预警发现故障，事后提供翔实的数据用于追查定位问题。其核心包含应用监控、服务管理、配置管理、运行监控等。

2．承载"2"类先进理念

理念 1——承载先进的业务理念和实践，以及国内企业研制特点：充分借鉴空客、波音、洛马等国外先进企业在 PLM 等产品数字化领域的先进行业业务理念和最佳实践，并通过与中航工业、中国商飞、中国电科、航天科技、中国中车等单位在不同业务领域的合作，融入不同行业的核心产品研制特点与业务诉求。

理念 2——工业软件与工业企业深度融合：借鉴美国和德国工业软件发展的模式，将中国电科 14 所作为公司自主工业软件的发源地，充分将自主工业软件与中国电科 14 所研制业务紧密融合，对业务实践进行有效积累并将工业标准规范深度融入至工业软件中，实现从工程中来到工程中去的发展模式。

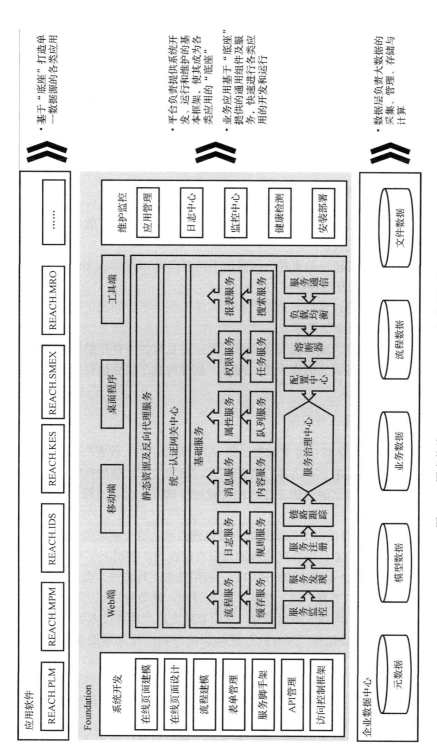

图 A-2　国睿信维 REACH.Foundation 的总体架构

3. 融入"3"项先进信息技术

国睿信维致力于打造融入物联网、大数据、人工智能先进信息技术的数字化产品，使其具备业务中台、数据中台、知识中台、技术中台的管理与应用能力。

（1）物联网技术：打造边缘侧与 IT 侧的工业连接能力，实现工业设备、智能终端、业务系统及工具的连接、数据采集能力。

（2）大数据技术：打造集大数据汇聚、大数据开发、大数据治理、大数据分析计算、大数据存储以及数据资产管理等能力。

（3）人工智能技术：通过自然语言处理、机器学习等能力的构建，实现知识工程与装备健康管理等应用。

4. 满足产品"4"性要求

（1）灵活性：平台具备高度可扩展性和灵活性，能够支持应用、服务、模型等的灵活配置与扩展，全面支持微服务架构。

（2）开放性：平台具备较好的兼容性，满足不同客户机/服务器应用的要求，同时，具备对外封装的 API，具备良好的开放性。

（3）可靠性：平台可通过集群和负载均衡等方法来保证平台的稳定性，支持超大用户数量情况下的高性能、高可靠性服务要求。

（4）安全性：平台所有的软件拥有全部源代码，并且软件不存在禁运、侵权与产业链制约风险，使得软件的应用具备强大的安全性。同时，软件内置三员管理以及相关安全管理能力，确保软件使用的安全。

5. 实现"N"类系列化工业应用

国睿信维"3+N+1"整体解决方案框架如图 A-3 所示。"3"代表产品全生命周期过程中 3 条横向端到端业务流程对应的解决方案：智能研发、智能生产、智能保障，围绕这三大解决方案，需构建基于模型的、虚实融合的工作环境（设计与试验、制造工程与制造执行、保障系统设计与保障系统运行）。

"N"代表由 N 条贯穿自顶向下的端到端企业管理流程，这个领域的解决方案统称为智能管理解决方案，通过该解决方案促进管理流程的规范有序执行，实现上下穿透，透明决策。

最后的"1"代表建立企业统一的知识中心，利用知识工程方法，促进企业知识应用模式的转变，加速"数据信息知识智慧"这一提取和转换过程，高效建立起沉淀了企业经验教训并可方便重用的知识条目、知识构件、知识智件，从而有效支撑产品和技术创新，以及新员工培养。

为了能够最终实现国睿信维"3+N+1"整体解决方案，帮助制造企业成功转型，我们的 REACH 睿知提供完整的自主工业软件应用。

（1）智能研发套件：在系统层面，立足打造集成化研发系统、系统建模体验环境、集成测试与验证平台，满足系统工程 V 字流程的贯通。同时，在协同仿真工具与 CAD/CAE 工具层面，与国际一流友商合作，打造增值开发产品。

（2）智能生产套件：围绕集成化三维工艺系统、制造运营管理系统、供应链协同系统、透明工厂系统等方面，打造自主工业软件，推动智能制造模式的应用实践与落地。同时，在 CAM 工具等层面，与国际一流友商合作，打造增值开发产品。

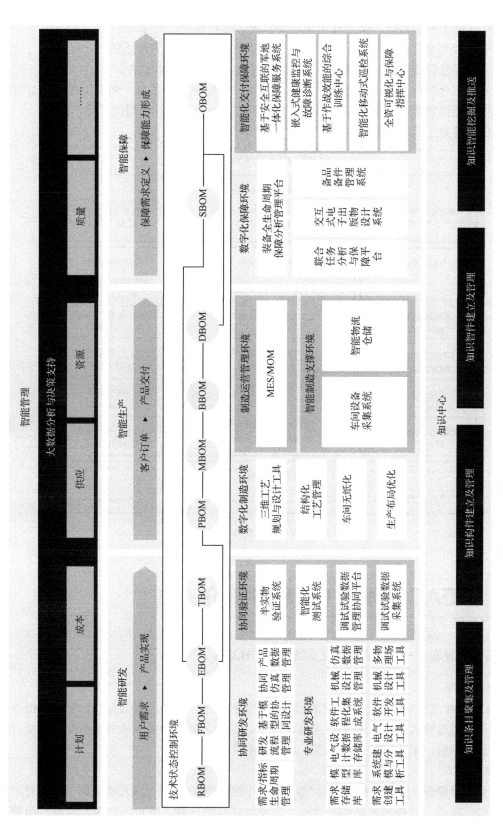

图 A-3 国睿信维 "3+N+1" 整体解决方案框架

（3）智能保障套件：全面打造自主可控工业软件，涵盖综合保障分析系统、装备健康管理系统、交互式电子手册系统、交互式电子培训系统、维修维护运行系统。

（4）智能管理套件：在产品全生命周期管理系统、集成质量管理系统、产品质量与可靠性数据包、企业经营管控与辅助决策支持系统层面打造自主可控工业软件。

（5）知识工程套件：全面打造自主可控工业软件，实现知识条目、知识构件、知识智件的应用。在知识图谱和智能检索引擎层面，与国际一流友商合作，打造增值开发产品。

国睿信维睿知工业软件如图 A-4 所示。

图 A-4　国睿信维睿知工业软件

A.2　REACH 睿知工业软件简介

1．智能研发套件——集成化研发系统 REACH.IDS

1）总体思路

REACH.IDS 通过项目计划、研发流程、专业流程、工作任务的有效衔接，形成可指导操作的细化流程。通过输入/输出、资源、工具、知识、质量、风险、成本等多个维度的定义，提供实际研发活动导航，驱动研发工作规范、高效地开展。

2）核心能力

多要素项目管理： REACH.IDS 提供多要素项目综合管理以及全过程管理能力，可对项目从启动、规划、执行、监控到收尾的全过程，以及与项目的计划、交付、资源、风险、问题等多要素进行综合、整体协调和管理。

流程驱动与牵引：REACH.IDS 提供在线、可视化的研发流程建模引擎，形成企业级研发流程模板库。

工作包固化与指导：REACH.IDS 提供对不同类型活动工作包的配置定义的能力，可从基本信息、输入、输出、资源、问题、风险、评审、质量、工具、知识参考等不同维度进行工作包组成定义，对研发活动提供具体的引导与帮助。

质量贯穿与融合：REACH.IDS 提供将质量管理活动与要求全面融入至研发流程活动中的能力，可在研发流程中定义具体的质量管控活动，也可在研发活动中定义该活动需要具体执行的质量管理要求以及评审要求。

网络化评审管理：REACH.IDS 提供对研发过程中各类评审的全过程管理能力（技术评审、决策评审、转阶段评审等）。

问题处置与落实：REACH.IDS 提供研发过程中各类问题的定义、管理、处置与闭环能力。

资源分配与平衡：REACH.IDS 提供研发过程中各种资源的定义能力，在项目计划执行与研发活动开展过程中可以自动进行资源的负载分析，给出资源使用的负载情况以及预测分析，使得资源的应用更加科学与合理。

风险管控与闭环：REACH.IDS 提供风险指标体系的定义能力，可以进行风险评估模型的设计与应用（发生概率、影响程度、风险等级等）。

知识沉淀与嵌入：REACH.IDS 可与各知识库集成，沉淀在研制过程中产生的知识，并为研制流程的执行过程提供知识支持，实现知识的共享和重用。

2. 智能研发套件——系统建模体验环境 REACH.SMEX

1）总体思路

REACH.SMEX 面向复杂系统/产品研发，通过建模与仿真、逐层分解需求的系统工程方法，改变了基于文档的设计方法。在系统研制过程中，以需求和模型为核心，通过各个阶段对需求和模型的确认和验证，减少系统研制风险，提升系统设计的可读性，杜绝需求及设计的二义性，增加系统设计的复用度。

2）核心能力

指标体系建模与管理：REACH.SMEX 提供构建指标的量纲管理、指标层级管理、指标约束管理、指标计算模板管理、指标类型管理、指标与模型元素的关联管理等能力。

系统架构建模：REACH.SMEX 支持构建或承接体系建模中的相关视图，支持基于模型系统工程方法的各层级产品建模能力及标准。

协同建模管理：REACH.SMEX 提供协同建模管理，实现模型颗粒度的在线协同设计与管理。

模型库管理：REACH.SMEX 支持对各级产品模型库的管理，支持模型库的规划、开发、应用、维护及评估。

接口管理（ICD 管理）：REACH.SMEX 提供在定义系统架构过程中，多逻辑组件间的交互关系，支持标准化、规范化的 ICD 信息维护，通过多种形式的输出，向下游进行交付与管理。

模型关联与追溯：REACH.SMEX 以协同数据组织的树形数据结构为中心，对需求、设计、仿真数据进行数据关联与追溯。

基于模型的文档生成：REACH.SMEX 建立不同的文档生成模板，根据模板对系统各层级设计与仿真模型信息进行提取，自动生成相应的方案报告。

模型上下游集成：REACH.SMEX 建立系统架构模型与其他模型数据间统一的交换接口，实现与仿真、专业设计间的模型数据传递，保证设计意图的"横向闭环"与"纵向传递"。

3. 智能研发套件——集成测试与验证平台 REACH.TDE

1）总体思路

REACH.TDE 以测试验证任务流程管控为主线，以需求指标为牵引，覆盖需求→设计→仿真→测试验证的全过程，实现跨部门协同的闭环工作环境。

2）核心能力

需求指标与测试验证的闭环管理：REACH.TDE 改变以测试验证文档承载测试验证需求的业务模式，通过建立结构化测试验证的需求指标与测试用例和测试结果的关联，构建测试用例、测试结果与 RFLP 模型的紧密耦合，实现测试需求的全覆盖，需求状态可监控、可追溯，形成需求→设计→测试验证的闭环。

流程驱动的测试验证管理：REACH.TDE 支持对产品测试验证全流程的层次性细化与优化。

测试资源整合共享与知识管理：REACH.TDE 提供对测试验证场地、测试验证设备、测试验证工具、测试验证人员和测试验证材料等进行统一化、标准化和规范化管理。

测试验证设备监控与测试验证数据采集：REACH.TDE 支持协议接入和驱动开发，监控测试验证设备的运行状态、实时接收报警信息，并可进行启停控制；实现各类型测试验证设备（如频谱仪、示波器、振动台等）数据的自动化数据采集；通过试验现场视频监控、试验照片拍摄导入等方式，实现试验现场的视频实时显示和事后回溯。

测试验证数据集中化管理：REACH.TDE 提供统一的测试验证数据中心，支持多专业、多类型试验任务的原始数据、过程数据、结果数据的海量数据管理，并可为测试验证数据的分析处理（基于算法模型）、试验报告的自动生成提供数据的支撑。

4. 智能生产套件——集成化三维工艺系统 REACH.MPM

1）总体思路

REACH.MPM 针对国内数字化工艺设计及管理特点、挑战与需求量身定做，提供数字化一体环境下的工艺规划、设计、管理及发布的完整性能力。

2）核心能力

设计工艺协同：通过打通设计工艺数据流，与 PLM 形成无缝集成，实现设计工艺一体化的工艺规划及管理能力。

工艺规划及管理：PBOM 编辑器，可快速对 PBOM 进行编辑。

工艺任务管理：基于 PBOM 及工艺，支持自动或手动创建工艺任务，同时提供完整高效的工艺任务管理能力。

结构化工艺设计：标准化、智能化的工艺编辑器，基于多种类型的工艺任务，充分利用结构化工艺编辑与工艺管理能力，支持包括装配、机加工、电装、焊接、质检等多种类工艺编制。

工艺资源管理：基于不同工艺类型的业务场景，提供工艺设计过程中各类专业的工艺资源管理的能力。

快速工艺设计：提供基于知识的快速工艺设计能力，实现了推荐相似工艺、工艺路线的能力以及自动参数能力，使得编制工艺更加快捷，并且符合标准。

5. 智能生产套件——制造运营管理系统 REACH.MOM

1）总体思路

REACH.MOM 通过上下游系统集成，实现研产协同，打通从订单到产品交付的端到端数字链，实现计划调度、质量管理、仓储管理、设备管理等的一体化管理，实现产品质量的提升、成本的下降、计划的准确，促进相关生产管理模式及业务流程向智能制造转变与持续优化。

2）核心能力

REACH.MOM 提供了强大的计划管理、排产调度、质量管理、仓储管理、设备管理以及 BOM、工艺路线、工艺资源等基础信息格式化维护功能：专注于执行层的制造运营，业务以秒为时间管理单位，实时性更高，为车间带来更加及时的信息管控能力。

REACH.MOM 实现从工程设计到生产制造、运维保障数据贯通：面向 EBOM 和 MBOM 在生产端的数据追溯，MOM 系统内置了产品具体实例模型，提供实物的物料 BBOM（Build BOM）管理功能，相关数据的获取，全部支持系统自动采集。支持根据物料+序列号/批号，追踪与该物料相关的工单、不合格品记录等。

REACH.MOM 实现基于约束条件的多层级有限资源排产：在综合考虑企业资源限制下，系统提供到工序的、可行的生产能力排程计划。系统排产满足工厂正向排产和逆向排产的需要，综合考虑人力与设备的技能、资质、可用性和任务负荷，以及装配、试验、测试环境（场地）的使用情况，排产到班组、个人，以及设备，实现有限资源排产。

REACH.MOM 为企业内部执行层提供各生产要素的统一管理：面向"人机料法环测"各生产要素，MOM 系统深度贴合电镀、印制板加工、精密机械加工、普通电装、微组装、总装、总调等多类型工艺过程，支持设置分工序的参装件、位号信息，提供个性化的工艺参数、自检参数、辅耗材等信息维护功能，实现在同一平台管理多种制造类型、多生产要素、多业务流程的协同互通。

REACH.MOM 提供了外协生产制造进度、质量及问题管控的可视化能力：系统支持工序之间跨工厂的上下游协同功能，包括企业内转外协加工，外协回企业内的入库或移交下道工序分厂的功能。系统支持多级委外加工功能，打通了多级委外商和多工序之间的协同关系，实现了工厂与工厂之间上下游业务流和信息流协同。

REACH.MOM 支持工业大数据采集与分析，实现制造运营优化决策：MOM 面向生产机台、物流仓储、工控安全等设备，提供了包括 OPC、PLC、串口、RJ45 多种集成方式。近十年的数控设备支持直接进行数据采集；部分老旧设备加装添加传感器、串口设备后，通过系统提供的转换器进行数据传输。

6. 智能生产套件——供应链协同系统 REACH.SCE

1）总体思路

REACH.SCE 将系统部署于企业内、外网络，提供数据同步、摆渡渠道，实现总公司内部与外协单位之间的生产数据交互。系统从总公司 ERP 获得外协订单和采购订单，由 REACH.SCE 完成后续的细化管理，并将预计到货、执行过程、异常问题、到货结果等信息再反馈到 ERP，实现信息闭环互通。

2）核心能力

计划全过程管控能力：实现对订单外协、单工序外协、定制/货架物资采购的全面管控，涵盖里程碑策划、执行过程监控、事后交付评估。

闭环的质量管控能力：实现从外协工艺审理、技术协议管理，到过程质量检验、交付复检的全过程质量管控，从工艺源头确保生产质量高稳定性。

问题快速响应和管理能力：实现更改单管理、拉动管理功能、跨组织问题协同，实现内部部门和供方间的各类问题的协同与信息闭环，把异常等待、损失降到最低。

供应商全过程透明化管控能力：深度整合外协反馈与企业内部管理信息，形成统一的评价指标，对供应商的计划执行、质量达成、供应能力进行科学评估，为企业管理者提供多维度的可视化分析工具。

信息安全互通与推送能力：构建立体全方位的安全防护体系，实现对设备建设全生命周期管控系统的安全保障，杜绝安全漏洞，降低被篡改和攻击风险，形成安全可靠的管理环境。

7. 智能生产套件——透明工厂系统 REACH.VFS

1）总体思路

REACH.VFS 通过工厂三维数字化建模，实现现实工厂与虚拟工厂的数据交互，虚实融合，支持制造系统的持续改进与优化。

2）核心能力

车间要素数字化建模：结合工厂规划设计的要素以 3D 形式定义工厂布局，进行工厂整体模型搭建。

车间虚拟运行环境：通过模型映射，构建资产模型与资产实例间的映射关系，方便进行信息呈现。对多个物实例进行编排，结合三维模型，搭建整体场景运行环境。

多端接入与应用呈现：基于对工厂数据采集与分析，在三维虚拟工厂中进行直观展现，管理人员和操作人员通过车间监控大屏、PC 及移动终端，在不影响设备运行的情况下，实时掌握设备运行现状、生产订单执行情况，以及加工工艺过程的 3D 可视化展示、仓库物流过程可视化展示等，并可以进行工厂虚拟漫游。

8. 智能保障套件——综合保障分析系统 REACH.LSA

1）总体思路

综合保障分析（LSA）是装备与保障系统研制的"桥梁"，是装备研制阶段保障性专业的核心工作。通过与装备研制同步开展保障性分析，可对装备设计施加影响，同时获取与装备协调匹配的保障系统及其保障资源，确保装备保障方案科学完整，维修间隔准确，维修级别合理，保障资源配套，从而有效提升用户自主保障能力。

2）核心能力

符合最新国际标准：基于 S3000L/S4000P 最新国际标准，兼容 MSG-3、MIL-STD-1388-1A/2B 及 GJB 1371/3837 等标准数据要求和业务规则。

面向服务保障的产品结构管理：基于初始 SBOM 结构的可维护单元（LRU/SRU）集合，扩展进行功能分解（FBS）、物理分解（PBS）、区域分解（ZBS）、混合分解（HBS）等结构重构和保障性候选项分析，并管理型号使用维护要求数据。

向导式维修工程分析：通过保障性故障模式分析（FMECA）、损伤/事件分析（DSEA）、使用保障分析（LROA）、预防性维修分析（RCMA/MSG-3）、排故策略分析（TSA）等分析过程，形成维修任务清单。

结构化维修任务分析：通过使用与维修工作分析（O&MTA），确定每个维修项目的维修间隔、维修程序、工作要求和保障资源，并通过维修级别分析（LORA），明确所有维修任务的维修级别。

初始备件规划：根据 GJB 4355《备件供应规划要求》，应用不同算法模型计算电子件、机械件、机电件的备件需求数量。

标准故障模式库：提供标准故障模式的流程化申请、入库和管理，并提供标准化接口，为其他系统提供标准故障模式库选择与申请服务。

保障资源管理：对零件、保障设备、保障设施、专业、供应商等各类通用保障资源进行单一数据源管理和重用。

9. 智能保障套件——交互式电子手册系统 REACH.IETM

1）总体思路

基于 S1000D/GJB 6600 和 ATA2300 标准，提供了全图形化内容制作、二维/三维图形制作、公共源内容管理（CSDB）、内容发布、内容交付、内容浏览和安全保密管理等 IETM 研制所需的完整功能。

2）核心能力

全面标准支持：支持 GJB 6600 和 S1000D 标准，并支持 ATA2300 标准，以满足航空飞行类手册的结构化、精细化管控要求。

图形化编辑与自动化转换：在 XML 编辑模式基础上，支持结构化数据以图形化方式进行编辑；支持 Word 数据的批量自动化转换；支持对复杂业务规则进行自动校验。

公共源内容管理：用于提供统一的公共源数据管理，包括型号项目管理、顶层规划管理、业务规则管理、数据模块管理、工作流与任务管理、数据交换管理、基础数据管理、安全保密管理等技术出版物全生命周期动态管理所需的完整功能。

通用信息库条目化管理：将工具、耗材、断路器、区域、口盖等 17 类 CIR 库从传统的以数据模块为管控粒度转变为以条目为管控对象，实现表单式图形化录入和基于每个条目的状态、版本、流程、权限控制和全生命周期追溯。

源数据跟踪与变更管理：对技术出版物相关的设计来源数据进行集中或关联管理，通过对数据模块及实体进行源数据标注，并通过规范化变更流程和数据关联关系，快速分析影响范围，对设计变更/客户反馈/适航要求等的贯彻落实过程进行闭环管控。

自动化发布处理：支持几十种正文前资料的自动生成和样式处理；ATA2300 标准的 16 类飞行类数据模块的复杂发布样式生成；基于客户、架次及服务通告等适用性条件的客户化发布。

10. 智能保障套件——交互式电子培训系统 REACH.ITS

1）总体思路

基于 S1000D 和 SCORM 标准，应用计算机辅助培训（CBT）和虚拟现实（VR/AR）等信息技术，提供数字化、网络化的电子培训系统，更好地满足装备培训训练及用户持续自主学习要求，提升培训效率和培训效果。

2）核心能力

标准培训课件制作与发布：定义培训课件目录及培训课时等信息，关联结构化课件和非结构化课件，并发布符合 SCORM 的培训课件包。

重用 IETM 数据模块：可直接通过接口重用 IETM CSDB 中的 S1000D 数据模块作为培训单元，确保 IETM 数据和培训课件技术状态一致。

培训管理：面向教员提供培训资源、课件库、试题库，培训课程定义与分配、培训计划制定与发布、试卷制作、考场安排、学习进度监控等全面的培训管理功能。

交互式在线学习：面向学员，提供在线学习、多媒体课件运行、三维仿真课件运行、人机交互、语音朗读、学习笔记、选课学习等全面的在线学习功能。

测试考核：面向学员提供在线考试、成绩查询、学习曲线分析等功能；面向教员提供试卷复评、成绩统计分析、学员能力评估、等级授证等功能。

11．智能保障套件——装备健康管理系统 REACH.PHM

1）总体思路

基于视情维修的开放式系统架构（OSA-CBM），提供免编程的 PHM 通用开发平台，通过图形化界面配置方式即可发布单机、嵌入式或远程部署的 PHM 执行平台，从而缩短 PHM 开发周期，加快 PHM 应用落地。

2）核心能力

免编程的 PHM 通用化开发环境如下。

监控对象快速建模：定义产品结构、数据来源（传感器参数、BIT 参数、仪器仪表参数等）、数据采集接口等，平台提供通用的数据采集配置方法和专用的数据采集插件。

PHM 业务流程配置：根据装备的不同工作模式定义运行场景，场景可设定 PHM 系统采集的数据、运行的功能、相应的算法和数据流。

通用算法可视化配置：提供包括阈值比对、逻辑判断、持续变化趋势判断、故障字典诊断方法、故障决策树诊断方法、基于时间序列的 ARMA 等通用算法，用户可以在开发平台直接选配。

专业算法构件化管理与调用：提供插件接口规范，用户可根据接口规范自定义各类算法，构件化配置。

多形式显示界面开发：提供图形化界面配置工具和基础界面显示框架，可采用二维图片、三维模型、组态图元等不同方式定制不同场景下的 PHM 执行界面。

基础库管理：部件库、图形库、算法库以及相应的权限与版本管理。

数据管理配置：数据保存策略、采样频率配置，并估算保存的数据量，为用户提供 PHM 执行平台数据覆盖周期的参考值。

执行系统验证与发布：对配置完成的 PHM 系统进行数据全面校验并发布成执行平台。

输出报告模板配置：为 PHM 执行平台配置健康评价、故障诊断和各类统计分析报告。

可跨平台及多形式部署的 PHM 执行系统如下。

跨平台及多形式部署：支持 Windows、Linux、国产操作系统部署，支持单机、网络、服务和嵌入式部署。

状态监测与健康评估：实时监测系统与分系统的状态，采用 5 个不同的健康等级显示健康评价结果。

故障诊断：确定发生故障的部件或模糊组，记录故障发生时间，并采用 2D/3D 的方式显示故障隔离结果。

故障预测：系统内置两类预测模型，第一类是对具有随时间逐渐退化的部件或关键性能参数，预测剩余寿命或性能下降趋势，第二类是对大量使用的相同 LRU，根据历史故障次数，预测未来一段时间的故障次数。

维修建议：根据故障诊断和故障预测的结果，为最终用户提供使用和维修建议。

基础信息查看：包括装备产品组成信息、各个分系统的在线情况及原始数据查看。

统计历史信息：统计不同 LRU 的故障次数，不同区域、不同位置的故障发生次数等，为备件库存量及设计改进提供依据。

输出报告：输出健康评价、故障隔离和统计分析报告。

12. 智能保障套件——维修维护运行系统 REACH.MRO

1）总体思路

面向装备服役阶段的维修保障业务，覆盖军地一体化各级维修体系应用。

适用于建立承制方级的面向本单位所有装备的全生命周期售后服务和维修保障平台，用于管理装备技术状态、电子履历、外场服务、重大任务保障、备件供应、故障件返修、远程支援、质量闭环、客户管理等保障业务，并为各级保障和管理部门提供装备、任务、资源的全资可视化展示与基于大数据的 KPI 统计分析。

适用于建立军兵种总部及基地级的装备的维修管理平台，用于管理装备的技术状态、电子履历、临抢修、预防性维修、等级修理、维修器材、升级整改等保障业务，并为各级保障和管理部门提供装备、任务、资源的全资可视化展示与基于大数据的 KPI 统计分析。

适用于建立现场级的面向单装平台所有装备的维修保障平台，用于单装技术状态、电子履历、状态监控、预防性维修、使用维护数据采集与反馈、便携式维修辅助设备（PMA）、现场器材管理等保障业务。

2）核心能力

保障态势全面可视化掌控：装备、资源、任务、人员的全资可视化，多维度的数据统计分析与管理驾驶舱。

精细化装备技术状态管理：以单装为对象，在 LRU/SRU 粒度精细化管控装备出厂、交付及运行技术状态和全生命周期电子履历。

规范化维修保障流程闭环管理：应急抢修、预防性巡检、重大任务保障、升级整改、技术鉴定、退役报废等保障任务的流程化、规范化管理和外场数据结构化汇报。

精细化维修执行：以维修方案和工单为主线的装备预防性维修、修复性维修、等级修理的规划、计划、实施、委外及完工记录管理。

基于状态的任务保障：快速响应装备执行任务前的保障工作，策划任务前保障项目、任务中需更换时寿件和预防性维修项目，协调任务保障资源，保障装备顺利完成既定任务。

维修物资全生命周期管理：对备件、工具、设备、设施、耗材等物资的仓库、库存、出/入库、采购、物流、备件维护及履历进行管理，将各种任务所需保障资源状况与装备及任务实现实时关联，更好地进行保障资源的使用预测和优化。

便携式维修辅助：外场使用维护人员的一体化便携式的维修辅助终端，支持保障数据浏览、任务实施、设备识别、数据采集、数据交换等功能。

13. 智能管理套件——产品全生命周期管理系统 REACH.PLM

1）总体思路

REACH.PLM 构建以 xBOM 为核心的产品全生命周期数据管理体系，纵向支撑跨组织、跨部门的广域协同，横向实现多专业工具深度集成能力，实现基于单一数据源的研发、生产、保障、管理的数据链贯通，以满足复杂装备企业产品全生命周期数据创建、管理、分发和应用等实际业务诉求，有效提高企业产品数据管理效率和传递准确性。

2）核心能力

工具集成：REACH.PLM 提供标准的集成接口与主流 CAD 工具（如 Catia、Creo、AD、中望 3D 等）进行深度集成。支持定义零部件与模型之间的映射属性信息，例如，重量、材料等关键参数，同时支持解析 CAD 工具中的三维结构关系，基于模型参数和装配关系自动生成物料及产品物料清单。

产品数据集中管理：REACH.PLM 对文档数据进行有效分类及权限管控，将产品相关的设计任务书、设计规范、二维图纸、三维模型、设计技术文件、各种工艺数据文件、制造资源文件、合同文书、技术手册、使用手册、维修卡等分属不同部门，具有不同特征的文档进行有效管理，并在产品转阶段过程中提供图文档的齐套性检查工作，实现文档的集中存储、有序组织、安全共享、便捷检索。

xBOM 数据管理：在产品全生命周期中，根据不同部门对 BOM 的不同需求，REACH.PLM 能够将 BOM 分为设计 BOM、工艺 BOM、制造 BOM、装机 BOM 等，以此满足产品概念设计阶段到产品制造、售后综保、报废的多视图 BOM 管理要求，帮助企业建立一套基于 BOM 的单一数据源的产品全生命周期数据管理解决方案。

数字样机应用：REACH.PLM 对产品整机或独立的子系统模块进行数字化描述，不仅反映产品对象的几何属性，同时反映产品对象的装配关系及交互接口。提供基于模型上下文的协同设计平台，结合国产化的可视化转换及浏览技术，辅助用户对产品干涉检查、运动分析、加工模拟、培训宣传等活动，将数字样机应用于包括设计、工艺、制造、销售、综合保障产品全生命周期过程中。

技术状态管理：REACH.PLM 支持对功能基线、分配基线、产品基线及批次基线的类型定义及扩展。结合技术状态控制需要，实现对基线内容冻结及解冻，以及技术状态数据固化。通过基线比较能力能够对比两个基线数据版本及内容，快速定位基线差异，方便产品研制历史过程中的数据追溯。

工程变更闭环管理：REACH.PLM 基于 CMII 的变更管理要求建立闭环的工程变更流程。通过工程变更流程建设，管理产品设计、生产制造、综保周期中产生的问题报告、变更请求、变更通告和变更任务等变更过程中产生的电子表单，在变更过程中基于变更影响分析决策结果制定变更执行和验证计划，实现工程变更过程可视化、可追溯化、标准化和电子化，有效地防范和控制工程变更过程风险。

研发资源管理及选用：REACH.PLM 提供资源库管理能力，构建资源模型库，帮助建立资源"一物一码"的管理模式，打造灵活可靠的资源流程管理能力，提高零部件复用程度，降低管理成本。

14．智能管理套件——决策支持系统 REACH.DSS

1）总体思路

REACH.DSS 针对企业决策面临的难题，提出了"1+1+1"大数据决策支持体系建设总体思路。

一套分析展示方法：建设适应制造业决策支持所需的各类分析展示组件，满足产品研发、制造、保障等多决策场景所需。

一个应用平台：建设覆盖数据获取、数据湖存储、数据模型管理、可视化展示分析等决策全过程的自主可控的信息化应用系统。

一套指标及业务体系：梳理并建立适应企业决策支持所需的业务指标体系，形成企业决策所需的组织架构。

2）核心能力

数据集管理：REACH.DSS 提供扩领域、跨部门的统一指标词典，格式化定义指标含义、计算方法、数据来源，支持矢量化的计算公式定义，每个变量都将指向一个具体的数据集，数据集的构建支持结构化、非结构化统一数据关联，支持构建跨数据源的数据集，以满足集团层面跨领域、跨部门的数据统一采集、汇总。

决策模型管理：REACH.DSS 提供在线、可视化的决策模型管理引擎，支持企业构建数字化的预测分析模型、预警监测模型、穿透分析模型，并支持对模型的动态调整，帮助企业构建多业务、多颗粒度、多角色层级决策模型，驱动决策支持的持续优化开展，确保模型对业务绩效的有效体现与指引。

可视化主题配置：REACH.DSS 基于丰富的复杂装备企业决策支持实践，提供丰富的可视化报表组件库，并通过系统内置的图表工具实现各个业务主题指标的多维度可视化分析和立体式呈现。

多场景应用：REACH.DSS 提供 PC 端、平板电脑端、手机端、大屏幕电视、大型 LED 屏幕等多种适配场景，来满足企业在企业宣传展示、可移动式办公、工作汇报、业务讨论等大、中、小的各类型应用场景。

多角色的决策门户：REACH.DSS 提供友好的功能设计，为决策者提供门户，根据决策者不同的职责权限和管理范围建立不同的决策门户，以向系统使用者展示分析的过程和结果。它包含总体态势、主题分析、问题推送和协同办公四个维度。

15．知识工程套件——知识工程系统 REACH.KES

1）总体思路

REACH.KES 通过将散落在各个应用系统的企业知识及基础资源抽取到系统中，进行各知识对象的分库、分类管理，并通过统一的知识门户，为企业各类科研生产工作者提供丰富的知识应用体验；另一方面，通过知识统计与评价机制的建立，为企业知识战略的有效规划与执行以及形成企业良好的知识文化与激励机制提供指引。REACH.KES 有助于企业实现知识的显性化组织与管理，为知识的最大化共享提供支撑。

2）核心能力

多渠道的知识资源整合能力：REACH.KES 提供多种获取知识的能力，通过数据类接口、信息类接口及技术类接口的方式，建立各领域知识的统一入口，将散落在各处的显性知识资源进行集中化、规范化管理，从而实现企业知识的有效汇集与规范定义。

以用户产生内容为核心的知识社交能力：REACH.KES 知识社区基于 Web 2.0 整合了包括知识论坛、知识问答、专家在线、个人主页等多种知识交流与互动的应用模式。通过社区内人员的互动及交流，能够有效促进隐藏在个人脑海中的隐性知识不断进行显性化，并最终成为企业的显性知识资产固化下来，从而为型号研制提供更有价值的信息；同时为发展、共享和管理专家的知识提供途径，避免因专家退休、离职等原因造成企业知识资产的流失。

科学的知识运营能力：对于推进知识的有效运营，REACH.KES 提供完善的知识评价体系与知识激励机制，通过知识评价体系，全面分析企业用户在知识工程系统中的所有知识行为，实现对企业知识行为的全方位统计分析，从而帮助知识管理人员对企业知识体系的运行状态进行全面分析，不断发现企业当下的知识缺口，并逐步引导知识体系不断完善。

个性化知识门户：支持个性化知识门户的配置，方便地指引用户获取知识和操作，并在该门户中提供丰富的知识动态界面。

知识检索：构建全文检索引擎，根据关键字、自定义过滤器、高级检索等功能实现知识的精准检索。

知识导航：通过将知识进行自动分类，构建基于知识标签的动态知识地图，为用户提供多视角的动态知识导航，通过动态导航，用户可以快速地掌握该视角下的知识全貌，根据相关提示，用户可以快速找到其所需要的知识，提升用户的工作效率。

基于 360°画像的知识推荐： REACH.KES 根据用户的静态属性（如专业背景、部门岗位等）和动态行为（如历史行为，包括下载、提问、检索等）进行分析，构建企业员工个人画像，并基于该画像实现员工个性化知识推荐。

基于流程的知识推荐： REACH.KES 通过对业务场景以及用户信息进行特征化解析，并基于规则引擎定制不同业务场景下用户特征的匹配策略，从而实现面向用户的基于流程的知识推荐。

附录 B

复杂电子设备全三维结构工艺集成设计

B.1 功能需求

复杂电子设备全三维结构工艺集成设计需求主要包括结构工艺全流程集成研发需求、全三维结构样机构建需求、全三维工艺样机构建需求、基于知识工程的电子装备的数字化仿真管理需求、基于三维模型的三维数字化制造需求等几个方面。

1. 结构工艺全流程集成研发需求

复杂电子设备研制过程复杂，跨专业、跨部门，急需建立一套统一的协同工作环境和协同工作机制，采用研发、生产、保障、管理一体化研制模式，实现对设计、工艺、仿真、制造的全过程智能管控，实现对电子装备设计制造全过程中目前尚孤立使用的各种研发工具的集成，解决多专业研发系统孤立、数据源不统一，设计、工艺、制造等各环节信息传递不顺畅、各部门协同不紧密、全过程管控不精细等难题，实现基于统一平台的集成研发。

2. 全三维结构样机构建需求

复杂电子设备客户需求复杂、设备更新换代快、型号及状态多、研制与批产并存，需要解决传统串行研发模式效率低、研制周期长的难题，重点开展基于 Top-Down 的全三维结构协同设计技术研究，突破协同设计、模型定义、模型检查、大装模型简化、模型更改与签审、三维快速布线布管等难题，实现基于模型的全三维并行协同设计，提升设计效率，降低设计差错，提高设计质量。

3. 全三维工艺样机构建需求

复杂电子设备制造过程复杂，生产和供应链涉及多部门、多厂商、多平台、多状态和多流程，需要结合全三维设计输入，研究如何在工艺设计阶段继承正确三维设计信息，开展三维工艺设计，实现对三维工艺信息及设计过程进行有效管理，以及三维可视化制造数据的及时、准确发布，实现三维设计信息在制造环节的贯通。

4. 数字化仿真管理需求

复杂电子设备技术差异大、涵盖范围广、工作环境恶劣、技术状态复杂，需要构建基于知识工程的电子装备协同仿真环境，规范仿真流程，提升仿真置信度，通过对仿真数据及仿真过程的有效管理，实现产品研制由实物验证向虚拟验证的转变，提升产品性能和质量。

5. 三维数字化制造需求

以往二维卡片式的工艺发布到三维工艺发布的模式转变，三维制造数据的生产现场可视化发布过程中存在的数据格式多样、源模型数据量大、数据需要因人而异，急需研发三维制造生产现场可视化系统，实现设计数据在制造现场可视化展示。同时，通过基于三维模型的数字化制造、数字化检测，实现对制造过程质量信息数据的自动获取与数字化评估，显著提高制造环节的质量管控效率。

B.2 总体方案

复杂电子设备全三维结构工艺集成设计系统由全三维结构样机构建、全三维工艺样机构建、数字化仿真管理、三维数字化制造等几个方面构成，其架构及与其他研发系统之间的关系如图 B-1 所示。

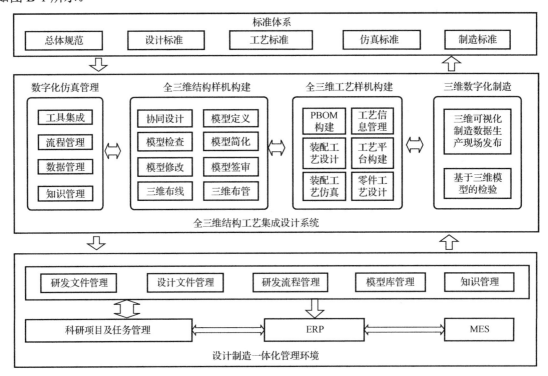

图 B-1　复杂电子设备全三维结构工艺集成设计系统架构及与其他研发系统之间的关系

复杂电子设备全三维结构工艺集成设计系统采用基于模型的产品数字化定义技术，各部分之间的模型和数据通过设计制造一体化平台进行交互、管理，实现基于统一数据源的设计、工艺、仿真、制造的全流程信息贯通，有效避免了不同专业和不同部门间的研发不协同、信息不关联、信息传递不顺畅、全流程管控不精细等难题，从根本上改变了传统的二维串行研发模式，实现了结构设计由二维向三维的突破，有效降低了设计差错，提高了设计质量，缩短了研发周期。

复杂电子设备涵盖概念设计、方案论证、详细设计及生产制造等各研制阶段，各研制阶段的主要工作如图 B-2 所示。

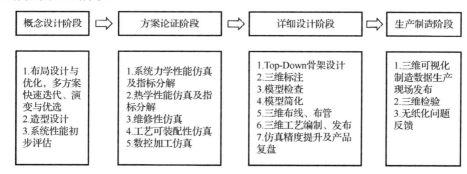

图 B-2　复杂电子设备各研制阶段的主要工作

1）概念设计阶段

在概念设计阶段，首先根据产品任务书要求，开展布局设计与优化，实现多方案的快速演变与优选，然后根据优选方案进行总体和分机的造型设计，最后根据最终确定的造型，进行系统力学、热学等性能的初步评估，完成产品概念设计，概念设计阶段的所有模型和仿真数据存入论证模型管理系统和仿真平台。

2）方案论证阶段

在方案论证阶段，总体根据概念方案，开展系统力学/热学性能仿真及指标分解，各分机根据分配的指标要求开展分机及性能仿真、优化，细化各项设计及指标，将概念方案落到实处，形成实施方案。同时开展维修性仿真，验证系统的可维修性；开展工艺可装配性仿真、数控加工仿真，验证方案的可生产性。通过对方案各项结构指标和功能的虚拟验证，提前释放研制风险。

3）详细设计阶段

在详细设计阶段，采用基于骨架模型的 Top-Down 协同设计方法，实现总体与分系统、分系统与分系统、设计与工艺的协同设计。通过自主开发的全三维结构工艺设计软件，设计端开展零部件及总装建模、三维标注、模型检查、大装模型简化、三维布线布管设计、工艺端同步开展三维工艺编制、工艺文件发布，最后根据最终的设计模型和知识库，开展仿真验证和仿真置信度提升工作，验证设计的准确性和有效性。

4）生产制造阶段

在生产制造阶段，主要依据设计模型、工艺文件，开展三维可视化制造数据生产现场发布、产品生产加工、生产问题无纸化反馈、试验验证、三维检验等工作，所有数据均基于统一平台和模型开展。

B.3 主要功能

B.3.1 全三维结构样机

复杂电子设备全三维结构样机平台包括 Top-Down 协同设计、模型定义、模型检查、大装模型简化、模型更改与模型签审等几个方面。

1. Top-Down 协同设计

Top-Down 协同设计是实现结构协同设计的有效手段，它依托一体化设计平台，以三维模型为基础，以骨架模型为纽带，以相关规范为保障，采用自顶向下逐层分解细化的设计模式，实现电信与结构、总体与分系统、分系统与分系统、结构与工艺之间的设计协同，实现符合企业研发特点的 Top-Down 协同设计。设计模式由原来的串行转变为并行，从而减少设计反复，极大提高设计效率，缩短产品研制周期。

总体与分系统的 Top-Down 协同设计思路如图 B-3 所示，总体根据系统组成和布局建立包含外形尺寸、安装坐标系和单元接口等要求的三维骨架模型并下发给各分系统，各分系统按照总体骨架的要求设计本系统的详细三维模型。而分系统负责人也可进一步下发下一级的骨架模型来实现与子系统的协同。各级子系统和分系统在完成零部件详细设计后检入到 PDM 平台中，平台能自动将各零部件从底向上组装到总体几何样机。

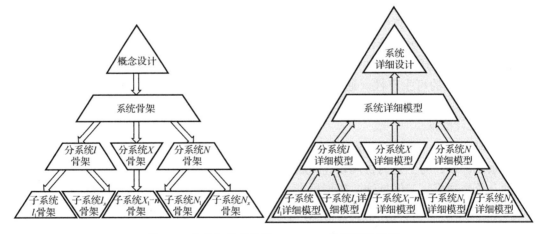

图 B-3　总体与分系统的 Top-Down 协同设计思路

2. 模型定义

基于全三维模型的产品数字化定义（MBD）技术是全三维设计中各个环节相互沟通的桥梁，是实现全三维研制技术的基础。基于 MBD 技术的全三维设计就是要在三维模型上实现原来三维几何模型和二维图纸的共同功能，所以三维模型不仅要包含产品的几何模型，还要包含尺寸标注、公差要求、基准要求、表面处理、加工方法、技术要求等工艺和制造信息，实现产品信息的有效表达和传递，以满足后续工艺设计、制造加工和检验的要求。模型定义包括结构设计阶段产品数字化定义和工艺设计阶段数字化定义两部分。模型定义示意图如图 B-4 所示。

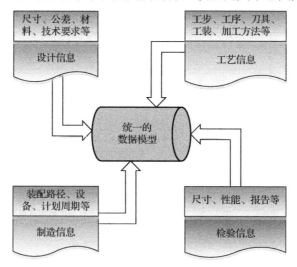

图 B-4　模型定义示意图

工艺设计阶段数字化定义主要包含关键尺寸、公差和技术要求等设计意图，以及部分边界约束条件。各种信息通过三维标注技术与三维模型集成，便于快速获取和理解。装配工艺模型是在继承设计模型的基础上，由一个或多个三维装配工序模型组成并按照工艺路线建立的用于指导完成整个装配的三维模型。工艺设计完成后，基于工艺数字化定义模型进行可视化发布，将发布结果存储到 PDM 系统中。

3. 模型检查

模型检查是结构设计中的重要环节，任何的干涉或错误都会导致实物装配无法进行，影响产品质量和装配进度。模型检查包括模型干涉检查、模型工艺性检查、模型规范性检查等几个方面。基于特征识别的模型检查技术，自主开发的具有自主知识产权的干涉检查软件解决了商用软件在干涉检查方面效率低、虚警率高、无法批量处理等难题。根据被检查对象的特点，快速设置检查策略，提高检查的针对性和速度；根据干涉对象的特征进行自动匹配、分类，使检查结果能够批量处理；同时可对干涉位置进行准确定位、自动生成干涉检查报告。

4. 大装模型简化

为解决三维设计大装（大装配设计）模型文件大、运行速度慢、无法打开等问题，复杂电子设备各分系统在归档详细设计模型的同时，归档相应的简化模型。总体建立一级骨架并发布给分系统；分系统根据总体一级骨架，细化建立分系统一级骨架（二级骨架）并开展详细设计，建立轻量化模型并随原始模型一起归档；开展总体详细设计时，根据需要选择在总装模型中插入详细模型或轻量化模型。完成总装模型后，根据是否需要进行电缆三维设计选择是否建立总装轻量化模型。其流程如图 B-5 所示。

5. 模型更改

规范化的模型更改是结构工艺数字化样机实施的有效保障。模型更改标识和模型更改描述应以准确、无歧义为基本准则，使用规范化的工程语言，保证三维模型的后续使用人员能快速、准确地获取相关信息。

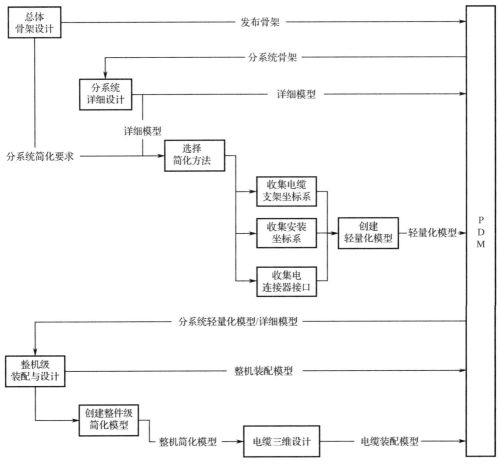

图 B-5　大装模型简化流程

选取模型更改标识方法，应首先选取对模型原有的各项状态影响较小的方法。当产品的方案发生变化或其他因素导致三维模型的前后两个版本的模型结构产生较大的差异时，可以不进行模型更改标识，通常情况下对于复杂结构的零件模型，其主体特征发生较大变化时，可以理解为模型结构产生较大差异。每个版本的模型更改标识，只记录与上一版本的差异，不标识更低版本的更改内容。更改单描述是必备要素，无论模型更改内容是否复杂，必须通过更改单形式对模型更改进行描述。

6. 模型签审

在对模型进行设计、简化和检查后，最后需要签审。模型签审流程基于一体化设计平台进行定制，模型查看及签审意见反馈基于三维可视化软件进行。

B.3.2　全三维工艺样机

复杂电子设备全三维工艺样机平台主要包括三维工艺管理系统、POM 构建、基于三维模型的装配工艺设计、基于 MBD 的三维零件工艺设计和基于 Web 的三维工艺发布。

1. 三维工艺管理系统

随着三维结构样机的成熟和应用，二维 CAPP 软件难以满足基于三维模型的工艺设计要求。三维工艺管理系统通过工艺协同设计仿真管理、工艺数据管理、支持三维的工艺设计仿真工具集、支持工艺设计仿真的工艺知识库和支持三维展示的数字化现场支持系统等功能模块并相互集成，实现三维模型信息从设计、工艺到生产全过程的传递和应用。三维数字化工艺系统的组成及与其他系统的关系如图 B-6 所示。

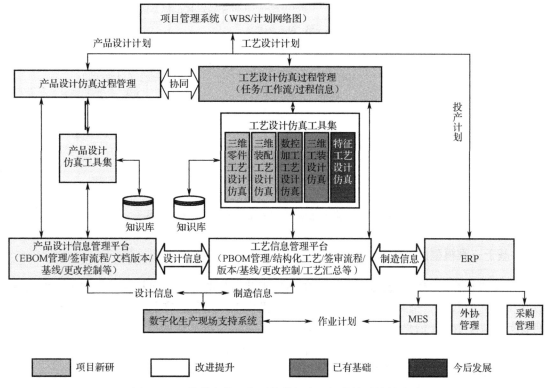

图 B-6　三维数字化工艺系统的组成及与其他系统的关系

2. PBOM 构建

以 PBOM 为主线开展工艺设计，并以 PBOM 为依据组织生产制造，优化生产组织形式，提升复杂电子设备生产中 PBOM 的效用。PBOM 具体内涵和作用如下。

（1）PBOM 中可添加工艺件，根据工艺需求局部重构 EBOM 结构关系。

（2）PBOM 作为工艺设计任务的来源，也是工艺设计结果的关联点。

（3）PBOM 以工艺装配结构为基础，关联工艺属性、工艺路线、工装等制造资源信息，基于 PBOM 工艺师可以共享工艺设计信息，可以追溯历史信息。

（4）PBOM 可为 ERP 系统提供所需的基础数据，用以 MRP 计算和成本核算，生成制件的生产订单。

PBOM 是在工艺设计过程中逐步形成并完善的，其创建流程根据电子装备研究阶段的不同分为研制产品的 PBOM 创建流程和批产产品的 PBOM 创建流程。PBOM 需要进行设计签审和更改签审流程，以确保 PBOM 的正确性。数字化工艺系统的组成及与其他系统的关系如图 B-7 所示。

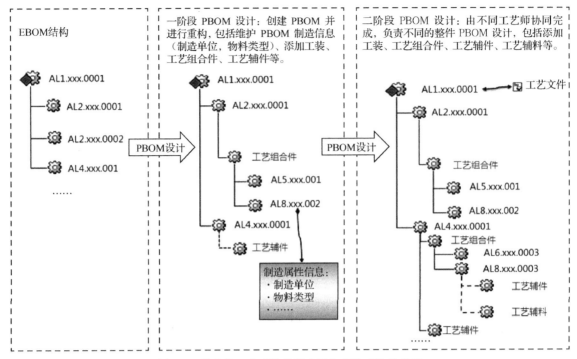

图 B-7　数字化工艺系统的组成及与其他系统的关系

3．基于三维模型的装配工艺设计

基于三维模型的装配工艺设计是将二维装配工艺卡片的信息以可视化三维实体模型的形式展现出来。它除包含二维装配工艺卡片中的装配操作工序步骤、产品代号、名称、整件图号、部件图号、装配 BOM 信息、工装及工具信息外，还能以三维实体的形式体现装配零部件在装配体中的空间位置姿态信息（用来实现零部件在装配过程中的位置变换）、零部件间的配合信息以及装配体的层次关系，并将装配工艺过程以动画的形式演示出来。

复杂电子设备的装配工艺主要包括微组装工艺、机械装配工艺、电装工艺及总装工艺，用于指导从事机械装配、电子模块装配和 T/R 组件装配的操作工人。基于三维模型的装配工艺架构如图 B-8 所示，在面向不同的对象时，三维装配工艺的实现形式有所不同。

4．基于 MBD 的三维零件工艺设计

根据加工方法，基于 MBD 的三维零件工艺设计可分为三维数控加工工艺和三维非数控加工工艺两大类。其实现过程如图 B-9 所示。

在实现三维零件工艺功能的基础上，根据复杂电子设备零件分类和特点，确定适用于复杂电子设备的三维工艺表达方式，确定表述规范，建立三维零件工艺模板库，并优化三维零件工艺设计软件，满足工程化应用要求。

5．基于 Web 的三维工艺发布

对于全三维工艺模型的轻量化浏览，采用浏览器/服务器（Browser/Server，B/S）模式。该模式是随着 Internet 技术的兴起，对 C/S 结构的一种变化与改进，它能克服 C/S 模式的客户端臃肿、安全性差、维护困难等缺点。B/S 结构，主要是利用了不断成熟的 WWW 浏览器技术，结

合浏览器的多种 Script 语言（VBScript、JavaScript 等）和 ActiveX 技术，用通用浏览器实现原来需要复杂专用软件才能实现的强大功能，并节约了开发成本。

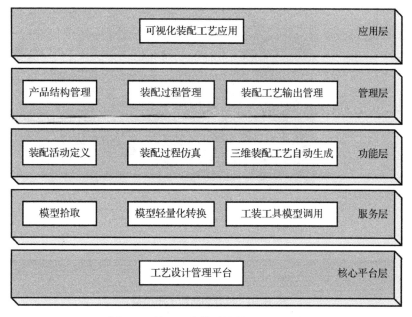

图 B-8　基于三维模型的装配工艺架构

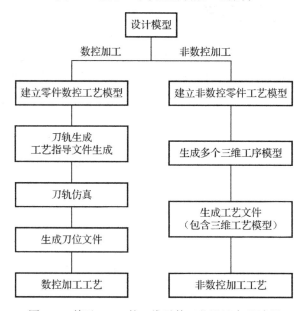

图 B-9　基于 MBD 的三维零件工艺设计实现过程

对于全三维工艺模型信息的轻量化浏览，采用内嵌式浏览插件实现，以达到快速真实地显示集成工艺模型信息，便于工艺加工师与检验师的操作。工艺完成后通过系统自动进行工艺发布，工艺发布可根据需要进行工艺规程的展示，支持两种方式：Web 网页端查看及卡片式查看。Web 发布页面查看完整的机装和布线工序模型，如图 B-10 所示。

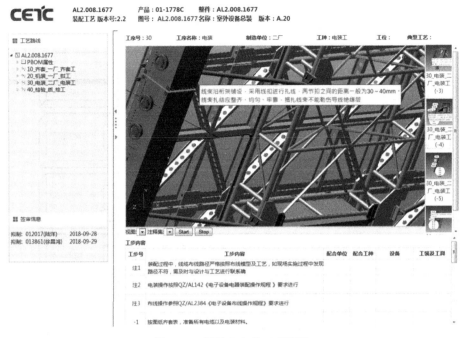

图 B-10　机装和布线工序模型

B.3.3　结构协同仿真综合管理

复杂电子设备结构协同仿真综合管理平台可实现数字化仿真数据及仿真环境管理，支持基于产品型号的数字化样机构建；通过对仿真资源、仿真过程的统筹规划，形成支持多学科、跨专业的向导式协同仿真验证环境，从而提升仿真过程质量与效率。

1．协同仿真管理系统架构

借助于数字化样机集成平台，基于协同仿真流程（见图 B-11），可实现快速的"设计-仿真-优化设计"迭代，提高产品设计质量。

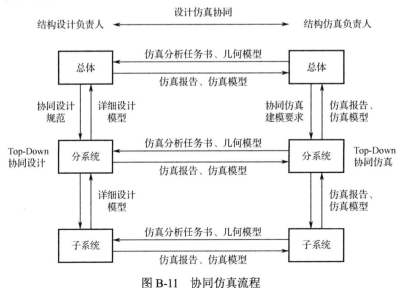

图 B-11　协同仿真流程

针对协同仿真技术发展的特点，建立基于 MBD 的数字化协同仿真平台，对仿真的流程、工具和数据进行规范管理，在突出仿真驱动设计的基础上，实现了"知识管理模板化、工具软件集成化、设计仿真协同化、项目流程规范化"的研发模式，提高了研发过程规范性，实现了仿真的协同并行工作和仿真数据的全生命周期管理。协同仿真平台业务框架如图 B-12 所示。

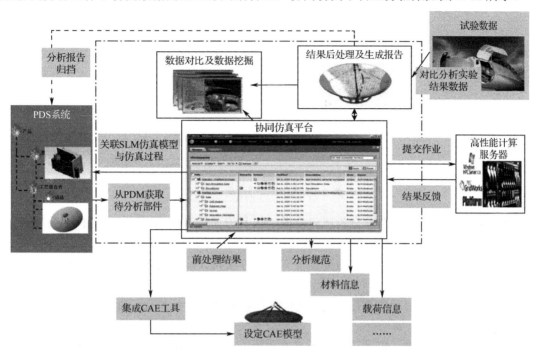

图 B-12　协同仿真平台业务框架

2．仿真数据管理

仿真数据管理是针对仿真执行过程和最终归档的仿真模型、仿真算法、仿真报告和仿真视频等相关内容的管理，主要包括产品仿真数据管理、仿真过程数据管理、仿真团队管理、仿真数据版本管理、审签流程管理。

协同仿真平台支持仿真负责人同时进行多个仿真任务，提供仿真执行过程的监控，帮助仿真人员观察仿真求解的执行情况。仿真负责人在安排计算资源进行求解时，可以通过监控查看计算资源负载情况以及排队情况。协同仿真平台通过对比分析仿真过程各轮次的结果数据，帮助仿真工程师选择最优仿真轮次，确认仿真结果。近似模型结果评估如图 B-13 所示。

3．仿真知识管理

为降低仿真门槛和成本，提高仿真效率，需要对相关仿真知识文档、程序等进行有效管理，提供给仿真负责人进行参考使用，仿真知识数据库允许未来产品仿真人员在仿真过程中进行调用和参考。

仿真知识数据库通过库管理功能，将该库划分为 5 个子库，存放和管理各领域的知识数据。当前仿真知识数据库主要分为以下几大类。

（1）典型案例库：管理历史仿真的典型仿真案例数据，帮助新进仿真工程师快速了解仿真过程和操作，提高仿真效率。

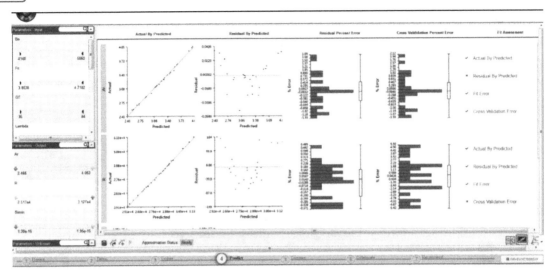

图 B-13　近似模型结果评估

（2）报告模板库：管理仿真分析报告模板，规范仿真报告格式，为仿真工程师编写报告提供参考。

（3）性能参数库：管理材料参数列表等文件，方便设计师在仿真过程中进行相关材料信息查看。

（4）实用程序库：管理仿真过程内自研的实用程序成果，结构化管理方便设计师进行查找应用。

（5）分析手册数据库：管理仿真分析手册文件，有利于形成相应的仿真分析规范，提高仿真效率。

仿真专家将知识数据上传至仿真知识数据库中，进行数据管理和版本管理。

B.3.4　三维数字化制造

三维数字化制造包括无纸化生产系统、基于三维模型的检测和基于 MBD 的数控加工工艺智能设计等。

1. 无纸化生产系统

以三维模型作为输入，在工艺、制造、维修维护等过程中应用，摒弃以二维工程图为基础的传统研制模式，推进三维模型的全面工程化，使三维模型在工艺、制造、维修维护等过程中得到充分利用，提高工作效率。三维制造生产现场无纸化系统如图 B-14 所示，实现了全面可视化的生产方式，解决了传统图纸工艺准备时间长、在制件版本控制困难、三维数字化模型无法直接在生产现场使用等问题。通过电子化的形式展示生产现场所需要的制造信息：生产订单号、工艺文档、产品 EBOM、MBD 设计文件、更改信息等。这些信息来源不同，格式多样。全三维制造数据的生产现场可视化系统需要能够正确接收这些信息，并且能否静态或动态地展示这些信息。其中工艺文档包括工艺规程卡、返修工艺、临时更改工艺、工艺更改通知单、关键过程明细表、数控程序说明卡等。

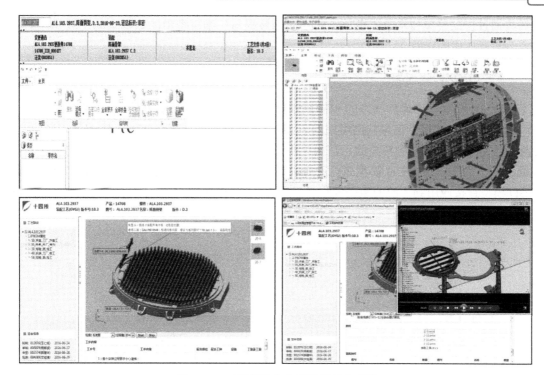

图 B-14 三维制造生产现场无纸化系统

2. 基于三维模型的检测

基于三维模型的检测路径规划如图 B-15 所示，实现检测要素的自动化测量，通过对实测数据与理论数据的对比，实现产品质量的评估。因自动化检测设备能力的限制，常规的基于工具的检测方式与自动化设备检测形成互补，通过开展三维模型检验数据自动提取和评估技术研究，检测数据自动化采集的效率，实现对制造过程质量信息数据的自动获取与数字化评估，提高制造环节质量管控的效率。

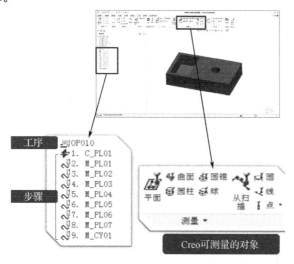

图 B-15 基于三维模型的检测路径规划

通过实施三维设计模型环境下的数据自动采集技术，使三维设计模型中标注的质量要素（如尺寸及相应的公差要求、技术协议要求等）自动识别提取形成格式化的表单，并将实际的数据测量结果通过自动采集技术录入表单，实现实测数据与三维模型中的数据自动比较和评估，减少了人为判断造成的误差。

3. 基于 MBD 的数控加工工艺智能设计

工序 MBD 模型是由最终状态的 MBD 设计模型、最初状态的毛坯模型、中间状态的多工序 MBD 模型，以及工艺属性信息共同组成的。工序 MBD 模型主要表达本道工序的几何形状信息、尺寸标注信息和与本道工序相关的工艺属性信息。通过三维建模软件平台中图层的概念来对逆向生成的一系列多工序 MBD 模型进行存储和管理，并且能够使得这些存储在特定图层上的工序 MBD 模型直接应用到下游的数控编程环节中去，实现数据流的传递。工序 MBD 模型实例如图 B-16 所示

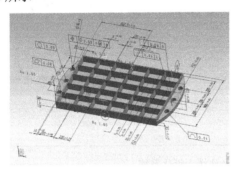

（a）MBD 设计模型

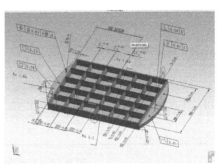

（b）孔加工工序 MBD 模型

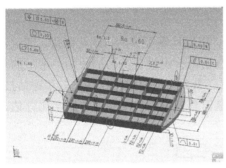

（c）腔加工工序 MBD 模型

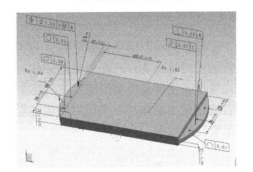

（d）铣平面加工工序 MBD 模型

图 B-16　工序 MBD 模型实例

在 CAM 数控编程的环节中，当指定几何体时通常需要指定部件几何体和毛坯几何体，基于图层的工序模型存储与管理方法可以很好地实现这一功能，因为在图层中分布的模型是从设计模型到工序模型最后到毛坯模型的顺序依次分布的。因此，在数控编程环节中可以指定第 n 到工序模型为毛坯几何体，指定第 $n-1$ 道工序模型为部件几何体，以此类推，这样就能实现工艺设计环节的数据完整地传递到数控编程环节中来，不用跨平台操作，也不用再重新建模，大大提高了生成效率和质量。

B.4　实施效果

本项目通过构建基于模型的复杂电子设备全三维结构工艺集成研发模式，实现由逆向仿研

向正向创新转变。仿真设计加速电子装备更新换代，实现了结构工艺样机在复杂电子设备设计、制造和试验全过程的贯通，产品研制周期从原来的 5—8 年降到 2—3 年。

　　虚拟与实物结合验证提升复杂电子设备可靠性，新型复杂电子设备实物验证减少 43%，设计差错减少 68%，质量可靠性显著提升。

　　三维制造提升复杂电子设备生产效率，装配工艺设计效率提升 17%左右，零件工艺设计效率提升 34%左右，无纸化生产构建终端式新模式确保复杂电子设备综合保障快速有效。

附录 C

英文缩略词表

A

AGV（Automated Guided Vehicle） 自动导引车

AI（Artificial Intelligence） 人工智能

AMP（Advanced Manufacturing Partnership） 先进制造业伙伴

AMR（Autonomous Mobile Robot） 移动式协作机器人

APM（Asset Performance Management） 资产绩效管理

APS（Advanced Planning and Scheduling） 高级计划排程

ASME（American Society of Mechanical Engineers） 美国机械工程师协会

B

B/S（Browser/Server） 浏览器/服务器

BAS（Building Automation System） 楼宇自动化系统

BBOM（Built BOM） 装配 BOM

BI（Business Intelligence） 商业智能

BOM（Bill Of Material） 物料清单

BPM（Business Process Management） 业务流程管理

C

C/S（Client/Server） 客户机/服务器

C2M（Customer to Manufacturer） 用户直连制造

CAD（Computer Aided Design） 计算机辅助设计

CAE（Computer Aided Engineering） 计算机辅助工程

CAM（Computer Aided Manufacturing） 计算机辅助制造

CAPP（Computer Aided Process Planning） 计算机辅助工艺设计

CC（Cloud Computing） 云计算

CCD（Charge Coupled Device） 电荷耦合器件

CIM（Computer-Integrated Manufacturing） 计算机集成制造

CM II（Configuration Management II）　配置管理第二版
CPS（Cyber-Physical Systems）　信息物理系统
CRM（Customer Relationship Management）　客户关系管理

D

DCS（Distributed Control System）　分布式控制系统
DM（Data Mining）　数据挖掘
DNC（Distributed Numerical Control）　分布式数控
DSS（Decision Support System）　决策支持系统
DT（Digital Twin）　数字孪生
DW（Data Warehouse）　数据仓库

E

EBOM（Engineering BOM）　工程 BOM
EC（Edge Computing）　边缘计算
EDA（Electronic Design Automation）　电子设计自动化
ERP（Enterprise Resource Planning）　企业资源计划
ES（Expert System）　专家系统

G

GEM（Generic Equipment Model）　通用设备模型

H

HMI（Human-Machine Interaction）　人机交互
HTCC（High Temperature Co-fired Ceramic）　高温共烧陶瓷

I

IBMS（Intelligent Building Management System）　智能楼宇管理系统
IDSS（Intelligent Decision Support System）　智能决策支持系统
IIoT（Industrial Internet of Things）　工业物联网
IMS（Inventory Management System）　库存管理系统
IoT（Internet of Things）　物联网
ISA（Instrumentation, Systems, and Automation Society）　美国仪器、系统和自动化协会

J

JIT（Just In Time）　准时制生产方式

K

KM（Knowledge Management）　知识管理
KPI（Key Performance Indicator）　关键绩效指标

L

LIMS（Laboratory Information Management System） 实验室信息管理系统

LTCC（Low Temperature Co-fired Ceramic） 低温共烧陶瓷

M

MBOM（Manufacturing BOM） 制造 BOM

MBSE（Model-Based Systems Engineering） 基于模型的系统工程

MDC（Manufacturing Data Collection） 制造数据采集

MES（Manufacturing Execution System） 制造执行系统

MOM（Manufacturing Operation Management） 制造运营管理

MRO（Maintenance, Repair & Operations） 维护、维修、运行

MRP（Material Requirement Planning） 物料需求计划

MRP II（Manufacture Resource Planning） 制造资源计划

O

OCR（Optical Character Recognition） 光学字符识别

OEE（Overall Equipment Effectiveness） 设备综合效率

OLAP（On-Line Analysis Processing） 联机分析处理

OMS（Order Management System） 订单管理系统

OPC UA（OLE for Process Control Unified Architecture） OPC 统一体系架构

P

PBOM（Process BOM） 工艺物料清单

PDM（Product Data Management） 产品数据管理

PHM（Prognostics and Health Management） 故障预测与健康管理

PLC（Programmable Logic Controller） 可编程逻辑控制器

PLM（Product Lifecycle Management） 产品全生命周期管理

PM（Project Management） 项目管理

PMA（Portable Maintenance Aids） 便携式维修辅助设备

POS（Point Of Sales） 销售点终端

Q

QMS（Quality Management System） 质量管理系统

R

RF（Radio Frequency） 无线射频技术

RFID（Radio Frequency Identification） 射频识别

ROI（Return On Investment） 投资回报率

S

SCADA（Supervisory Control And Data Acquisition） 数据采集与监控

SCM（Supply Chain Management） 供应链管理

SDSS（Synthetic Decision Support System） 综合决策支持系统

SECS（SEMI Equipment Communication Standard） 设备通信标准

SEMI（Semiconductor Equipment and Materials International） 国际半导体设备与材料协会

SLP（Systematic Layout Planning） 系统布置设计

SMT（Surface Mount Technology） 表面组装技术

SPC（Statistical Process Control） 过程统计分析

SRM（Supplier Relationship Management） 供应商关系管理

T

T/R（Transmitter and Receiver） 发送器/接收器

V

VDI（Verein Deutsche Ingenieure） 德国工程师协会

VDS（Visible Decision System） 可视化系统

W

WCS（Warehouse Control System） 仓储控制系统

WMS（Warehouse Management System） 仓储管理系统

WSN（Wireless Sensor Networks） 无线传感器网络

参 考 文 献

[1] 周济，李培根. 智能制造导论[M]. 北京：高等教育出版社，2021.

[2] 制造强国战略研究项目组. 制造强国战略研究·智能制造专题卷[M]. 北京：电子工业出版社，2015.

[3] 李培根，高亮. 智能制造概论[M]. 北京：清华大学出版社，2021.

[4] 中国军事百科全书编审室. 中国大百科全书·军事[M]. 北京：中国大百科出版社，2007.

[5] 朱铎先，赵敏. 机·智：从数字化车间走向智能制造[M]. 北京：机械工业出版社，2018.

[6] 张洁，秦威，鲍劲松，等. 制造业大数据[M]. 上海：上海科学技术出版社，2016.

[7] 张洁，秦威，高亮. 大数据驱动的智能车间运行分析与决策方法[M]. 武汉：华中科技大学出版社，2020.

[8] 田春华，李闯，刘家扬，等. 工业大数据分析实践[M]. 北京：电子工业出版社，2021.

[9] 李杰. 从大数据到智能制造[M]. 上海：上海交通大学出版社，2016.

[10] 李葆文. 设备管理新思维新模式[M]. 北京：机械工业出版社，2010.

[11] 王华忠，陈冬青. 工业控制系统及应用——SCADA 系统篇[M]. 北京：电子工业出版社，2017.

[12] 高泽华、孙文生. 物联网——体系结构、协议标准与无线通信[M]. 北京：清华大学出版社，2020.

[13] 邓朝晖，万林林，邓辉，等. 智能制造技术基础（第二版）[M]. 武汉：华中科技大学出版社，2021.

[14] 宋乐鹏，胡文金. 穿越自动化 3000 年[M]. 重庆：重庆大学出版社，2019.

[15] 安筱鹏. 重构数字化转型的逻辑[M]. 北京：电子工业出版社，2019.

[16] 李耀平，秦明，段宝岩. 高端电子装备制造的前瞻与探索[M]. 西安：西安电子科技大学出版社，2017.

[17] 辛国斌. 智能制造探索与实践 46 项试点示范项目汇编[M]. 北京：电子工业出版社，2016.

[18] 庞国锋，徐静，沈坤旭. 网络协同制造模式[M]. 北京：电子工业出版社，2019.